住房和城乡建设部"十四五"规划教材
高等学校历史建筑保护工程与文化遗产专业系列推荐教材

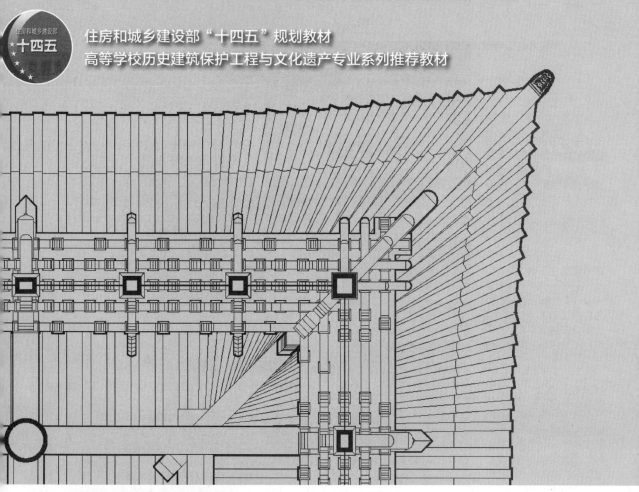

古建筑测绘（第二版）

Metric Survey of Ancient Chinese Buildings (Second Edition)

天津大学　王其亨　主编

吴　葱
白成军　编著
张凤梧
朱　蕾

中国建筑工业出版社

图书在版编目（CIP）数据

古建筑测绘 =Metric Survey of Ancient Chinese Buildings（Second Edition）/ 王其亨主编；吴葱等编著 . —2 版 . —北京：中国建筑工业出版社，2023.7（2024.6 重印）
住房和城乡建设部"十四五"规划教材　高等学校历史建筑保护工程与文化遗产专业系列推荐教材
ISBN 978-7-112-28565-5

Ⅰ.①古… Ⅱ.①王…②吴… Ⅲ.①古建筑 – 建筑测量 – 高等学校 – 教材　Ⅳ.① TU198

中国国家版本馆 CIP 数据核字（2023）第 053557 号

责任编辑：陈　桦　柏铭泽
责任校对：张惠雯

为了更好地支持相应课程的教学，我们向采用本书作为教材的教师提供课件，有需要者可与出版社联系。
建工书院 http://edu.cabplink.com
邮箱：jckj@cabp.com.cn　电话：（010）58337285

住房和城乡建设部"十四五"规划教材
高等学校历史建筑保护工程与文化遗产专业系列推荐教材
古建筑测绘（第二版）
Metric Survey of Ancient Chinese Buildings（Second Edition）

天津大学　王其亨　主编

吴　葱
白成军　编著
张凤梧
朱　蕾

*

中国建筑工业出版社出版、发行（北京海淀三里河路9号）
各地新华书店、建筑书店经销
北京雅盈中佳图文设计公司制版
北京圣夫亚美印刷有限公司印刷

*

开本：787毫米×1092毫米　1/16　印张：25　插页：7　字数：543千字
2023 年 8 月第二版　2024 年 6 月第二次印刷
定价：79.00元（赠教师课件）
ISBN 978-7-112-28565-5
（40857）

版权所有　翻印必究
如有内容及印装质量问题，请联系本社读者服务中心退换
电话：（010）58337283　QQ：2885381756
（地址：北京海淀三里河路9号中国建筑工业出版社604室　邮政编码：100037）

出版说明

党和国家高度重视教材建设。2016年，中办国办印发了《关于加强和改进新形势下大中小学教材建设的意见》，提出要健全国家教材制度。2019年12月，教育部牵头制定了《普通高等学校教材管理办法》和《职业院校教材管理办法》，旨在全面加强党的领导，切实提高教材建设的科学化水平，打造精品教材。住房和城乡建设部历来重视土建类学科专业教材建设，从"九五"开始组织部级规划教材立项工作，经过近30年的不断建设，规划教材提升了住房和城乡建设行业教材质量和认可度，出版了一系列精品教材，有效促进了行业部门引导专业教育，推动了行业高质量发展。

为进一步加强高等教育、职业教育住房和城乡建设领域学科专业教材建设工作，提高住房和城乡建设行业人才培养质量，2020年12月，住房和城乡建设部办公厅印发《关于申报高等教育职业教育住房和城乡建设领域学科专业"十四五"规划教材的通知》（建办人函〔2020〕656号），开展了住房和城乡建设部"十四五"规划教材选题的申报工作。经过专家评审和部人事司审核，512项选题列入住房和城乡建设领域学科专业"十四五"规划教材（简称规划教材）。2021年9月，住房和城乡建设部印发了《高等教育职业教育住房和城乡建设领域学科专业"十四五"规划教材选题的通知》（建人函〔2021〕36号）。为做好"十四五"规划教材的编写、审核、出版等工作，《通知》要求：（1）规划教材的编著者应依据《住房和城乡建设领域学科专业"十四五"规划教材申请书》（简称《申请书》）中的立项目标、申报依据、工作安排及进度，按时编写出高质量的教材；（2）规划教材编著者所在单位应履行《申请书》中的学校保证计划实施的主要条件，支持编著者按计划完成书稿编写工作；（3）高等学校土建类专业课程教材与教学资源专家委员会、全国住房和城乡建设职业教育教学指导委员会、住房和城乡建设部中等职业教育专业指导委员会应做好规划教材的指导、协调和审稿等工作，保证编写质量；（4）规划教材出版单位应积极配合，做好编辑、出版、发行等工作；（5）规划教材封面和书脊应标注"住房和城乡建设部'十四五'规划教材"字样和统一标识；（6）规划教材应在"十四五"期间完成出版，逾期不能完成的，不再作为《住房和城乡建设领域学科专业"十四五"规划教材》。

住房和城乡建设领域学科专业"十四五"规划教材的特点：一是重点以修订教育部、住房和城乡建设部"十二五""十三五"规划教材为主；二是严格按照专业标准规范要求编写，体现新发展理念；三是系列教材具有明显特点，满足不同层次和类型的学校专业教学要求；四是配备了数字资源，适应现代化教学的要求。规划教材的出版凝聚了作者、主审及编辑的心血，得到了有关院校、出版单位的大力支持，教材建设管理过程有严格保障。希望广大院校及各专业师生在选用、使用过程中，对规划教材的编写、出版质量进行反馈，以促进规划教材建设质量不断提高。

住房和城乡建设部"十四五"规划教材办公室

2021 年 11 月

第二版前言
Preface to the second edition

寻古访迹，与先贤大师对话。古建筑测绘是我国建筑学科和遗产保护领域培育人才、探索未知、传承文化、推陈出新、践行民族复兴的重要实践活动，也是高等建筑教育中意义深远的实践教学环节。为此，我们不揣浅陋，在2006年出版了本教材的第一版。

时隔18年，这次修订再版是一次迟到的更新。在此期间，人们切身感受到信息时代技术发展的迅猛，测绘技术实现了很多突破，正在改变着这一领域的基本面貌；随着社会经济技术的进步，遗产保护的观念大大更新，领域更宽广，工作更精细，多元化的海量数据和信息等待着我们采集、处理和传达。很显然，第一版的内容已经远远落后于时代了。

但是，在这些年间，我们也迎来了机遇。

第一个机遇是国家确定了新时代文物工作方针（2022年）：保护第一、加强管理、挖掘价值、有效利用、让文物活起来。相比旧方针，"挖掘价值""让文物活起来"等新内容，是文物界和社会各界期盼已久的改变，对遗产的研究、利用、价值阐释和展示提出了更高的要求。测绘新技术的发展和多元化的成果，可以更好地支持保护行动的开展。对高校这个教学、科研阵地来说，无疑要坚定地通过古建筑测绘来加强遗产保护的教育与人才的培养。

第二个机遇是行业标准的制定和颁布。测绘作为技术多元、环节复杂、要求严谨的系统工程，本身需要标准化、规范化；而制定好的标准，也需要通过一定的形式进行推广，才能在实践中贯彻执行。新版教材抓住契机，以行业标准为基础编写，能在这两个方面得到双赢，促进文物建筑测绘（建筑遗产测绘）的良性发展。

《古建筑测绘》（第二版）（以下简称第二版）的主要修订和变化包括：引入行业标准的技术指标、图纸深度要求、概念定义等；按行业标准要求规范了工作流程，明确总图测绘和建筑测绘不同的要求，改变了初版以教学组织为主线的写法；追踪新技术发展，大大扩充了三维激光扫描和数字摄影测量的内容，更新了变形测量技术知识和要求；扩充了摄影记录的内容，等等。具体内容如下：

绪论部分重新梳理了测绘的概念和意义，从信息化测绘技术和遗产保护信息管理、遗产真实性等角度进行了解释。同时增补了国内外测量技术发展的史料和最新发展趋势,以及在建筑领域中丰富多彩的测绘活动史实。

第二版将初版第二章"基本测量知识及其应用"调整为"测量学基本原理和方法",并将初版的"新技术简介"扩充为第3章、第9章,分别从技术原理、实践应用等方面讲解了近十几年逐渐成熟的卫星定位测量技术、三维激光扫描和数字摄影测量技术。

第二版第4章对应初版第三章"古建筑测绘基本知识",引入了文物保护行业标准,提出了测绘工作基本原则,并将测绘分为总图测绘和建筑测绘,规范了工作流程。此外,阐述了全面测绘和典型测绘的缘由和处理原则,概述了常用测量技术及其组合模式,列举了多元化的测绘成果形式,删除了关于测绘教学组织的内容,移至附录。

对应初版第四章"测绘前的准备"相关内容,第二版第5章增补了项目技术设计的内容,并在安全管理的内容中增补了常见不安全因素的内容,为读者提供参考。

初版第五至第八章、第十章为核心章节。第二版按照优化的工作流程,将初版五章内容明确分为总图测绘(原称"总平面图测绘")和建筑测绘两大部分,分别设为第6章和第7~10章。其中,第7章重新定义了测稿的概念,将其视为观察分析建筑的笔记。第8章手工测量内容则增加了各级测绘的测量要求,提出了样本尺寸和现状尺寸的概念,阐述了其应用的条件和范围,并增补了手工测量与其他测量技术配合与衔接。第9章增补了三维激光扫描和数字摄影测量技术应用的基本要求和示范案例。第10章增加了各级测绘图深度要求和点云数据的处理和利用,强化了CAD制图的技术要求,淡化了制图技巧,并增加了技术总结和调查报告的内容。原第七章仪器草图的内容已删除。

初版第六章第三节"古建筑测绘中的摄影",扩充为全新的第11章摄影记录,提出了摄影记录的原则、目标、基本要求,并通过案例阐明了各类摄影任务的具体要求。

第二版第12章则全面更新了初版第九章"古建筑变形测量"内容,并通过案例详细剖析了相关流程、技术要求和成果表达。

最后,附录新增了虚拟仿真实验简介、安全评估表、前期调查表、测绘数据表和测绘实习的教学组织相关内容。同时,测稿示例、测绘图示例、各类测绘图集锦、总图制图常用图例以及计算机制图图层和图纸编号也进行了更新。删除了仪器草图的范图。

第二版编写分工如下:

主编王其亨教授承担了本教材的策划、统筹和审阅工作;

吴葱、张凤梧承担了第1章、第4章、第5章、第7章、第8章、第10章的编写,以及附录的编辑和范图制作等;

白成军承担了第2章、第3章、第6章、第9章、第12章的编写；
朱蕾承担了第11章的编写；
吴葱负责全书统稿。
审稿人为张龙。

本教材第一版得到了广大读者的支持，在此表达由衷的谢意。除第一版前言中致谢的学界前辈和有关人士外，从2010年起，本版教材在修订编写、插图制作，包括承担相关科研项目、行业标准起草、虚拟仿真实验开发和在线课程制作期间，得到了以下师生的大力支持和参与，在此一并致以诚挚的谢意：

天津大学建筑遗产测绘（古建筑测绘）教学团队王蔚、曹鹏、丁垚、张龙、杨菁、何蓓洁等同事，以及其他参与教学的教师徐苏斌、青木信夫、何捷、李哲、苑思楠、胡莲、张蕾、白学海、贡小雷等；天津大学博士后狄雅静（现任职故宫博物院），博士硕士研究生李婧、王曦、杨家强、刘瑜、孟晓月、李东遥、伍沙、冀唤群、张钰、许超然、林佳（现任职华南理工大学）、张福彪、李恒宇、胡义夫、张云峰、王巍、刘芳等；北京华创同行科技有限公司孙德鸿等。

教材修编及相关科研还得到了以下部门及各级领导的支持，以及来自兄弟院校、相关遗产地和文物保护单位的帮助，一并表示衷心感谢：

国家文物局科技司罗静、刘华彬、钱坤；天津大学建筑学院宋昆、孔宇航、许蓁、张春彦、刘彤彤、来琳；文物建筑测绘研究国家文物局重点科研基地（天津大学）张玉坤；天津大学建筑设计规划研究总院朱阳、朱磊；中国文化遗产研究院张之平、付清远、侯卫东、温玉清、刘江、顾军等；中国文物信息咨询中心王立平；故宫博物院石志敏、李永革、付卫东、赵鹏；清华大学王贵祥、刘畅、贾珺、贺从容、李路珂、廖慧农；东南大学诸葛净、白颖、李新建；北京大学徐怡涛、李志荣；同济大学李浈；北京工业大学戴俭、张昕、李华东；北京建筑大学肖东；陕西省文化遗产研究院贺林、北京市园林古建工程有限公司毛国华、中国铁路设计院集团有限公司石德斌；天津市蓟州区文物局蔡习军，天津戏剧博物馆文庙博物馆李冠龙、陈彤；沈阳故宫博物院李声能；山东省聊城市光岳楼管理处魏聊，聊城市博物馆林虎；江苏省无锡市文旅集团鲍坚强，惠山古镇文旅公司陈方舟、金石声、陈笑；柬埔寨吴哥古迹保护管理局（APSARA National Authority）蔡树清；以及其他提供过帮助的人士，恕未能一一列举。

新时代的要求和新技术的发展对教材编写提出了挑战，思想观念和技术手段都需要与时俱进。教材的修编也是在学习掌握新思想、新知识、新技术并消化创新的过程中完成的，难免会出现错误和疏漏，祈望广大读者给予批评指正。

第一版前言
Preface to the first edition

传统建筑教育中，古建筑测绘一直占有重要位置。文艺复兴大师阿尔伯蒂就鼓吹，测绘经典建筑就是向古代大师学习。巴黎美术学院中则专设"罗马大奖"，资助那些表现优异的学生到罗马考察、测绘古迹遗址，这一传统在欧美国家一直延续到20世纪初。我国的建筑教育也承袭了古建筑测绘的传统，只不过测绘对象是我们自己民族的瑰宝。1952年院系调整以后，几所高校的建筑系几乎同时开设了古建筑测绘实习，结合教学，测绘记录了大量古代建筑文化的优秀遗产，为建筑教育、建筑史研究和建筑遗产保护作出了重要贡献。至今在许多院校中仍是重要的必修课程，且发展前景良好。虽然直接从古代建筑中学习形式语汇的作用已经削弱，但在认识体验建筑，基本技能训练等方面，特别是在拉近学生与民族文化遗产距离，培养感情，增强保护和传承文化遗产的意识，克服文化虚无主义等方面未失任何价值。在党和政府及社会各界越来越重视文化遗产保护的今天，其现实意义反而更加巨大。

但是，作为建筑教育中的实践环节，这门课程因各种原因一直没有正规的教材。为弥补这一缺憾，天津大学建筑学院组织编写了本书，希望能对本课程教学的规范、良性发展起到一定的积极作用。但由于作者水平有限，时间仓促，错漏之处在所难免，敬祈读者批评指正。

本书的重要资源，来自天津大学建筑学院50多年来组织古建筑测绘的丰富教学经验，这里首先向开创了本课程的卢绳、冯建逵、童鹤龄、胡德君等先生表示诚挚敬意和衷心感谢，也向历代、历届参加古建筑测绘的所有师生员工表示谢意。另外，本课程的发展与天津大学建筑工程学院土木系测量教研室大力协助也是密不可分的，感谢郭传镇、岳树信等先生长久以来的支持。

本教材是本课程教学组集体智慧的产物，主要成员包括：王其亨教授、王蔚教授、吴葱副教授、张威副教授及曹鹏、丁垚、白成军老师等。20世纪90年代以来，教学组在王其亨教授的主持下对课程进行了改革，被纳入本教材的现行教学模式、教学要求、教学组织及测绘规程等核心内容都是在改革中逐步规范化、系统化的，凝结着王教授的才智、经验和心血。

本书由王其亨主编并统稿；
吴葱负责第一、三、四、五、六、七、十章；
白成军负责第二、八、九章。

其他教师在书稿讨论修订、教学经验交流、测绘方法总结、实例素材的积累和甄选方面都作了大量工作，无法一一列举。

感谢张备、王晶、朱蕾、唐栩、闫凯、白晨、吴琛等同学在游戏制作方面的贡献。

感谢清华大学、北京大学、天津大学、东南大学、同济大学五校相关院系组织了2004年"历史建筑五校联展"，为本书提供更加多元化的素材和范例。感谢清华大学王贵祥教授提供了应县木塔的部分测绘资料。感谢岳树信教授和熊春宝教授在变形测量方面提供的技术资料。感谢温玉清博士在中国现代时期古建筑测绘方面提供的研究成果。感谢张凤梧、张宇、邓宇宁、梁哲、郭华瞻等同学在部分插图绘制方面提供的帮助。感谢畅源、刘思达、从振、李峥、阴帅可等同学，他们的测绘成果为本书的重要范图提供了基础资料。还要感谢所有本书引用的测绘图作者和他们的指导教师，他们的姓名因故未能一一列举，感激之余也请见谅。

编者
2006年8月

凡 例
notes on the use of a book

1. 我国的建筑遗产资源极为丰富，涵盖古代不同时期的各类木、石、砖、竹及混合结构建筑、石窟寺和近现代建筑等。虽然本书使用的案例侧重典型的木构建筑，但各类建筑的测绘在测量技术方法上并无实质区别，在遇到不同类型建筑时完全可以举一反三，变通使用。

2. 本书力图兼顾理论性和实用性。追踪最新行业发展动态，融汇编者几十年的技术和教学经验，本书从理论到实际操作内容较系统全面，同时实用性较强，可作为现场工作指南。本书还尽可能兼顾严谨精确的方法和简易实用的方法，以适应不同的教学课时和条件。另外，正误辨析的讲解方式，还能使初学者印象深刻，少走弯路。

3. 学习本书之前应先修"中国建筑史"课程，掌握一定的古建筑基本知识。有条件的宜先修土建类"测量学"课程。

本书穿插了很多"专门提示"内容，放入以下样式的文本框中，均以一个图标开始，其含义如下：

> ☼ 操作小技巧；
> ⚠ 典型错误；
> ⚠ 安全警示；
> ℹ 内容提示和补充信息。

在插图中，使用了两种"手势"图标，其含义是：

> 👍 正确，应当这样做；
> 👎 错误，不应这样做。

本书使用了三种尺寸标注格式：

> 建筑制图格式：尺寸箭头为斜杠，在建筑图中对建构筑物进行尺寸标注时使用；
>
> 测稿中的格式：尺寸箭头为开放式箭头，用于测稿中尺寸读数的注记，同时代表测量起止过程；
>
> 机械制图格式：尺寸箭头是封闭箭头，讲述测量学原理时，对测量设备和所测度量进行标注时使用。

目录 Contents

第1章 绪 论
- 1.1 古建筑测绘的概念和属性   1
- 1.2 建筑测绘简史和发展动态   4
- 1.3 古建筑测绘的意义与目的   28

第2章 测量学基本原理与方法
- 2.1 测量基准与测量坐标系   32
- 2.2 测量的基本原则和基本测量工作   35
- 2.3 常用测量仪器简介   42
- 2.4 点位测定的基本方法   47
- 2.5 测量误差的基本知识   51
- 2.6 简易测量平差   54

第3章 卫星定位、三维激光扫描与摄影测量技术原理
- 3.1 卫星定位测量技术   57
- 3.2 三维激光扫描测量技术   62
- 3.3 摄影测量技术   70

第4章 古建筑测绘基本知识
- 4.1 古建筑测绘的工作原则、内容和流程   87
- 4.2 古建筑测绘的分级   89
- 4.3 古建筑测绘常用测量技术与装备   96
- 4.4 古建筑测绘成果概述   100

第5章 前期准备
- 5.1 需求和资料的收集与分析   105
- 5.2 踏勘现场   106
- 5.3 项目技术设计   106
- 5.4 组织管理与安全管理   107
- 5.5 心理建设和准备   108

第6章　总图测绘

- 110　6.1　控制测量
- 113　6.2　碎部测量常用方法
- 117　6.3　总图测绘的一般程序和要求

第7章　建筑测绘（一）：开始测稿编绘

- 130　7.1　测稿编绘基本方法和要求
- 139　7.2　理解古建筑的基本构成
- 143　7.3　测稿画法要点

第8章　建筑测绘（二）：建筑测绘测量作业概述与手工测量

- 164　8.1　建筑测绘测量作业概述
- 169　8.2　控制测量
- 169　8.3　手工测量基本操作
- 183　8.4　手工测量各单元工作要点

第9章　建筑测绘（三）：三维激光扫描与摄影测量技术应用

- 209　9.1　三维激光扫描应用
- 218　9.2　摄影测量应用

第10章　建筑测绘（四）：数据处理与成果表达

- 226　10.1　建筑测绘制图要求
- 237　10.2　整理测稿
- 240　10.3　点云数据的处理和利用
- 245　10.4　计算机辅助制图
- 252　10.5　制图流程
- 254　10.6　技术总结和调查报告

第11章　摄影记录

- 256　11.1　基本要求
- 257　11.2　摄影记录的认知和技能

11.3	记录的内容与拍摄方法	261
11.4	记录文件的存档	275

古建筑变形测量 — 第12章

12.1	古建筑变形测量概述	276
12.2	古建筑变形测量的内容与方法	280
12.3	变形测量成果表达	290
12.4	古建筑变形监测案例	296

与文化遗产记录档案相关的国内法规与国际文件摘录 — 附录A

A.1	《中华人民共和国文物保护法》	302
A.2	《记录古迹、建筑组群和遗址的准则》	302
A.3	《国际古迹保护与修复宪章》	305

测绘现场安全评估表示例 — 附录B

古建筑测绘前期调查表示例 — 附录C

测稿示例 — 附录D

D.1	蓟州鲁班庙简介	309
D.2	测稿目录及图纸	309

测绘基本技能虚拟仿真实验简介 — 附录E

E.1	访问方法	317
E.2	实验一：建筑观察分析和测稿编绘	317
E.3	实验二：建筑虚拟测量	318

计算机制图图层、图纸编号 — 附录F

F.1	计算机制图图层设置示例	319
F.2	工程图纸编号的专业代码和类型代码	320

附录G	**总图制图常用图例**
附录H	**测绘图示例**
324	H.1 孔林享殿简介
324	H.2 图纸目录与图纸
附录I	**各类古建筑测绘图集锦**
插页	I.1 建筑组群
334	I.2 重檐庑殿建筑
339	I.3 歇山顶建筑
343	I.4 攒尖顶建筑
346	I.5 悬山顶建筑
348	I.6 楼阁
356	I.7 塔
361	I.8 牌楼
363	I.9 石桥
364	I.10 石窟寺
366	I.11 建筑细部
373	I.12 近代建筑
附录J	**古建筑测绘数据表示例**
附录K	**测绘实习教学组织概要**
378	K.1 教学流程
379	K.2 安全守则
379	K.3 分工协作
	参考文献

第1章 绪 论

历史连绵流淌，世事迭代循环。秦砖汉瓦，梁苑隋堤，华屋丘墟，沧海桑田。古建筑傲然屹立于世，宫阙华表、祠墓寺观、浮屠经幢、村舍民宅、园林景胜，或恢弘磅礴，或花天锦地，或奥旷幽深，或纤美多情，或饱经风霜，或抱素怀朴。古来学者无不为之侧目动容，为之凭吊感思，为之吟咏歌唱。

古建筑测绘，寻古访迹，与先贤大师"对话"，解剖麻雀，以技入道，探索发现。由此可以探寻人类脚印，解读文明密码，传续文化基因。于潜移默化中，增强文化自信，践行民族复兴。

千里之行，始于足下。做好古建筑测绘，需要筑牢基础，循序渐进。在参与测绘实践之前，需系统学习相关的基本知识、理论和技能；参与过程中，也可能要参阅实用的技术指南。如果你正在或期待加入古建筑测绘行动，希望本书能在这些方面提供帮助。

1.1 古建筑测绘的概念和属性

1.1.1 古建筑测绘的概念

按字面意思笼统地描述古建筑测绘，可理解为对古建筑进行"测量与制图"，即测量古建筑的形状、大小和空间位置，并在此基础上绘制相应的平面、立面、剖面图等图纸。这也是传统测绘理论和实践的主要内容。但是，随着遗产保护的快速发展，以及测绘技术的变革，这种简单理解已无法完全满足实践的要求，也不符合未来发展的趋势。

实际上对建筑的"测量"或"测绘"（Measurement, Measured Survey, Building Surveying）是土建学科和测绘学科的术语；古建筑测绘则是建筑学、建筑史研究中对古建筑进行田野调查的常用手段，又称为"测绘研究"。相似的工作在考古学中常称为"建筑考古"（Building Archaeology），而在遗产保护中则一般纳入"遗产记录"（Heritage Documentation / Recording）活动。因而，可以把古建筑测绘理解为测绘学在建筑历史与考古研究、遗产保护等领域的直接应用。

所谓测绘学，就是研究地球上各种与地理空间分布有关的几何、物理和人文信息的采集、量测、处理、管理、更新和利用的科学与技术。研究内容包括地球坐标系统的建立、大地测量、卫星遥感和摄影测量、地图编制与地理信息系统、工程测量、海洋测量和测量误差处理等。古建筑测绘从技术上可归入测绘学科分支中的工程测量。

需要指出，与传统上理解的"测量与制图"相比，上述对测绘学的描述中关键词是"信息"，是随着信息化社会发展和测绘技术形态变革后，对测绘的重新描述，是一种信息化测绘。这是指在网络运行环境下，利用新兴测绘技术和信息技术，为社会经济实时有效地提供地理空间信息综合服务的一种新的测绘方式和功能形态。经过多年建设，这种地理信息服务不仅在各行业生产中发挥重要作用，也在不知不觉中走入了日常生活。比如基于手机等移动设备的电子地图、卫星定位和导航、网约车、共享单车、外卖和快递等信息服务，以及衍生出的商户信息、消费点评和消费优惠等服务，已成为人们习以为常的生活信息渠道。这与上一代主要测绘产品纸质地图相比，完全不可同日而语。

同样地，在建筑研究和遗产保护中的也需要对遗产及其环境的信息获取、管理和利用。从信息化角度看，可以把古建筑测绘理解为利用科学测量技术方法对古建筑的相关几何空间信息及其随时间变化的信息适时进行采集、量测、处理、存储、表达、管理、更新和利用的技术活动。

1.1.2 古建筑测绘的特有属性

从上述概念看，古建筑测绘的本质属性是信息采集、管理和服务，要求遵循并符合测量学原理和技术要求，技术方法应具有可重复性。但是它又不同于一般的工程测量，具有自己的特有属性。

1. 反映建筑的形制特征和设计建造逻辑、规律性

从目的和内容上看，古建筑测绘需要反映古建筑的特有的建筑信息和内涵，包括对古建筑在科学与人文、技术与艺术方面的体验、认知、理解乃至探究、甄别、发现和评价；对建筑实体、空间及其精神意蕴的理解、再现和表达。它不是被动地描摹复制，而是融汇着价值判断和信息取舍。因此，仅仅掌握测量技术尚不足以胜任，更要求测绘者具有一定的建筑学综合素养，熟悉测绘对象的相关形式语汇特点，结构及构造知识和历史文化背景。如果说测量师关注"坐标"的精确，并按坐标制图，建筑师则更侧重于梳理建筑中的各种"关系"，分析潜在的规律性，希望通过实测来还原建筑的设计和建造逻辑（图1-1）。换言之，古建筑测绘需要将基本的几何空间信息扩展为建筑空间、建造逻辑、艺术审美，以及营修历程的相关信息，继而又不同程度延伸到人文历史和文化内涵、价值等领域。

另外，测绘研究一般是有组织的团队活动，因此还需要有统一规划、管理和协调调度。这就构成了建筑遗产测绘的三个方面：是在统一的管理

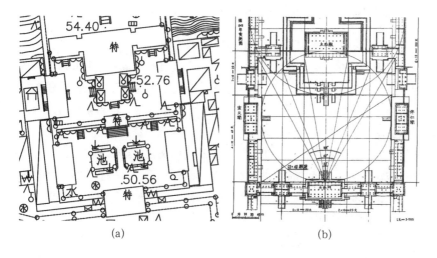

图 1-1 测量师与建筑师关注问题差异示意图
(a) 测量师眼中的建筑组群和地物地貌；
(b) 建筑师眼中的建筑组群关系（图片来源：傅熹年《中国古代城市规划、建筑群布局及建筑设计方法研究：下》，2001：23）

之下，用科学测量技术手段，来揭示建筑的关系和价值（图1-2）。由于古建筑研究、保护、管理和利用的多样性和新技术更替加快，古建筑测绘越来越凸显出综合性、跨专业的特点，学科边界更为模糊。

2. 建筑教育和研究的重要手段

测绘需要更全面的知识素养，反过来，测绘也能使参与者得到各方面的综合训练，在建筑认知、技能和综合修养上得到提升。从历史发展看，古建筑测绘是近现代建筑学理论赖以发展的源泉，也是近代以来建筑创作的重要资源。意大利文艺复兴时期的建筑大师阿尔伯蒂就认为，古代珍贵的建筑遗存就如同优秀的大师，亲身测绘则大有裨益（参见第1.2节）。因此，测绘既是分析、记录建筑遗产的活动，也可以成为引领建筑学子踏入门径的教育手段。

3. 遗产保护的基础性和全局性工作，关乎遗产的价值和真实性

根据《中国文物古迹保护准则》，保护工作大致包括调查、研究评估、确定级别、建立记录档案、制定保护规划、日常管理维护、实施保护工程和控制周边环境等内容和程序。其中为文物保护单位建立科学记录档案也是我国《文物保护法》规定的法定要求。作为建立记录档案的核心内容之一，测绘可获得古建筑的具体数据和相关信息，本身是保护工作最基础的环节，是开展其他工作的前提。如果没有测绘记录，研究评估、价值认

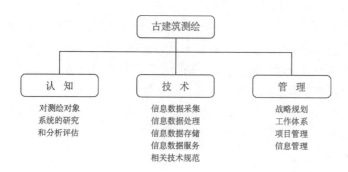

图 1-2 古建筑测绘的三个方面

知、规划设计和保护工程实施、管理和利用就失去根基,甚至无从谈起。因而,测绘是遗产保护基础工作的重中之重。

如果将测绘记录的概念上升到遗产信息管理的高度看,则其对遗产保护就不仅是"前期工作"或"基础工作",更是全局性工作。因为信息贯穿于整个保护流程的各个环节,在保护循环圈[①]上,需要全生命期信息管理,做到历史可追溯,未来可延续,尽可能避免信息断点和碎片化,避免信息孤岛。这种全生命期的信息管理应全面覆盖古建筑的过去、现在和将来的各个层面,形成完整的、可动态延续的体系。在保护工作日益精细化、数据信息爆炸式增长的情况下,测绘作为一种信息采集、管理和服务,其地位就更加凸显。

另一方面,记录或信息管理之所以对遗产非常重要,是因为遗产的物质本体和积累的历史信息共同支撑了遗产的真实性,而且人们对遗产价值的认知,更是借助于遗产信息的提取和解读,信息比物质本体更接近于价值。而真实性和价值是一处遗产的"生命",测绘、记录和信息管理与保护工程、管理措施一样是维系遗产"生命"的核心工作。

事实上,保护过程中也不仅涉及"过去时态"的历史信息,还包括"现在时态"的实时信息,以及两者之间的相互关联;随时间推移,"将来时态"的使用、管理、监测、保护维护等信息更不断增加。因此,不应只重视相对静态的所谓"原状",也应关注已经、正在和将要发生的各种"改变"。只有真实、客观、系统、持续地记录和分析这些相互关联的新旧信息,做到"信而有征""信以传信,疑以传疑",才是对真实性的悉心守护。

1.2 建筑测绘简史和发展动态

正式展开古建筑测绘讲述之前,先对建筑测绘的发展历程进行简要回顾,加深理解其历史作用和社会意义。本书的回顾,大致分成中国和西方两个部分,每个部分又分别从两个角度来简述:测绘技术的演进和建筑史上的意义。

1.2.1 西方测绘技术发展概述
1. 古代测量技术

西方语言中的"几何学"(Geometry)一词即源于希腊文 γεωμετρία,原义为"测量土地"。但实际上希腊几何又源自古代埃及,这里的"测量土地"指的是古埃及人的活动。由于尼罗河周期性泛滥,导致埃及人需要不断重新测量土地,并出现了专职测量人员,称为"拉绳者"(Rope-stretcher)(图 1-3)。其主要测量工具包括打结的绳子、角尺、垂球和水平尺(图 1-4)。据说,闻名世界的金字塔也是拉绳者作为工程技术人员参与创造的工程奇迹。

[①] 按《中国文物古迹保护准则》规定的保护工作流程,在研究评估、保护规划、实施规划、总结调整这些环节之间,形成周期性循环。

图 1-3 古埃及墓室壁画中的测量场面
[图注：底比斯的门纳墓 (Tomb of Menna at Thebes)，约公元前 1400 年至公元前 1390 年]

古罗马时期测量师 (Agrimensores) 已经使用一种四向悬锤式的水平仪"轱辘马" (Groma) 来确定铅垂线和水平线（图 1-5a）。维特鲁威的《建筑十书》（约成书于公元前 32 至公元前 22 年）中，则详细记载了古罗马水准仪科洛巴忒斯 (Chorobates) 的构造和使用方法（图 1-5b）。

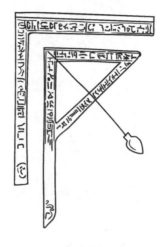

图 1-4 古埃及测量工具：垂球、角尺、水平尺
[图注：迪尔麦地那的森德杰姆墓 (Tomb of Senedjem at Deir elMedineh) 出土，公元前 1269 年前后]

2. 近现代模拟测绘技术

经历了几乎停滞的中世纪后，测量学在欧洲文艺复兴时期开始进步发展。文艺复兴也是近代科学的开端，一些新技术得以运用，如光学望远镜与测量仪器的结合。约在 1640 年，英国的加斯科因 (W. Gascoigne) 在望远镜上加上十字丝，用于精确瞄准，成为光学测绘仪器的开端。从 17 世纪末到 20 世纪初，主要是光学测绘仪器的发展，测绘学的传统理论和方法也发展成熟（图 1-6）。

实际上，16 到 18 世纪长期使用的主力测量工具是罗盘仪和测链，测链在卷尺发展发明之前是主要的测距工具。1875 年，经国际协定长度单位统一为米，从而统一了精度指标。

与此同时，角度测量的仪器和理论方法逐渐成熟。1512 年，发明了一种可测定方位和高程的测量仪器，被认为是经纬仪的前身。1533 年德

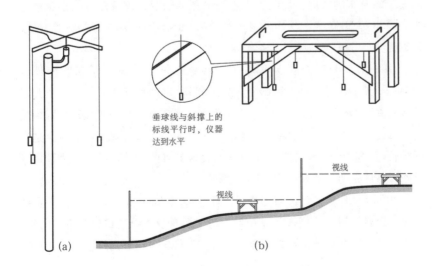

图 1-5 古罗马的测量工具
(a) 轱辘马；
(b) 科洛巴忒斯

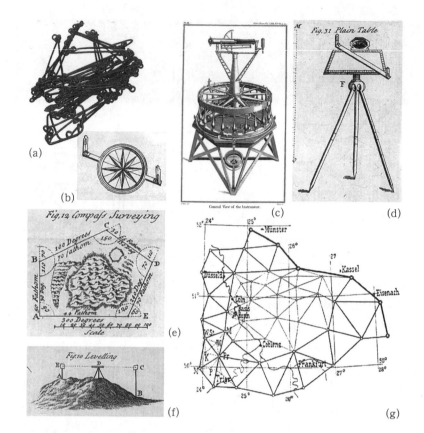

图 1-6 17 世纪至 19 世纪不断发展的测量技术
(a) 冈特测链；
(b) 带定向罗盘的照准器；
(c) 拉姆斯登经纬仪，1787 年；
(d) 平板仪；
(e) 导线测量；
(f) 水准测量；
(g) 三角测量

国的弗里西斯（Frisius）提出三角测量法。1551 年，平板仪发明。1730 年，英国西森（Sissen）制成第一台测角用经纬仪，后结合三角测量理论得到广泛应用并不断改进。

17 世纪，测量师成为热门职业，大批青年加入学徒队伍，测量仪器得到革新和发明，并出现了大量学术著作，包括对测量法的科学解释和测量操作手册。18、19 世纪，经济建设热潮使测绘的社会需求剧增，大大促进了测量学的发展。发明了用于测量距离的视距测量法等间接测量方法。19 世纪 50 年代，法国的洛斯达（A. Laussedat）首创摄影测量方法，到 20 世纪初形成地面立体摄影测量技术。

1816 年至 1855 年，为开展子午线长度测量，天文学家斯特鲁维（Friedrich Georg Wilhelm Struve）在多国科学家通力配合下，测定了北起挪威哈默菲斯特（Hammerfest）南至黑海的子午线长度。这段三角网构成的"弧线"，被称为"斯特鲁维测地弧线"（Struve Geodetic Arc），穿越十国，长达 2820km，标志着地球科学和大地测量的重要进展。其测量站点设施和遗迹于 2005 年列入世界文化遗产。[1]

20 世纪 20 年代后，海因里希·怀尔德（Heinrich Wild）等改进了经纬仪的设计，进一步提高测角精度，光学测量仪器制造日趋精良。同时，利用光速测距原理结合新兴的电子技术，发展出电磁波测距技术（EDM）。

[1] World Heritage Centre. World Heritage List [EB/OL]. [2020-11-11]. 引自联合国教科文组织世界遗产中心官网。

基于解析作图的摄影测量技术也得到大大提高。以上这些基于光学和电子技术测绘统称为模拟测绘技术，至此已达到高峰。

3. 数字化与信息化测绘

20世纪后半叶随着空间技术、计算机技术、信息技术，以及通信技术的发展，测绘学从理论到手段都发生了根本性的变化，测绘技术大踏步进入数字化和信息化阶段。

随着数字化和自动化技术的不断发展，后来光电测距和电子经纬仪结合，形成了距离、角度、高程测量集于一体的全站仪，继而又出现了自动化程度更高的测量机器人。基于空间技术和通信技术的进步，出现了卫星定位系统、遥感技术；出现了机载、车载和地面三维激光扫描技术，可实时获取三维坐标，形成点云数据；摄影测量技术进一步数字化，并发展成为无人机倾斜摄影测量，生成高密度点云数据和高清影像；地图制图则过渡到地理信息系统（GIS），并在不同行业中广泛应用。总之，测绘工作和测绘行业正向着信息采集、数据处理和成果应用的自动化、数字化、网络化、实时化和可视化方向发展（图1-7）。

这些技术在全球范围内已不同程度上在建筑遗产的测绘、记录和信息管理中得到运用。

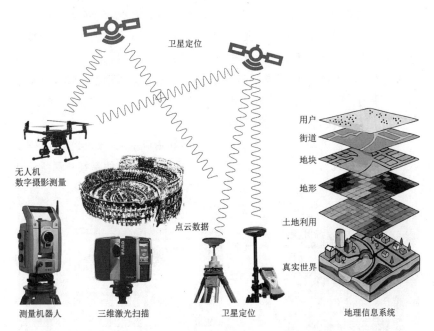

图1-7 20世纪末至21世纪以来新兴测绘技术示意图

1.2.2 文艺复兴以来的西方建筑测绘活动概略

上文简单梳理了测绘技术的发展线索和趋势，但对于认识建筑测绘来说，仍需从建筑史的角度再度审视这段历程。以下截取西方文艺复兴以来古建筑测绘活动的发展脉络加以简述。

① Jokilehto J. A history of architectural conservation: the contribution of English, French, German and Italian thought towards an international approach to the conservation of cultural property [D]. York: University of York, 1986: 18.
② 同①: 19.
③ 同①: 39.
④ Pattern 原义是图案。Pattern Book 原来用于纺织、地毯、装饰等工艺美术，指入门学习和设计参考的资料集、图案集。后延伸到建筑领域，也指学习、设计和建造的参考资料集，尽管建筑并非简单的图案。因中国传统上将类似的书籍常称之为"谱"，如画谱、棋谱、花谱、印谱等，故本书对译为"建筑图谱"。
⑤ 也有人把建筑图谱的起源追溯到古罗马维特鲁威的《建筑十书》。

1. 文艺复兴中的测绘与建筑创新繁荣

文艺复兴是 14 至 16 世纪欧洲伟大的思想文化运动，欧洲古典的学术和艺术得以"复兴"。建筑上的创新和理论总结也根植在对古典建筑的研习之上。当时诸多大师级人物，如伯鲁乃列斯基（Filippo Brunelleschi）、阿尔伯蒂（Leon Battista Alberti）、伯拉孟特（Donato Bramante）、拉斐尔（Raphael）和帕拉第奥（Andrea Palladio）等，常常通过测绘来研究古罗马建筑或遗址，吸收古代智慧和形式语汇。古建筑测绘图在许多出版物中也大量登载，得到广泛传播。

阿尔伯蒂认为，古代建筑是古人智慧的积淀，如同最优秀的大师，从中学习必定受益良多。他建议建筑师一旦发现普遍称道的建筑佳作尤其是杰作时，都应认真测绘，研究其比例和建造样式。①1432 年阿尔伯蒂来到罗马，开始对古建筑进行测绘研究。他掌握了极坐标测量方法，以卡比多山（Capitol Hill）为中心测绘了整个罗马城。

迪·乔治（Francesco di Giorgio Martini）将现存古建筑的实测尺寸、比例与威特鲁威的相关记载进行对照研究。为了与拆毁古迹者赛跑，他从 1478 年起进行了大量测绘调查工作，成果收入其著作中，包括罗马及其周边各类建筑的平面、立面、细部大样和轴测图。②16 世纪初，拉斐尔师从伯拉孟特学习建筑，其间也曾组织全国艺术家进行古建筑测绘。③

帕拉第奥编著的《建筑四书》（*I Quattro Libri dell'Architettura*，1570 年）对欧洲的建筑风格影响深远，受到追随和模仿长达 3 个世纪。该书搜集整理了诸多类型的建筑实例，收录古建筑实测图（图 1-8），并以此为基础讲述各类建筑的设计要求、方法和具体形式，堪称一套入门教材和设计参考资料、手册，是后世同类"建筑图谱"（Pattern Book④）的开端。⑤

2. 建筑测绘与建筑风格的传播

源于意大利的文艺复兴艺术以及后来的新古典主义，影响波及欧美多数国家。就建筑而言，其具体传播渠道离不开对古建筑的考察、测绘和研

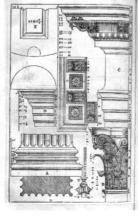

图 1-8 帕拉第奥《建筑四书》扉页及罗马万神庙测绘图图版，1570 年

究,包括"壮游"(The Grand Tour,又译"大旅行")即17、18世纪到罗马等地长年游学的贵族教育方式,学院派建筑教育中的测绘实践,以及范围更大的学术考察和大量编印测绘图集和建筑图谱等。

壮游在17、18世纪英国贵族青年中十分流行,当时英国著名的建筑师几乎都有"壮游"经历。罗伯特·亚当(Robert Adam)在1754年到1758年壮游期间,详细测绘研究了罗马及意大利其他地区的古典建筑,由此开创了英国建筑史上的新古典主义。

1666年,法国专门在罗马设立法兰西学院(Académie de France à Rome,图1-9)培养艺术人才,并设置"罗马大奖"(Prix de Rome),奖励并资助在艺术竞赛中获得优胜的学生前往罗马研习。建筑学科的罗马大奖始于1720年,主要资助学生对罗马古迹进行测绘研究。这一制度为各国学院派建筑教育所效仿,直到20世纪初,美国的大学仍在沿袭,如梁思成先生留美就读的宾夕法尼亚大学建筑系,就设置了类似的罗马大奖、雅典大奖。

最早关于希腊雅典卫城的测绘记录发生在1674年,法国人雅克·卡瑞(Jacques Carrey)测绘了帕提农神庙山花,成为该建筑被毁之前最珍贵的可靠记录。18世纪,对古代建筑的考察测绘扩展到希腊和更远的近东地区,并陆续出版了多种测绘图集。比较重要的包括:英国的斯图尔特(James Stuart)和雷维特(Nicholas Revett)对古希腊建筑的考察(1742年),1762年至1797年陆续出版多册关于雅典和爱奥尼亚的测绘图集;法国勒罗伊(Julien David Le Roy)对古希腊建筑的测绘(1759年出版);罗伯特·伍德(Robert Wood)对近东古建筑的考察测绘,包括帕尔米拉(Palmyra,今属叙利亚,1753年出版)、巴勒贝克(Baalbek,今属黎巴嫩,1757年出版)。1759年,著名考古学家和艺术史学家温克尔

图1-9 设于罗马的法兰西学院
[图注:铜版画,乔瓦尼·皮拉内西(Giovanni Battista Piranesi)于1752年作]

① 陈志华.外国建筑史（19世纪末叶以前）[M].2版.北京：中国建筑工业出版社，1997.

曼（J. J. Winckelmann）也出版了关于帕埃斯图姆（Paestum）、波塞冬尼亚（Poseidonia）、阿格里真托（Agrigento）等地建筑遗址的考察记述。

18世纪中叶，在启蒙运动和科学思想推动下，欧洲掀起新一轮考古热，古罗马、古希腊的古城和建筑遗址如庞贝（Pompeii）、赫库兰尼姆（Herculaneum）、帕埃斯图姆等先后得以发掘、测绘。这些考古和实测成果使学院派古典主义教条与真正古代作品的差异得到揭示，人们得以开阔视野，进一步解放思想。①

18、19世纪，面向大众、图解不同风格建筑设计与建造的建筑图谱在欧美十分流行。欧洲各种建筑风格之所以能随着殖民者脚步在北美大地上落地生根，也有赖于当时在美国汇编出版的大大小小、种类繁多的建筑图谱（图1-10）。同样，随着传教士和殖民者脚步，考察研究的触角也延伸到东方，例如英国钱伯斯（William Chambers）就在1757年出版了一本关于中国建筑的"图谱"（图1-11）。

图1-10 19世纪美国流行的建筑参考资料图谱
(a) A. Benjamin, *American Builder's Companion* (1806)，封面；
(b) 美国银行（Bank of the United States）（图片来源：O. Biddle, *The Young Carpenter's Assistant*, 1805）；
(c) 乡村住宅正立面（图片来源：Lafever, *The Modern Builder's Guide*，1833）

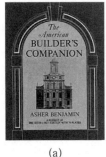
(a)

(b)

(c)

图1-11 钱伯斯《中国建筑、家具、服装、机械和器物设计》（*Designs of Chinese Buildings, Furniture, Dresses, Machines, and Utensils*，1757）图版及作者设计作品伦敦丘园中国塔
(a) 某寺庙测绘图；
(b) 中国建筑的柱和梁架；
(c) 伦敦丘园中国塔

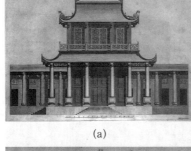
(a)

(b)

(c)

除作为建筑学习和设计建造参考之外,大量测绘成果用于建筑历史的学术研究。1896 年出版的《弗莱彻建筑史》(*A History of Architecture on the Comparative Method, for the Student, Craftsman, and Amateur*) 被视为"标准"的建筑参考书,百年间已更新再版 20 次。其基于测绘成果绘制的精美插图备受推崇,享誉世界(图 1-12)。

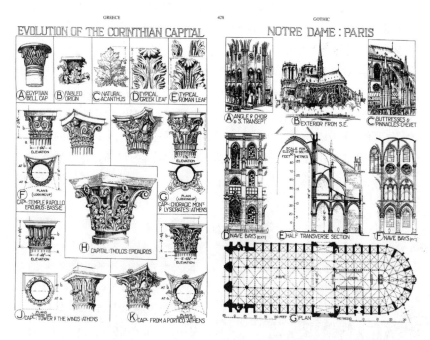

图 1-12 《弗莱彻建筑史》插图

3. 遗产保护中的建筑测绘

19 世纪,欧洲各国逐步建立了由国家主导的遗产保护制度,成立专门机构,制定保护名录,并建立了相应的记录建档制度和专门机构。

19 世纪 40 年代,法国先后指定了近 4000 处历史纪念物,由艺术委员会(Comité des Arts)承担记录建档工作;同时,历史纪念物委员会(Commission des Monuments Historiques)则负责为修复工程绘制测绘图。1870 年,意大利教育部开始制定国家及地方各级保护建筑名录,由古物办公室(Office of Antiquities)负责记录建档。1890 年关爱建筑者艺术协会(Associazione Artistica fra i Cultori di Architettura)成立后,改由该机构负责古建筑测绘和记录。1908 年,英国的英格兰、苏格兰、威尔士成立历史纪念物皇家委员会(Royal Commissions on Historical Monuments),专司保护名录制定和记录建档。经过 100 多年的历史变迁,上述机构大多已经变更或整合,但遗产"记录建档"职能和相关专业团队一直是国家遗产管理机构的重要组成。

① Jokilehto J. A history of architectural conservation: the contribution of English, French, German and Italian thought towards an international approach to the conservation of cultural property [D]. York: University of York, 1986: 271.

② HABS. Program history and mission [EB/OL]. (2006-01-08). 引自美国内政部国家公园管理局官网。

19世纪法国著名建筑师、历史纪念物总监梅里美（Prosper Mérimée）就特别强调在修复之前应对建筑详细地考古调查和测绘，要求建筑师用水彩渲染细致绘制保存现状图和必要的细部大样。① 19世纪法国最重要的修复建筑师维奥莱·勒·杜克（Eugène Viollet-Le-Duc）就留下了很多这样的测绘图（图1-13、图1-14）。

1865年，英国皇家建筑师学会（RIBA）也推出了遗产保护准则，要求在保护工程之前应进行详细考古、调查、测绘和摄影记录。讨论中，著名建筑师斯特里特（George Edmund Street）强调，只有去测绘建筑的每个构件，才能深入理解建筑。

1933年，为保护美国境内具有历史价值的建筑遗存，美国内政部国家公园管理局（NPS）开始实施"美国历史建筑测绘"计划（Historic American Building Survey）。至今已从历史建筑（HABS）扩展到工程构筑物（HAER）和历史景观（HALS），全面记录各类遗产所反映出的历史文化信息。1934年美国国会图书馆、美国建筑师学会（AIA）作为协办成员加入该项计划，前者负责测绘成果档案的管理和服务，后者则为测绘提供专业咨询。② 1950年，HABS发起"夏季行动"，征召建筑、土木和历史等相关专业的在校大学生与研究生组成夏季团队，在专业人员的指导下开展历史建筑的测绘和记录工作（图1-15、图1-16）。

遗产保护的基本理论和准则在第二次世界大战后逐渐形成国际共识，其标志就是1964年通过的《威尼斯宪章》（以下简称《宪章》）。《宪章》第16条明确规定，

图1-13 法国韦兹莱隐修院西立面，修复前的测绘图，维奥莱·勒·杜克作
（图片来源：*A history of Architectural Conser-vation*）

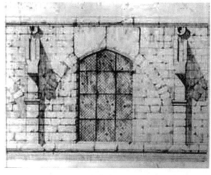 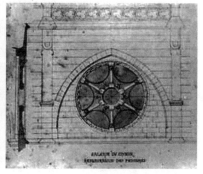

图1-14 巴黎圣母院玫瑰窗的实测和修复图样，拉叙斯（Lassus）、维奥莱·勒·杜克作
(a) 修复前的实测图；
(b) 修复设计方案图
（图片来源：*A history of Architectural Conser-vation*）

(a)　　　　　　　(b)

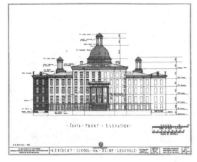

图 1-15 美国肯塔基盲人学校（Kentucky School for the Blind, 1867）立面图，HABS 测绘，1934 年（左图）

图 1-16 HABS 对肯塔基盲人学校进行测绘的工作照，1934 年（右图）

对历史纪念物和遗址进行保存、修复和发掘之前及过程中，都应有翔实记录。次年，国际古迹遗址理事会（ICOMOS）成立。理事会下设不同保护领域和专业的科学委员会（International Scientific Committees），其中建筑摄影测量国际委员会（CIPA），为 1968 年理事会与国际摄影测量与遥感学会（ISPRS）联合创办，致力于将测量相关学科的方法和技术移植应用于文化遗产的测绘和档案记录，发展至今已经涵盖了所有技术、方法，并改称为"CIPA Heritage Documentation"，即遗产记录建档科学委员会。该会每两年召开一次学术研讨会（CIPA Symposium），并通过工作组、任务小组等方式组织相关的交流研讨和培训等活动。

1996 年 10 月，在保加利亚索菲亚第 11 届国际古迹遗址理事会大会通过了《记录纪念物、建筑组群和遗址的准则》（*Principles for the Recording of Monuments, Groups of Buildings and Sites*），对古迹遗址记录的定义、意义、责任、策划、内容、管理、发布和共享等进行了原则规定，成为各会员国家和地区共同遵守的原则（参见附录 A）。

4．小结：古建筑测绘的历史角色

从以上历史进程看，古建筑测绘的历史角色可有如下定位：

1）古建筑测绘是近现代建筑学理论赖以发展的源泉。假如把建筑学比作一个大雪球，那么在最初滚动的核心部分就包含了对古建筑的测绘研究。

2）古建筑测绘和是近代以来建筑创作的重要资源。同时，自文艺复兴后的建筑创作，很大程度依赖于对古建筑的测绘研究，以此吸收古代的智慧和经验。

3）古建筑测绘是研究历史、厘清真相、解放思想的有力手段。依靠考古和测绘研究以及其他手段，构建了欧洲建筑历史，同时也让人们的头脑不断解放，摆脱一切教条的束缚。

4）建筑测绘图集和建筑参考图谱的刊印促进了建筑文化的传播。无论在欧洲不同地区之间，还是从欧洲到跨文化的殖民地，都能看到这些图谱的作用。

5）古建筑测绘为遗产保护夯实基础。无论理解遗产价值，还是实施

① 《史记·夏本纪》。
② 由裴秀在《禹贡地域图》序中提出，年代约在268年至271年之间。
③ （唐）李筌撰，（清）钱熙祚等校《太白阴经》卷四《战具·水攻具篇第三十七》"水平槽：长二尺四寸，两头、中间凿为三池，池横阔一寸八分，纵阔一寸，深一寸三分。池间相去一尺五分，中间有通水渠，阔三分，深一寸三分。池各置浮木，木阔狭微小于池匡，厚三分。上建立齿，高八分，阔一寸七分，厚一分。槽下为转关脚，高下与眼等，以水注之，三地浮木齐起，眇目视之，三齿齐平，以为天下准。或十步、或一里，乃至十数里，目力所及，随置照板。度竿，亦以白绳计其尺寸，则高下丈尺分寸可知也。照板：形如方扇，长四尺，下二尺黑、上二尺白，阔三尺，柄长一尺，大可握。度竿：长二丈，刻作二百寸，二千分，每寸内刻小分，其分随也远近高下立竿，以照版映之，眇目视之三浮木齿及照板黑映齐平，则召主板人以度竿上分寸为高下，递相往来，尺寸相乘，则山冈、构涧、水源高下可以分寸度也。"

保护工程，都离不开测绘这项基础工作，相关的信息管理实际上已经成为一种全局性工作。

1.2.3 中国古代的建筑测绘

1. 中国古代测绘技术发展

日常生活中常听到"规矩""准绳"这两个词。其实，规、矩、准、绳正是我国远古时期就已开始普及运用的四种测绘工具。例如，汉代许多图像资料中就有伏羲、女娲手执规、矩的形象（图1-17）。按《史记》记载，传说大禹治水时，即是"左准绳""右规矩"。①"绳"是测定直线的工具，"规"是画圆的工具；"准"则应当是一种测定水平的工具，从先秦大量文献记载可知，我国很早就掌握了水准测量；"矩"则是直角曲尺，用于画直线、定直角，也可进行测量距离，并能利用直角相似三角形原理进行间接测量。同时，我国古代数学与测量学从一开始就有着不可分割的联系。按《周髀算经》记载，勾股定理的发现就与测量工具矩的使用直接相关。

从远古的河姆渡建筑遗址中规整的木桩、榫卯和竖井，到河南偃师、小屯等商周遗址反映出来的精确定向、定水平的技术，可以看出当时的测量技术已经达到了很高水平。战国到秦汉时期，许多大型土木工程如都江堰、灵渠、龙首渠的建设也体现了当时的工程测量水平。

中国对测量技术发展的重要贡献是指南针的发明。公元前3世纪前，我国就有了某种形式的磁罗盘。虽然先秦及汉代关于"司南"的说法存在争议，但毫无争议的是在宋代文献中明确记载了人造水、旱磁针的做法及航海中的应用。指南针在12世纪后经阿拉伯人改进传入欧洲。

三国时期的刘徽在注释《九章算术注》（263年）时，丰富发展了被称为"重差"术的间接测量理论和计算方法，其中包括测量建筑物高度的方法。这些方法直到17世纪初西方测量术传入我国时仍不失其先进性。

西晋裴秀提出了著名的"制图六体"，②即六条地图制图原则，为古代的地图测绘奠定了科学基础，并对后世产生极大影响。与此相关，以假设大地水平为前提，以六体之一"比率"即比例尺为原则，中国古代在地图、城市和建筑的规划设计等相关领域形成了"计里画方"的制图传统。

唐代李筌的军事著作《太白阴经》（759年）中记载了一种设计完备的古代水准仪，称"水平"。③其后在唐代杜佑《通典》以及北宋的许洞《虎钤经》、曾公亮《武经总要》和李诫《营造法式》都有介绍。其中《武经总要》中更附插图加以详解（图1-18）。这套仪器除没有加装望远镜外，其工作原理和测量方法与今天的光学水

图1-17 武梁祠汉画像石中的规、矩形象

准仪完全一致。这一水准测量技术沿用至后代并得到改进。有研究认为，欧洲17、18世纪的水准测量水平与我国唐宋时期技术相比也只是程度大小不同的重复。①

宋代建筑专著《营造法式》除介绍水平外，还介绍了望筒、景表、真尺（水平尺）等测量工具（图1-19）及相关的建筑工程测设方法（测设是将设计的或具体的物体根据已知数据安置在现实空间中的相应位置），体现了当时定向和水准测量的先进水平。

清代"样式雷"②建筑图档所反映出的建筑工程测量成就，特别是"平格"的运用，突出体现了传统工程测量术精髓。清代皇家工程在选址和酌拟设计方案时，要进行"抄平子"即地形测量，用白灰从穴中即基址中心向四面划出经纬方格网，方格尺度视建筑规模而定；然后测量网格各交点的标高，穴中标高称为出平，高于穴中的称为上平，低于穴中的称为下平；最终形成定量描述地形的图样称为"平格"。由此可推敲建筑平面布局或按相应高程图"平子样"做竖向设计，同时也可非常方便地进行土方计算。由于经纬网格采用确定的模数，平格可简化为格子本，甚至仅记录相关高程数据，为数据保存和应用提供了极大方便（图1-20）。

① 冯立升.中国古代的水准测量技术[J].自然科学史研究,1990,9（2）:190-196.

② 清代皇家建筑如都城、宫苑、坛庙、陵寝、衙署等，按例由专门机构"样式房"的专职匠师即"样子匠"设计。康熙朝以来，有雷氏世家先后共八代效力皇家建筑设计，并长期主持样式房事务，被世人美誉为"样式雷"。

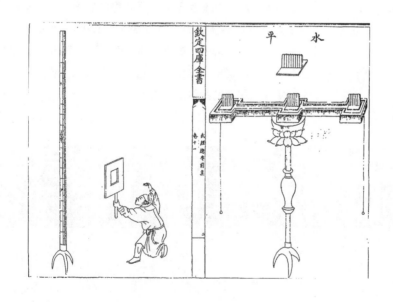

图1-18 《武经总要》插图：水平
（图注：原书插图中水平槽池内浮木方向有误，改正图参见图1-19）

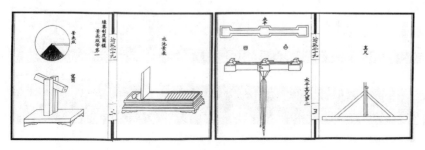

图1-19 《营造法式》中有关测量工具的插图

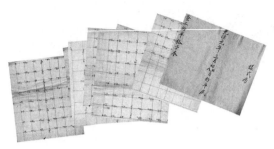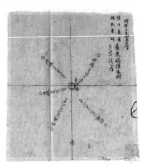

图1-20 样式雷画样中的抄平格子本和碎部数据（国家图书馆藏）

平格秉承"计里画方"传统，既是定量描述地形的方法，也是进行平面设计和竖向设计（包括土方计算）的方法，还是施工测设的控制手段。它与当代地形测绘中数字高程模型（DEM）的方格网结构在原理上契合，凸显了中国古代哲匠的智慧（图1-21）。

事实上，计里画方有着深厚的文化底蕴和技术渊源。周代营国制度，就借鉴运用了井田规划的基本观念和方法，尤其是"画井为田"的井字形或九宫形经纬坐标方格网系统的方法（图1-22）。战国时期的中山王兆域图中就隐含了网格模数的方法（图1-23）。后这一方法在实践中得以发展和广泛运用，甚至被奉为经典性的制度予以诠释和贯彻实施，并逐渐形成了中国古代地图学中饮誉世界科技史的计里画方（图1-24），而且在古代天文图、军阵图、书法、绘画、博弈、数学证明（图1-22）乃至占式之类的"数术"中，也不难发现其影响。这些方法也传播到日本、韩国等周边国家，形成东方传统特色的测量制图体系（图1-25）。

图1-21 样式雷画样：惠陵抄平格子本、抄平合溜地势立样
(a) 惠陵抄平格子本（多页拼合），平格网各交点注有相对标高值（国家图书馆藏）；
(b) 惠陵抄平合溜地势跨空垫土中一路立样（相当于中轴线上的总剖面图），粗实线表示中路原始地平（国家图书馆藏）；
(c) 利用平格网的高程数据建立的计算机三维地形模型

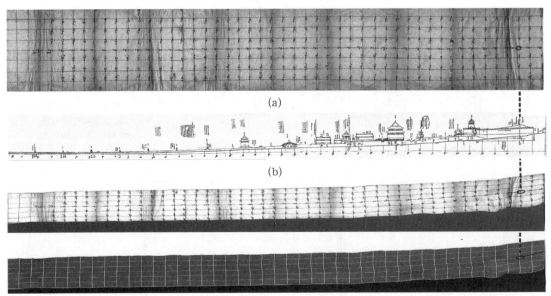

清光绪皇帝崇陵的兴建已经进入 20 世纪，摄影术记录了当时的施工场面和测量设施（图 1-26）。而在建筑构件制作和安装中最重要的测量工具则是丈杆。丈杆是大木施工中专门制作的一系列标记各种设计尺寸的木杆（图 1-27）。它既是一种图学表达形式，又是一种测设工具；既发挥施工图某些作用，又可将构件按设计数据安置到相应位置。例如，在清官式建筑大木制作之前，先将重要数据如柱高、面阔、进深、出檐尺寸、榫卯位置等足尺刻画在丈杆上，然后按其刻度进行大木构件制

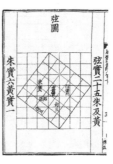

图 1-22 《周礼》奄甸万姓（井田）图与《周髀算经》玄图
（图注：用于证明勾股定理）

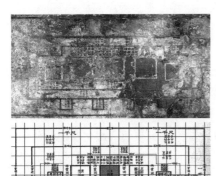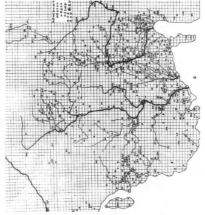

图 1-23 隐含了平格模数方法的战国中山王兆域图（左图）

图 1-24 用计里画方绘制的宋代《禹迹图》（右图）

图 1-25 《春日权现验记绘》（局部），1309 年（日本宫内厅藏）
[图注：画面生动地表现了 948 年日本藤原光弘兴建竹林殿的情景，图中方格网线、曲尺、墨斗、墨线、墨刺（墨笔）、铅锤和水准等测绘工具清晰可见]

图 1-26 清崇陵施工场景，1910 年拍摄，中国文化遗产研究院藏
（图注：图中可见龙门桩等测量设施和施工放线场景）

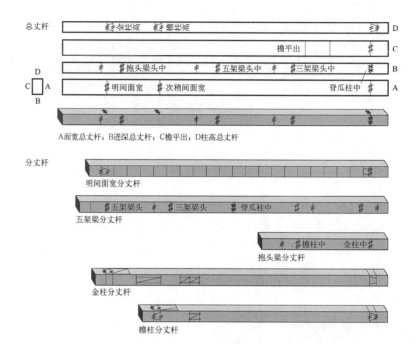

图1-27 北京地区使用的大木丈杆
（图片来源：摹自《中国古建筑木作营造技术》）

作，大木安装时也用丈杆来校核构件安装的位置是否准确。这种方法以其准确可靠、简便实用而沿用至今。[1]

2. 西方测绘技术的引进

明末清初，大量欧洲传教士来华，成为中国与西方文化交流的使者。西方测量学随之传来，得到积极学习和吸收，如引入了欧几里得几何学、地圆说、经纬度测量、三角测量法等，同时引进了西方测量仪器，且能加以仿制和革新（图1-28、图1-29）。18世纪初，清康熙、乾隆帝还组织了全国性的大规模三角测量，并以实测为基础先后编绘了全国地图《皇舆

① 马炳坚.中国古建筑木作营造技术[M].北京：科学出版社，1991.

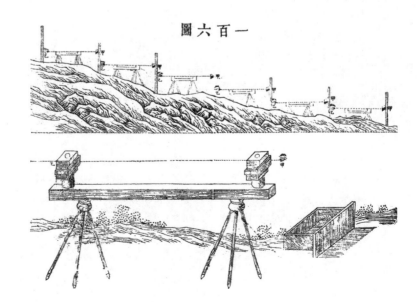

图1-28 《灵台仪象志》一书中记载的西方水准测量仪器和方法
（图片来源：《古今图书集成·历象汇编·历法典》九十五卷，仪象部汇考十三）

  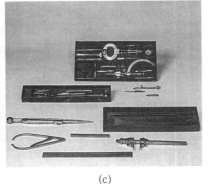

(a) (b) (c)

图 1-29 清代宫廷所藏测量仪器和制图工具
(a) 全圆仪；
(b) 平板仪；
(c) 制图工具套装
（图片来源：《清宫西洋仪器》）

全览图》和《乾隆内府舆图》，走在当时世界前列。测绘过程中，康熙皇帝还在世界上首次采用以子午线上每度的弧长来确定长度的标准，① 早于 1791 年法国以类似方法确定 1m 长度的做法。这些不仅大大改变了中国传统测量技术的面貌，弥补了传统测量学的不足，而且使中国的测量学在 18 世纪时仍保持先进水平。

3. 古代的建筑测绘活动

据《周礼·夏官》，周代专有设测量管理机构和人员即"量人"，主要从事工程测量和军事测量。② 文献中记载先秦时期有诸如"鲁作楚宫""晋作周室""秦写放六国宫室"等仿建工程，当时建筑测绘水平应当为此提供了良好的技术保障。

北魏迁都洛阳前，蒋少游借出使南齐建康之机"摹写宫掖"，并"图画而归"，这不啻为一次建筑测绘活动。③ 在洛阳城规划时，蒋还曾到洛阳测绘魏晋宫室遗址。东魏孝静帝天平元年（534 年）皇室迁邺都，邺城规划和设计程序也是先进行同类建筑的测绘，借鉴古制，经推敲研究作出新的设计。到隋代，宇文恺在论证礼制建筑明堂的形制时也曾测绘过南朝刘宋的太极殿遗址。④ 后来"测绘—借鉴—设计"的做法常为惯例。金中都模仿宋都城汴京兴建，当时金国专派画工测绘汴京的宫室制度，"阔狭修短，尺以授之"，参考这些测绘图纸，中都才得以建成。⑤

五代时期凿修的敦煌莫高窟第 72 窟壁画中，描绘了工匠摹绘塑像时进行测量的情景。⑥ 某种程度上成为反映古代测绘活动的宝贵图像资料（图 1-30）。

图 1-30 敦煌莫高窟第 72 窟壁画，画大佛，五代

① 康熙以前，长度单位规定很不一致，为实施全国测量须先规定统一的尺度标准，康熙帝亲自裁定经线长度 1 度以 200 里计，确定每尺为经度百分一秒。
② 《周礼·夏官》："量人，下士二人，府一人，史四人，徒八人。""量人掌建国之法，以分国为九州。营国城郭，营后宫，量市朝道巷门渠，造都邑亦如之。营军之垒舍，量其市朝州涂，军社之所里，邦国之地与天下之涂数，皆书而藏之。"
③ 《南齐书·魏虏传略》卷五七："(北魏)……议迁都洛京。(永明)九年遣使李道固、蒋少游报使。少游有机巧，密令观京师宫殿楷式。清河崔元祖启世祖曰：'少游，臣之外甥，特有公输之思，宋世陷虏，处以大匠之官，今为副使，必却模范宫阙；岂可令毡乡之鄙取象天宫？臣谓且留少游，令主使反命。'世祖以非和通意，不许。少游，乐安人。房宫室制度，皆从此出。"另《南史·崔祖思传》(卷四十七)："永明七年，魏使李道固及蒋少游至，崔元祖(祖思子)言：'臣甥少游有班、垂之巧，今来必令模写宫掖，未可令反。'上不从，少游果图画而归。"

④《隋书·列传第三十三》（卷六十八）引宇文恺《明堂议表》："……梁武即位之后，移宋时太极殿以为明堂。无室，十二间……平陈之后，臣得目观，遂量步数，记其尺丈。犹见基内有焚烧残柱，毁斫之余，入地一丈，俨然如旧。柱下以樟木为跗，长丈余，阔四尺许，两两相并。瓦安数重。宫城处所，乃在郭内。虽湫隘卑陋，未合规摹，祖宗之灵，得崇严祀。周、齐二代，阙而不修，大飨之典，于焉靡托。"

⑤ 清代朱彝尊《日下旧闻考》（卷二十九）引无名氏《金图经》记载："亮欲herit燕，遣画工写京师宫室制度，阔狭修短，尺以授之，左丞相张浩辈按图修之。"

⑥ 马德.敦煌工匠史料[M].兰州：甘肃人民出版社出版，1997：25.

在清代皇家建筑的营造活动中，建筑测绘也是设计的重要环节，据此完成原有建筑的修缮设计，或供新建筑设计参考，样式雷就有大量测绘图传世。样式雷的测绘图经历草图、标注测量数据、仪器草图至正式图等阶段，与现代建筑测绘程序基本类同（图1-31），复杂纹样也采用拓样方法（图1-32）。以测绘成果作为设计资料或依据的案例，典型的有惠陵妃园寝（同治皇帝妃子墓），曾拟添修宝城及方城明楼，因相关档案缺失而系统测绘了乾隆朝兴建的景陵双妃园寝，并据以完成设计（图1-33）。

如前所述，16至18世纪间的大量欧洲传教士来华，也使得西画东渐，尤其是清代康熙、乾隆年间结合中国传统艺术，形成了线法画等新的绘画风格。当时具有园林建筑实录性质的皇家园林"图咏"中的绘画（图1-34），也传到欧洲，对欧洲园林向风景式园林的发展产生了影响。

1.2.4 中国近现代的建筑测绘

19世纪末至20世纪初，国外学者开始对中国境内的古建筑进行了考察和测绘，包括德国锡乐巴（Heinrich Hildebrand）、柏石曼（Ernst Boerschmann），瑞典喜仁龙（Osvald Siren）和日本的伊东忠太、伊藤清造等学者和工程师，并出版了关于中国建筑和中国建筑史方面的一些研究专著（图1-35）。中国自己的学者和建筑师对中国古建筑的测绘则始于20世纪20年代。

图1-31 样式雷画样：景陵下马牌各阶段测绘画样（国家图书馆藏）（左图）

图1-32 样式雷画样中的拓样（国家图书馆藏）（右图）

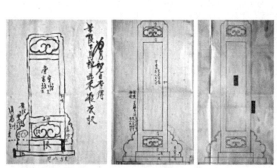

图1-33 样式雷画样中的景陵双妃园寝测绘图（国家图书馆藏）
(a) 景太妃园寝方城明楼宝城规制丈尺立样；
(b) 景太妃陵宝城尺寸式样准底

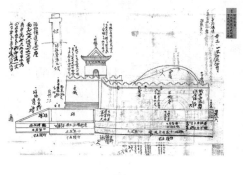
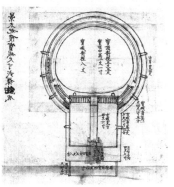

(a)　　　　　　(b)

图 1-34 西岭晨霞，避暑山庄三十六景铜版画
[图注：（意大利）马国贤（Matteo Ripa）作，康熙五十二年（1713 年）]

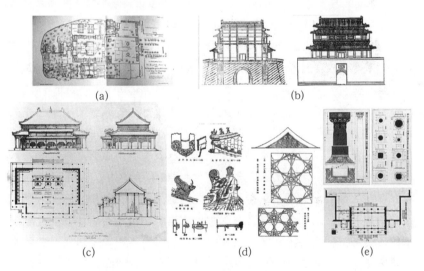

图 1-35 域外学者对中国古建筑的测绘
(a) 北京大觉寺平面图，（德）锡乐巴著《北京大觉寺》，1897 年；
(b) 北京阜成门剖面图与立面图，（瑞典）喜仁龙著《北京的城墙和城门》，1924 年；
(c) 山西五台山显通寺测绘图，柏石曼《中国建筑》；
(d) 紫禁城细部图，（日）伊东忠太等测绘，《伊东忠太建筑文献》第三卷；
(e) 沈阳故宫测绘图，（日）伊藤清造编《奉天宫殿建筑图集》，20 世纪 20 年代至 40 年代

1. 20 世纪 20 年代至 40 年代

沈理源是我国近代第一批留学回国的建筑师。1920 年，任职于华信工程司的沈理源对杭州胡雪岩故居进行了测绘，绘制了《胡雪岩故宅平面略图》，这是我国现代时期，已知最早的由中国人完成的古建筑测绘图（图 1-36）。这一成果后来成为整修该全国重点文物保护单位的重要依据。

图1-36 杭州胡雪岩故宅平面略图,沈理源测绘,1920年

20世纪20、30年代,伴随着中国民族工商业蓬勃兴起,中国社会进入相对快速发展的时期。学习接纳西方的现代文化,同时又将中国传统文化作为国家发展与民族复兴的精神支柱,成为当时的文化潮流。因而"整理国故"之风勃发,中国现代考古学及文物、博物馆事业也大都发轫于此时,在建筑界则掀起了以"中国固有形式"为特征的传统复兴。

在此背景下,民国政府开始关注文物古迹的保护与整理工作,颁布法规条例,成立专门机构。1928年,南京政府颁布《名胜古迹古物保存条例》和《寺庙登记条例》,这是我国保护文化遗产的第一批法规。同年3月,中央古物保管委员会在南京成立,随后对数百处重要古迹古物进行了调查和登记。1928年至1931年,北平研究院为编修《北平志》的庙宇志部分,调查了北平几百座寺院,也绘制了一批庙宇总平面测绘简图。

1929年暑假,刘敦桢率领国立中央大学建筑工程科学生6人考察山东、河北、北平古建筑。期间,参观故宫并测绘三大殿平面,并将考察成果《北平清宫三殿参观记》发表于中央大学工学院1930年6月出版的《工学》创刊号。该文为国内第一篇古建筑考察研究报告,从形式、结构、艺术等方面提出故宫建筑的优点和缺点。这次考察也是国内最早的古建筑教学考察活动。[①]

① 李婧,王其亨.中国建筑遗产测绘史[M].北京:中国建筑工业出版社,2017:37-38.

从现代学术意义上说,中国人自己的中国建筑史系统研究肇始于朱启钤创立的中国营造学社,尤其在梁思成、刘敦桢先后于1931和1932年加入后更开创了建筑史学的崭新局面。除既有的文献研究外,学社以主要力量投入到中国古代建筑遗构的实地调查和测绘中。至1937年抗战爆发前夕,学社已经调查测绘了山西、河北、河南、山东、江苏、浙江诸省的唐、辽、宋、金等时期中国古代木结构建筑数百处,以及北朝以来的砖石塔、各类桥梁和摩崖石窟等。这些第一手研究资料对今天的学术研究仍是不可或缺的(图1-37~图1-40)。抗战期间,营造学社转移到西南地区,在十分艰难的条件下仍坚持着古建筑的测绘及研究,并参与了一些重要考古工作。除学术上的累累硕果外,学社还培养了诸多古建筑研究人才,为中华人民共和国成立后古建筑测绘的全面开展奠定了基础。

1935年,北平的旧都文物整理委员会(后改称"北平文物整理委员会",简称"文整会")成立,旨在整理、保护和修缮北平的明清建筑遗产。自成立时起,陆续实施了长陵、故宫、天坛、碧云寺、中南海等多

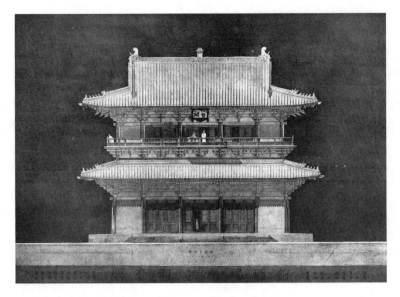

图1-37 蓟县独乐寺观音阁立面图,水彩渲染,营造学社测绘,1932年
[图片来源:《中国营造学社汇刊》,1932,3(2)]

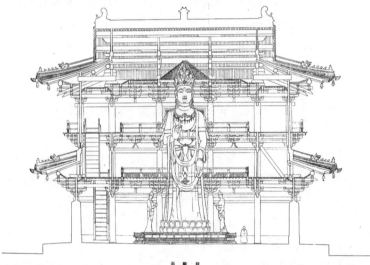

图1-38 蓟县独乐寺观音阁剖面图,营造学社测绘,1932年
[图片来源:《中国营造学社汇刊》,1932,3(2)]

图1-39 营造学社测绘北平正觉寺金刚宝座塔,1936年(左图)
(图片来源:《叩开鲁班的大门》,1995)

图1-40 营造学社测绘佛光寺大殿,1937年(右图)
(图片来源:《叩开鲁班的大门》,1995)

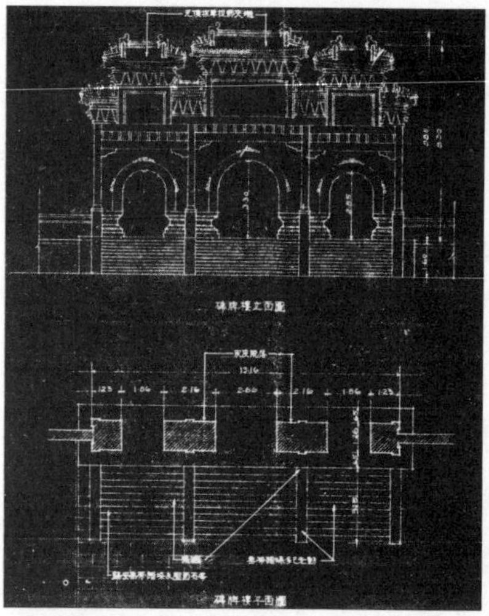

图1-41 香山碧云寺金刚宝座塔（孙中山先生衣冠冢）修缮设计图，1935年（图注：砖牌楼，蓝图，基泰工程司，中国文物研究所藏）

处重要古建筑的修缮保护工程，这也是我国最早开展的现代意义上的建筑遗产保护工程（图1-41）。这些工程通常由杨廷宝主持的基泰工程司承担设计，前期均需进行详细测绘。文整会与营造学社保持着紧密合作，学社为其提供技术咨询，并审核设计图纸。

1937年"七七事变"后，抗战全面爆发，北平失陷。但在这段特殊历史时期，对北平古建筑的测绘活动并未中止。朱启钤担心故宫等重要古建筑毁于兵燹，力主及时进行精确测绘，并于1941年设法促成了该测绘项目。从1941年初至1944年末，在基泰工程司建筑师张镈的主持下，先后测绘了故宫中轴线以及外围的太庙、社稷坛、天坛、先农坛、鼓楼、钟楼等主要古建筑。因张镈兼任天津工商学院建筑系教授，所以测绘主力多来自天津工商学院建筑系、土木工程系师生，后又有北京大学工学院师生加入。最终绘制大幅图纸680余张，另附大量古建筑照片及测量数据记录手稿（图1-42）。这批在特殊环境中艰难获得的宝贵实测资料，至今仍享誉文物界和建筑界。

在抗战期间，另有多个官方组织参与了后方古建筑的调查和测绘，包括1940年至1945年教育部艺术文物考察团对西北建筑的调查测绘，1942年西北史地考察团对敦煌莫高窟的测绘。1944年，敦煌艺术研究所成立，开始系统测绘和研究石窟及其窟檐建筑（图1-43）。[①]

① 李婧，王其亨.中国建筑遗产测绘史[M].北京：中国建筑工业出版社，2017：150-157.

2. 中华人民共和国成立以后

1949年中华人民共和国成立，开启了一个崭新时代。20世纪50年代以来，涉及古建筑测绘的教学和研究机构各有侧重，主要可分为文物保护及考古研究机构、建筑科学研究机构以及高等院校等几个方面。各类机构中的学术带头人多少都有营造学社背景或渊源，可以说当初播下的火种此时在全国渐成燎原之势。

我国各级文物行政主管部门及其下属的管理机构，设有专门的设计研究单位承担文物保护单位的测绘、研究和保护工程设计工作。中华人民共和国成立伊始，首先要完成地区性或者全国性文物普查工作，摸底调查中展开了很多测绘工作。在专业人才极端缺乏的情况下，文化部社会文化事业管理局责成北京文物整理委员会于1952年10月举办了第一期全国古建筑培训班，并特邀梁思成进行专题讲座。其后1954、1964、1980年又举办了三期，受训学员参加实际工作，构成中国文物及古建筑保护研究、设计的骨干力量。当时的培训除一般理论课程外，特别增

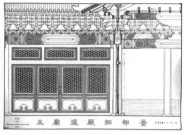

图 1-42 一组北京重要古建筑测绘图，基泰工程司测绘，1941 年初至 1944 年末
(a) 太庙后殿彩色图；
(b) 太庙后殿细部图；
(c) 景山寿皇殿细部图；
(d) 故宫角楼彩色图

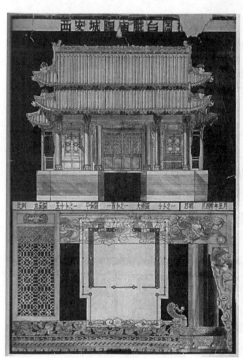

图 1-43 抗战期间其他机构开展的古建筑测绘
(a) 西安城隍庙戏台测绘图，教育部艺术文物考察团，1940—1945 年；
(b) 莫高窟 431 窟窟檐彩画临本，敦煌艺术研究所孙儒僩测绘，1948 年加了古建筑测绘实习。尤其是第三期正值第一批全国重点文物保护单位公布之后，为适应建立文物科学记录档案的需要，索性将培训班定名为测绘训练班。

我国于1961年颁布的《文物保护管理暂行条例》规定："对于已经公布的文物保护单位，应当……建立科学的记录档案。"从此，文物建筑的记录档案（包括测绘）在我国成为法定要求，并与划定保护范围、提出标志说明、设置管理机构合称"四有"工作。这些相关要求在现行《文物保护法》及《中国文物古迹保护准则》等相关法律及指导性文件中均有所体现并得到加强。

随着中华人民共和国第一批建筑科研机构的成立，建筑历史专业学术机构相继出现。自1953年起，刘敦桢主持的"中国建筑研究室"（华东建筑设计公司与南京工学院合办）以古典园林及传统民居为重点，结合高校教学进行调查测绘和专题研究。梁思成主持的"建筑历史与理论研究室"（中国科学院土木建筑研究所与清华大学建筑系合办）则在1957年组织测绘了北京部分近代建筑实例，同时也对部分地区的古建筑及传统民居进行了测绘调查。1958年，两单位并入建工部建筑科学研究院，继续开展工作，并延续至今（现中国建筑设计研究院有限公司建筑历史研究所）。值得注意的是，限于人员数量，这些机构的测绘工作多是紧密结合高校的教学完成的。

1952年高校"院系调整"后，清华大学、南京工学院（今东南大学）、天津大学、同济大学、重庆建筑工程学院（今合并于重庆大学）、华南工学院（今华南理工大学）等设有建筑系的院校，均开设中国建筑史课程，并按学院派建筑教育传统组织古建筑测绘实习，依其所处的地理位置和研究条件而各有侧重。

自此，融教学、科研和社会实践为一体的高校古建筑测绘活动蓬勃发展，除"文革"期间中断外，一直延续至今。70多年来，不仅夯实了建筑教育的基础，取得了丰硕的科研成果，还在建筑遗产记录测绘方面形成了一支实力雄厚的力量。高校的古建筑测绘内容丰富，表达形式包括铅笔、钢笔墨线、水墨渲染、水彩渲染、国画、计算机制图和模型制作等多种媒介手段，测绘对象涵盖宫殿园林、伽兰石窟、坛庙祠堂、浮屠经幢、村落民居、石梁道藏、高楼洋房等各类建筑遗产，足迹遍及全国各省、市、自治区，甚至还远涉重洋，踏足海外。21世纪来，国家对遗产保护愈加重视，高校的测绘也逐渐融入了国家文物保护体系，并借此培养了更多专业保护人才。

需要指出的是，在建筑院校之外，高校中的测绘院系也积极将三维激光扫描、数字摄影测量等无接触测量技术应用于古建筑测绘，开发并研制软硬件，参与了大量石窟寺、古建筑的测绘工作，也取得了丰硕成果。同时，市场上活跃着不少测绘技术背景的商业公司，也成为与文物保护专业保护机构展开建筑遗产测绘的合作单位。

大量的实测和调查积累的丰富的第一手资料，成为中国建筑史学研究的雄厚基础，测绘成果也每每见诸重要学术成果之中，如《中国古代建筑简史》《中国近代建筑简史》《中国古代建筑史》《中国古代建筑技术史》《苏州古典园林》《应县木塔》《承德古建筑》等。同时，这些实测资料为相应文物保护工作也提供了基本条件。

1.2.5 未来展望

本书开头就提到了测绘领域的"信息化测绘"的概念，研究认为，同样的概念和适用技术当然也可移植在建筑遗产保护领域，从而由传统的传统模拟测绘、数字化测绘，走向建筑遗产领域的"信息化测绘"（图1-44）。其成果不再简单向研究或勘察设计工作提供"测绘图纸"或"技术底图"，不再是从属于局部保护工作（如修缮工程）的基础工作，而是通过技术创新，开发遗产的信息管理平台，提供统领全局、贯穿保护工作全过程的信息管理服务。它具有技术体系数字化，信息交互网络化，信息服务专业化、社会化，信息共享法制化等特点。从目前的技术发展来看，建筑遗产领域的信息化的核心技术是地理信息系统（GIS）和建筑信息模型技术（BIM），结合其他学科的需求和贡献，又衍生出适用于遗产的历史地理信息系统（HGIS）和"历史建筑信息模型"（HBIM），并结合人工智能和物联网等技术，衍生出文化遗产领域的"数字孪生"（Digital Twin）。事实上，建筑遗产数字化和信息化大力建设和发展的技术经济条件已基本具备，传统的记录建档工作，势必升级为以数字化为基础的遗产信息采集、传递、处理和利用等活动。

与大家在手机上、在生活里就能感受到的地理信息服务类似，将来测绘图纸不再是唯一的交付手段或者测绘产品，而代之以建筑遗产的信息管理与展示的系统，研究者、管理者、工程技术人员、学生、游客、网友，人人都可以在网络上浏览、查阅模型和图纸，分析和分享这些信息。

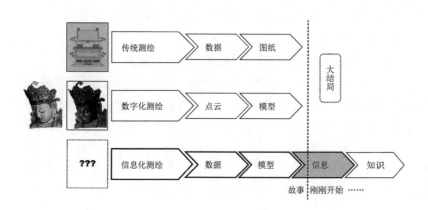

图1-44 三种测绘形态的演进

1.3 古建筑测绘的意义与目的

第 1.2 节宏观地回顾了中外建筑测绘的发展历程，通过历史回顾，其社会意义可以说呼之欲出，至少可涵盖 5 个方面：学术研究、建筑创作、遗产保护、文化传播和传承和人才培养。

1.3.1 古建筑测绘的社会意义

1. 为建筑研究提供详实的基础资料和突破契机

从学术研究看，测绘是获取古建筑基本数据和形象资料基本和关键的手段，也提供了不断发现和比对分析的契机。只有在测绘过程中，才能获取很多有意义的细节，从而结合其他手段推进研究的进展。从前述历史发展看，测绘也的确是建筑研究最初的源泉之一，并由此奠定了近代的建筑学。如果建筑学已然成为巨型雪球的话，那么测绘则在最初的核心小团里面。

从中国现代学术史上看，自 20 世纪 30 年代中国营造学社开创中国建筑史学以来，坚持古代文献和实地调查测绘相结合，曾长期作为基本路线，并由此奠定了中国建筑史研究的坚实基础。今天在建筑史教科书中习见的诸多经典建筑的实测图，更凝聚了数代建筑史家、文物保护工作者以至青年学生的劳动成果。

相反，如果没有相关测绘成果，或者测绘资料不准确、规范性差，也会给研究带来困扰。著名建筑历史学家陈明达先生一生致力中国古代木结构技术研究，成就卓著，但他的智慧精华大部分体现在战国至北宋部分，南宋以后的相关研究则由于缺乏精确的实测资料等原因而未能全部完成。① 傅熹年院士在研究古代城市规划、建筑组群的设计方法时，也因为"我国目前尚无按统一要求精测的古代建筑图纸和数据"，不得不声明允许他引用的数据有一定误差。② 感慨于大量实测资料未能得到规范系统整理，他呼吁相关部门"及时订立一套严格的规范化的测绘要求，尽可能取得完整准确精密的图纸"。③ 实测资料对相关研究工作的重要影响，由此可见一斑。今天，由于测绘技术进步和测绘研究的队伍不断成长，这种制约的瓶颈已经很大程度被打破了，基于测绘的建筑研究逐渐迎来了繁荣发展。

2. 为探索有中国特色的现代建筑创作提供借鉴

从前述发展历程看，从文艺复兴伊始到现代建筑诞生之前，古建筑测绘为建筑创作提供了可直接借鉴的资料。从复兴到创新，从继承到发展的轨迹十分明显。由于生产方式和信息传播方式的巨变，测绘的角色逐渐淡出了创作领域，毕竟直接的借鉴作用已今非昔比。

然而，保护、继承和发扬民族传统建筑文化，探索既符合时代要求又有中国特色的现代建筑创作，应当是每位中国建筑师的责任。多元包

---

① 陈明达.中国古代木结构建筑技术（战国至北宋）[M].北京：文物出版社,1990; 2.另参阅：中国古代木结构建筑技术（南宋—明、清）.见：陈明达.陈明达古建筑与雕塑史论[M].北京：文物出版社,1998: 217-238.

② 傅熹年.关于唐宋时期建筑物平面尺度用"分"还是用尺来表示的问题[J].古建园林技术, 2004 (3): 34-38.

③ 傅熹年.中国古代城市规划、建筑群布局及建筑设计方法研究[M].北京：中国建筑工业出版社, 2001: 208.

容、丰富多样的艺术形式，大规模建筑组群的外部空间设计，建筑组群与环境整体的结合，功能、结构和艺术的统一，独特的结构体系、材料运用、节点制作和建造逻辑等，是中国古代建筑的显著特色，至今并未失去借鉴价值，值得深入挖掘、研究和弘扬。这些精髓可以通过测绘成果及相关研究揭示出来，而若克服浮躁心理，直接参与测绘实践，亲身体验，深入研究，则更有收获。中国古代有严谨的设计程序和科学的设计方法，也有发达的辩证思维。中国创造了大量世界文化遗产，没有必要等待外人构建某种理论体系，然后亦步亦趋地学习，只要立足自身，借鉴传统，吸收所有文化的积极因素，完全可以在世界上构筑中国自己的全新建筑理论。

3. 遗产保护的基础性、全局性和前瞻性工作

本章第1.1节阐述古建筑测绘特有属性时提到测绘是遗产保护基础工作的重中之重，是全局性的信息管理。更进一步说，对遗产的价值认知与历史、建筑史、艺术史研究也息息相关，甚至艺术史观、建筑史观与保护理念也互为表里。第二次世界大战后的保护理论不断发展，以跨专业的研究评估为坚实基础，将保护视为"批判的过程"（Critical Process），这是我国需要向西方学习的精华所在。这里的"批判"可理解为对遗产的审辨、审视、追问、研究、鉴别、评估、考证、分析、权衡等，而对遗产的测绘研究、考古研究、分析性记录显然是整个批判过程的起点。

我国幅员辽阔，历史悠久，建筑文化遗产的总体资源十分丰富；然而与此形成鲜明对照的是，相应的基础研究、遗产建档和信息管理工作的观念和技术水平与遗产强国还有一定差距。时代的发展要求改变原来以"修"为核心的保护工作思路，高度重视遗产信息记录和管理的科学、系统、完整，促进由被动的抢救性保护向主动的系统性和预防性保护的历史转换。因此，随着遗产保护需求的深化和精细化，以及各种数字化、信息化、智能化技术迅速发展，需要更新观念，提高认识，促进建筑遗产的保护跟上时代发展步伐，从传统保护方式发展到数字化，进而走向信息化、智能化。

4. 文化传播与传承的重要媒介

从历史发展看，以测绘资料为基础的建筑图谱、图像资料有时候会成为建筑文化传播和交流的关键媒介。古典主义建筑能普及各国，中国的建筑、园林形式可以搬运到欧洲，欧洲的各种建筑风格能大规模地在北美大地落地生根，都有赖于此。

从现实看，在科技迅猛发展的今天，测绘成果形式更加多样。随着信息技术的发展，遗产记录与"预防性保护"与"研究性保护"，以及与智能化监测、现场和虚拟展示、解说和阐释，不仅关系密切，互为表里，而且相关之间的边界也逐步被打破了。测绘成果与多种传播方式结合，依靠

具有可视化、互动性等特点的媒介，可以让建筑遗产价值更加生动、直观地阐释和展示在大众面前。"让文物活起来"真正走入人民生活，才是遗产认知与遗产保护的第一步。测绘、记录与展示可促进传统文化的继承和发扬，为城乡发展和文化建设提供沃土。

5. 人才培养

中国古代视古迹为"后学之范""可以兴且观"[①]"足以喻学"[②]；欧洲在文艺复兴开端，测绘研究古罗马建筑时，也非常看重其教育价值。特别重视并一贯致力于古建筑调查、测绘的中国营造学社，不仅学术研究上开创了崭新局面，也为后来的中国培养了大批建筑历史与文物保护的人才。中华人民共和国成立后的建筑高等教育坚持测绘传统，也培养了大批建筑师、文物保护专家和研究学者。今天，能有机会直接寻古访迹、与先贤大师"对话"的测绘活动在建筑教育和遗产教育方面都有其重要价值。

1.3.2 古建筑测绘的教学目的

古建筑测绘课程接续前置课程，尤其是中国建筑史的教学，承上启下，学生经过综合实践环节，综合素质可在以下几个方面得到全面发展。

1. 知识结构优化

通过理论联系实际的综合训练，巩固和提高建筑学基本知识和素养。古代优秀建筑遗产蕴涵了古人的思想和智慧，学生直接与之"零距离"接触和"对话"，认识、体验、量测、计算、发现，用建筑师的语言描绘它，可刻骨铭心地深化对古建筑的感性认识和建筑学、遗产保护基本知识，树立遗产保护的意识，提高人文素养。

2. 专业技能提高

通过"以技入道"的综合训练，精细化地培养和提高专业技能。传统建筑复杂的形式与构造，是训练学生理解和表达建筑空间和建造的"活"教材，可有效提高学生对建筑的洞察力、尺度感及形式敏感度，培养解读建筑中各种"关系"和逆向梳理设计与建造逻辑的能力，为后续课程打下坚实基础。

3. 创新能力培养

通过"解剖麻雀、举一反三"的综合训练，加强创新能力培养。古代建筑遗产类型多样，情况复杂，学生在完成挑战性任务过程中，可培养从扎实严谨到活学活用的动手能力、应变能力、知识技能的迁移能力，以及从认知体验到探索发现的创新能力，并结合文献阅读和研究，奠定从实际技能训练到理论思维跃迁的基础。

---

① （万历）《兖州府志》
② （嘉靖）《青州府志》

4. 综合素质养成

通过艰苦劳动和耐心细致的工作，古建筑测绘可潜移默化地培养学生文化自信、团队协作、严谨求实以及艰苦奋斗的精神，成为生动的社会性德育课堂。古建筑测绘往往能创造条件让学生直接参与遗产保护工作，质量标准和技术创新更富挑战性，由此可激发学生直接参与国家文保事业的热情，获得心理发展上自我实现的自豪与自信。

第 2 章　测量学基本原理与方法

如前所述,古建筑测绘是测绘学在建筑历史研究和遗产保护等领域的直接应用,因此,在进一步学习古建筑测绘知识之前,需要先掌握测量学基本原理。

2.1　测量基准与测量坐标系

所有物体归根结底都是由"点"构成的,三维空间坐标是描述空间点位置的最基本方式。测量工作的实质就是确定这些"点"的空间位置,即点在三维空间坐标系中的坐标。

2.1.1　测量基准

普通测量工作都是在地球表面上进行的。所以,要搞清楚这个问题,先要从地球的形状和大小说起。

地球表面极不规则,不同部位高低起伏较大,最高处珠穆朗玛峰高出海平面 8 844.43m(岩石),最低处马里亚纳海沟低过海平面 11 034m。这些高低起伏相对于地球的半径来讲变化很小,通常认为,地球是一个南北极方向稍扁,赤道方向稍长,平均半径约为 6371km 的椭球。

由于地球表面三分之二为海水面,在测量上,假想某个时刻静止的海水面向岛屿、内陆延伸,穿过岛屿、陆地,包围整个地球,形成一个封闭的曲面,这个封闭曲面称为**水准面**。水准面的不同部位与该处的铅垂线(重力线)处处垂直相交,是一个不唯一、不规则的复杂曲面。为找到一个唯一的测量基准,测量学上将经过长期观测得到的平均水准面称为**大地水准面**(图2-1a)。大地水准面和铅垂线是外业测量工作的基准。由于地球内部质量分布不均匀,引起铅垂线不规则变化,所以大地水准面是一个极不规则的复杂曲面。为此,测量学上选用一个和大地水准面吻合较好,且能够用一个简单的数学式表达的假想曲面来表示地球的形状和的大小(图2-1b、c),并以其作为测量中计算工作的基准面。这一理想曲面是由一椭圆绕其长轴旋转得到的椭球面,称为旋转椭球面(或参考椭球面)。旋转椭球面包围的部分称为大地体。

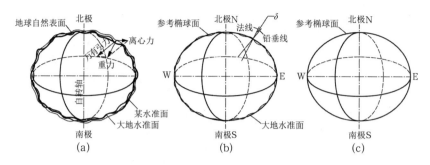

图 2-1 大地水准面

2.1.2 点位确定与测量坐标系

有了参考椭球面和大地水准面，确定空间点的位置，通常就转化为：①确定空间点在参考椭球面上的投影位置，即**坐标**；②确定空间点到大地水准面的铅垂距离，即**高程**。因此，实际应用中我们通常将点放到一个二维坐标系和一个高程系中来分别确定点的平面坐标和高程，进而研究其空间状态和变化规律。

根据用途和精度的不同，点的平面位置可采用地理坐标、高斯平面直角坐标和任意直角坐标来表示。古建筑测绘中通常使用高斯平面直角坐标和任意直角坐标来表示点的位置。

许多时候，测量、计算、绘图均需在平面上进行，但地球表面作为一个椭球面，是一个不可延展的曲面，必须先通过地图投影的方法将地球表面上的点投影到平面上。我国采用的是高斯投影（Gauss Projection），事先将地球表面（参考椭球面）进行分带（将地球表面自西向东按照经差间隔分为不同投影区域），设想用一个空心椭圆柱套在参考椭球（地球）表面，使椭圆柱的中心轴位于椭球赤道面内且通过球心，将拟投影的投影带中央子午线与椭圆柱面重合。其后，以地球（参考椭球）球心为投影点，将椭球面上拟投影带内所有点按照等角投影的方式投影到椭圆柱体面上，然后将圆柱体沿着过南北极的母线切开，展开成为平面。由于中央子午线的投影长度和方向均未发生变化，赤道线的投影虽然长度发生了变化，但其方向未变。所以，以中央子午线的投影作为坐标系的 x 轴（纵轴），以赤道线的投影作为坐标系的 y 轴（横轴），以中央子午线投影与赤道线投影的交点作为坐标原点，这样就建立起了一个新的平面直角坐标系，这样的坐标系称为高斯平面直角坐标系（图 2-2）。

同一个点在不同坐标系中的坐标值不同。椭球参数和投影方式不同，会得到不同的坐标系统。中华人民共和国成立以后，我国曾基于不同的椭球参数，采用过北京 54 坐标系统和西安 80 坐标系统。目前，我国统一采用 2000 国家大地坐标系（China Geodetic Coordinate System 2000），该坐标系原点为地球质心，Z 轴指向国际时间局定义的协议极地方向，X 轴指向国际时间局定义的零子午面与协议赤道的交点方向，Y 轴依照右手坐标系法则确定。

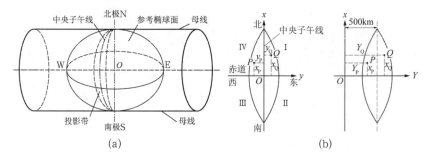

图 2-2 高斯投影法及高斯平面直角坐标系建立
(a) 高斯投影法；
(b) 高斯平面直角坐标系

在高斯投影中，地球表面上距离中央子午线不同的点投影后存在着不同大小的变形。在半径为 10km 的范围内进行测量时，弧线长度与直线距离的差异很小，不会给一般距离测量和普通工程应用造成太大影响，可以用切平面代替大地水准面，建立任意平面直角坐标系（图 2-3）。任意平面直角坐标系坐标原点通常选择在测区西南角或测区中心，x 轴正向朝北（北坐标），y 轴正向朝东（东坐标）。由于古建筑组群范围通常较小（半径不超过 10km），在古建筑测量中常采用任意平面直角坐标系。

建立起了坐标系，就可以用点的纵（x 坐标，又称为北坐标）、横（y 坐标，又称为东坐标）坐标表述点的平面位置。测量上采用的平面直角坐标与数学坐标系不同，体现在：横纵坐标轴互换，象限顺序相反。这样，外业测量数据不经任何转换即可利用已有数学关系式进行计算。

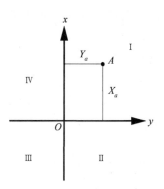

图 2-3 任意平面直角坐标系

如图 2-4 所示，地面点到大地水准面的铅垂距离称为**绝对高程**，又称为**海拔**。我国一直以黄海平均海水面作为高程基准面，目前使用的"1985 年国家高程基准"，即以青岛国家水准原点 1985 年高程值（72.260 4m）作为起算点的高程系统。在局部地区，也可以假定一个高程基准作为高程起算面，地面点到假定高程基准面的铅垂距离，称为该点的**假定高程**或**相对高程**。两点绝对高程或相

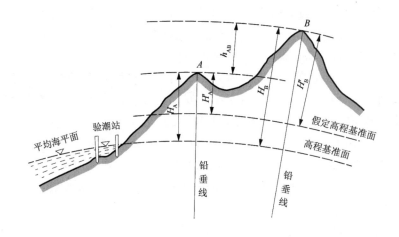

图 2-4 绝对高程和相对高程
（图注：A、B 两点的绝对高程分别为 H_A、H_B；相对高程分别为 H'_A、H'_B，两点间高差为 h_{AB}）

对高程之差称为两点间**高差**。已知起始点高程值,通过外业测量测得两点间高差,即可求出任一点高程(通常用 H 表示)。

这样,利用点的平面坐标 (x, y) 和高程 (H),就可以准确描述该点在空间内的位置。

2.2 测量的基本原则和基本测量工作

通过测量确定点的坐标,通常转化为测量两点间距离、点与点之间的高差及直线与直线之间的夹角来实现。在测量上,这些测量工作分别被称为距离测量、高程测量和角度测量。要得到高精度的、准确的测量成果,在组织和实施这些测量工作时,必须遵循相应的规定和准则。任何一项测量工作又包括外业和内业,外业工作的主要任务是数据采集,内业工作的主要任务是数据处理和成果应用。

2.2.1 测量的基本原则

测量工作应遵循在布局上"从整体到局部",在精度上"由高级到低级",在程序上"步步检核",在顺序上"先控制、后碎部"的基本原则。

如图 2-5 所示,欲测定图中所示区域内建筑物、构筑物的分布和地形高低起伏情况,单独在任何一个位置(如 A 处)安设仪器几乎都不可能完成。为此,需要在测区范围内选择若干个具有控制意义的点(如 A、B、C、D、E、F),这些点被称为**控制点**。首先,利用高等级的测量仪器,采用较严密的测量方法,步步检核,测算出这些控制点的平面位置和高程坐标值。其次,利用这些控制点作为测站点,测量该控制点周围的地物(建筑物、构筑物等)、地貌(地形起伏情况)特征点,即**碎部点**。这个操作顺序中,前者称为**控制测量**,后者称为**碎部测量**。整个过程体现了上述基本

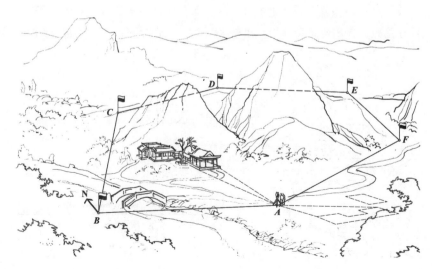

图 2-5 控制测量示意图

原则。最后，既可以实现分区域测绘，将不同测站点上测得的成果纳入到同一个坐标系统中来，更重要的是，可以控制测量误差的积累，保证整个测区测量成果的精度均匀，同时及时发现错误。

需要说明的是，测量学里所说的"碎部点"就是大家感兴趣的"特征点"，比如建筑平面轮廓的转折点。只不过测量过程并不像初学者想象的那样，上来就直接测量特征点，而是先建立一个整体的、精确的空间参照基准（控制网），借助这个基准再去获取这些特征点（碎部点）的数据，这样才是可靠的。

2.2.2　距离测量

距离，是空间内两点在水平面上投影之间的长度。确定空间内两点间距离的方法有：钢尺量距、视距测量、电磁波测距和卫星定位基线测量等。

1．钢尺量距

钢尺量距是用特制的钢卷尺（图 2-6）沿地面直接丈量距离的距离测量方法。测量时，如果待测距离超出钢卷尺长度，则要进行直线定线（在地面上确定直线分段点，图 2-7），然后进行分段测量求和。

钢尺精密量距时，还要进行钢尺比长，找出钢尺在不同温度、拉力等使用条件下名义长度与实际长度之间的关系。这样，测量后根据测距条件对距离测量值进行相应改正，以提高距离测量的精度。

当地面坡度较小时，可采用平量法，逐段抬平测量后求和；若地面坡度较大，需采用斜量法：首先沿倾斜地面测量两点间距离（倾斜距离），同时测量两点间高差，最后根据倾斜距离和高差值计算出两点间距离（水平距离，图 2-8）。

2．电磁波测距

电磁波测距（简称 EDM）是用电磁波（光波或微波）作为载波传输测距信号，根据信号传播速度和传播时间测算两点间距离的一种方法。电磁波测距仪器按其所采用的载波不同，可分为微波测距仪、激光测距仪、红外测距仪。后两者又统称为光电测距仪。用光电测距仪发射并接收通过

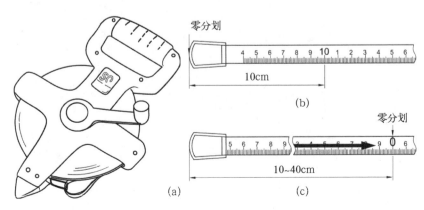

图 2-6　50m 钢尺及两种不同的零分划
(a) 50m 钢尺；
(b) 端点尺；
(c) 刻线尺

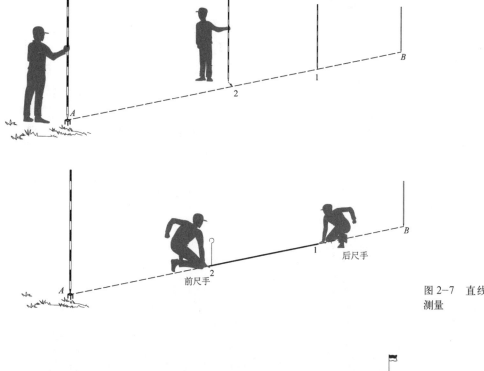

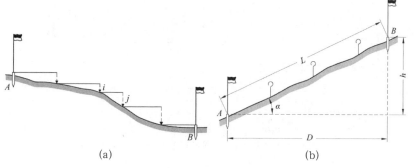

图 2-7 直线定线和分段测量

图 2-8 平量法和斜量法
(a) 平量法；
(b) 斜量法，图中 $D=\sqrt{L^2-h^2}$

目标点（或反射棱镜）反射回来的电磁波信号，通过电磁波在待测距离上往返传播所经历的时间或信号发射与接收两个瞬间之相位差解算两点间的距离（图 2-9）。

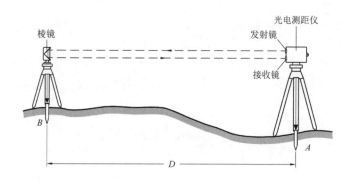

图 2-9 电磁波测距

3. 视距测量法

视距测量法是一种基于相似三角形各边长等比原理的几何测距方法。

在经纬仪、水准仪、全站仪等测量仪器制造时，在仪器望远镜十字丝分划板上刻划有视距丝，上下视距丝与竖丝的交点及望远镜物镜焦点共同形成一个固定大小的三角形，当瞄准远处视距尺（带长度刻划且竖直放置的尺子）时，通过上下视距丝读取尺上读数，上下两个读数在视距尺上的位置与望远镜物镜焦点形成另外一个三角形。上述两三角形相似。因此，根据上下视距丝间隔、上下视距丝尺上读数差值（尺间隔）及望远镜物镜焦距，即可求出仪器所在位置与视距尺所在位置间的距离（图 2-10a）。

当望远镜视准轴不水平时，需要将依据上述原理测得的距离值（倾斜距离）进行换算（图 2-10b）。

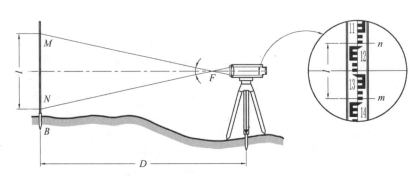

当地面平坦，望远镜视准轴水平时，$D=K \cdot l+C$
（K 和 C 分别为乘常数和加常数，仪器制造时，设定 $K=100$，$C=0$）

(a)

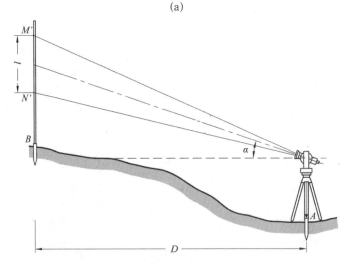

当瞄准较高较低目标，望远镜视准轴倾斜时，$D=K \cdot l \cdot \cos^2 \alpha + C$
（K 和 C 分别为乘常数和加常数，仪器制造时，设定 $K=100$，$C=0$）

(b)

图 2-10 视距测量
(a) 视线水平时；
(b) 视线倾斜时

4. 卫星定位基线测量

利用架设在直线两端点上的卫星定位接收机，同时接收卫星轨道上 4 颗及以上定位卫星发射的卫星信号（广播星历），通过空间后方交会的方法解算出两点间距离（参见第 3 章）。

2.2.3 高程测量

通过测量已知点与待定点间高差，测算待定点高程的工作，称为**高程测量**。常用的高程测量方法有水准测量和三角高程测量。

1. 水准测量

如图 2-11 所示，水准测量是利用水准仪提供的水平视线，读取竖立于前后两水准点上的水准尺（分别称为前视尺和后视尺）读数（分别称为前视读数 a 和后视读数 b），利用得到的前视读数和后视读数即可计算出两点间的高差，由此根据已知点高程和两点间高差计算待定点高程。图 2-11 中大地水准面可以是任意假定水准面。

为减小由于"水平视线"不严密水平给高差测量值带来的误差，通常要求水准仪到前后视水准点间的距离（分别称为前视距和后视距）尽量相等。同时，为及时发现测量错误，同一高差可采用变动仪器高法和双面尺法分别进行测量，在误差容许的情况下取多次测量的平均值作为最终高差测量值。

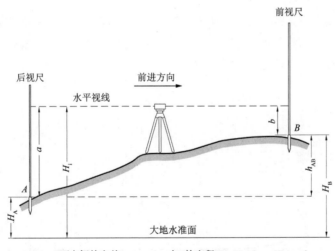

A、B 两点间的高差 $h_{AB}=a-b$，点 B 的高程 $H_B=H_A+h_{AB}=H_A+a-b$

图 2-11 水准测量原理（一）

在古建筑测绘中，往往需要测量高处某一点（如梁、檩底皮）的高程。此时，可将该处的水准尺倒置（水准尺零点向上放置在拟测量点之上），通过测量前后视之和计算两点高差，依此计算高程，如图 2-12 所示。

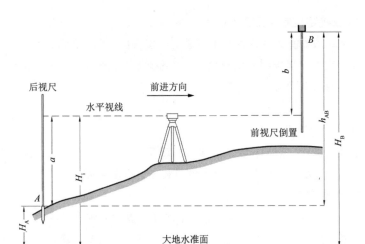

图 2-12 水准测量原理（二）

A、B 两点间高差 $h_{AB}=a+b$，点 B 的高程 $H_B=H_A+h_{AB}=H_A+a+b$

2. 三角高程测量

在测量精度要求较低或地面高低起伏较大、不便于进行水准测量的地区，可采用三角高程测量方法。三角高程测量，是利用直角三角形各边、角之间的关系，通过测量空间两点间距离（倾斜距离或水平距离）、两点连线的竖直角，计算两点间高差的高程测量方法。如图 2-13 所示，利用测角仪器（经纬仪或全站仪）测量竖直角、倾斜距离、仪器高、目标高，依据边角关系式计算两点间高差。在古建筑测量中，可用此法测量古建筑立面上各个特征点的高程。

为提高测量精度和测量数据的可靠性，三角高程测量可采用多次测量的方式，分别测量两点间高差，在误差容许范围内取多次测量值的平均值作为最终高差测量值。

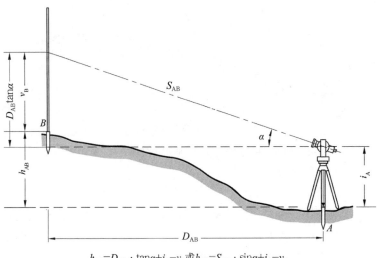

图 2-13 三角高程测量

$h_{AB}=D_{AB} \cdot \tan\alpha+i_A-v_B$ 或 $h_{AB}=S_{AB} \cdot \sin\alpha+i_A-v_B$

2.2.4 角度测量

测量中的角度包括水平角及竖直角。如图 2-14 所示，空间内两条直线在水平面上投影的夹角称为**水平角**；空间内一条直线与水平面所夹的角称为**竖直角**。水平角范围为 0°~360°（顺时针旋转转过的角度）；竖直角范围为 –90°~90°，其中大于零的竖直角称为仰角，小于零的竖直角称为俯角。

水平角和竖直角可用经纬仪、全站仪或其他配备有水平、竖直测角装置（水平度盘及竖直度盘）的仪器进行测量。在解决具体测量问题时，水平角可用于计算空间内某条直线的方位角、点的平面坐标等；竖直角可用于倾斜距离与水平距离的互换、三角高程计算等。

为提高测量精度，水平角及竖直角可采用盘左、盘右及多测回测量的方式，以多次测量的平均值作为最终测量值。

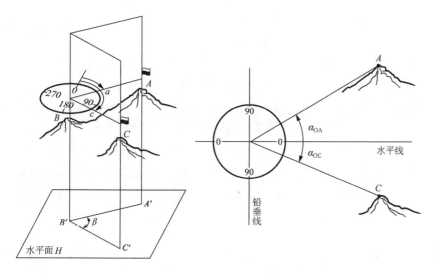

图 2-14 水平角和竖直角

2.2.5 定向

为了描述地物、地貌在空间内的位置关系，需要进行直线定向。确定地面上一条直线与标准方向的关系，称为**直线定向**。

由于传统测量工作都是在地面上进行的，所以通常采用定向点处的**真子午线北方向（真子午线切线方向）**、**磁子午线北方向（磁子午线切线方向）**和**坐标纵轴正方向（中央子午线切线方向）**作为直线定向的**标准方向**。由上述标准方向顺时针旋转到直线所经过的夹角分别称为**真方位角**、**磁方位角**和**坐标方位角**。地球表面某一点处的磁子午线北方向及坐标纵轴正方向与该点的真子午线方向间的夹角分别称为**磁偏角**和**子午线收敛角**（图 2-15）。

当确定了某一条直线的方位，与该直线相关的其他所有地物、地貌，其方位关系即可确定。一条直线的真方位角可利用陀螺仪或采用天文测量的方法进行测量；磁方位角可利用磁罗盘仪进行测量；坐标方位角可利用

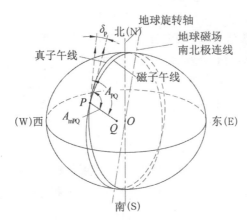

图 2-15 真方位角和磁方位角
(图注：A_{PQ}——PQ 的真方位角；A_{mPQ}——PQ 的磁方位角；δ_P——点 P 处的磁偏角)

已知边坐标方位角、直线间水平角进行推算，或根据已测定的真方位角、磁方位角及磁偏角和子午线收敛角进行计算。

在古建筑测绘中，当测区内没有可用控制点，需要建立假定任意平面直角坐标系。这时，可通过测量控制网中起始边的磁方位角或真方位角，计算或代替其坐标方位角。

2.3 常用测量仪器简介

2.3.1 水准仪

水准仪是用来进行水准测量的仪器，辅助测量工具有水准尺、三脚架和尺垫等。水准仪的核心部件为照准部和水准器（图 2-16a）。水准仪使用时，须利用水准器严格整平，依此保证水准仪的视准轴水平（图 2-16b），然后顺次瞄准前、后视水准点上竖直放置的水准尺，读取前、后视中丝读数（图 2-17），利用前后视读数计算点间高差和点高程。

常见的水准仪分为微倾式水准仪、自动安平水准仪和数字水准仪。自动安平水准仪和数字水准仪不需要精平，只要仪器粗平，就可保证视准轴水平。数字水准仪在望远镜中设有行阵探测器，仪器通过数字图像识别处

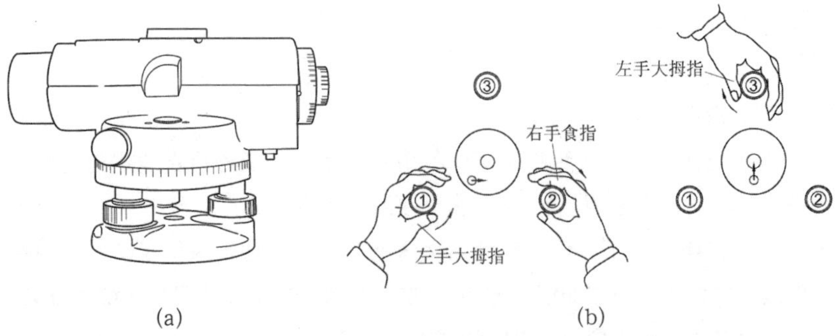

图 2-16 水准仪及其整平
(a) 自动安平水准仪；
(b) 整平时，气泡拟移动的方向与左手大拇指转动方向相同，右手大拇指转动方向与之相反

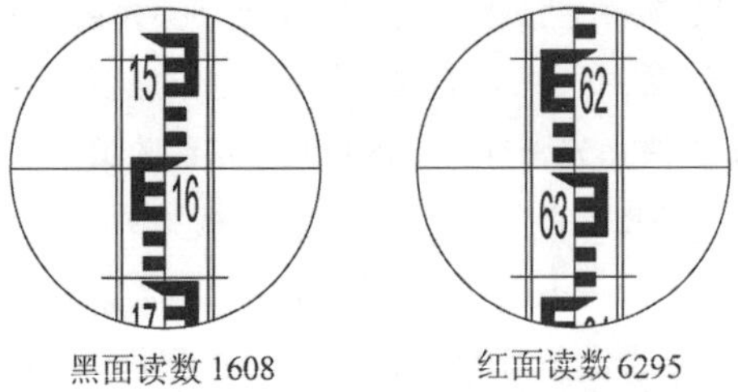

图 2-17 水准仪读数

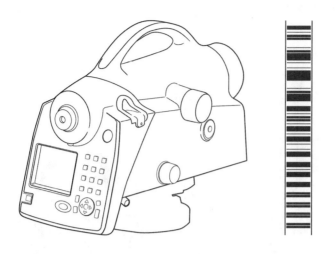

图 2-18 数字水准仪及条码尺

理系统,依据条码水准标尺上的条码图形,实现自动读数(图 2-18)。由于具备存储和计算功能,数字水准仪实现了自动读数、自动记录、自动存储、自动计算,实现了水准测量内外业一体化。

为减小瞄准、读数误差,在读数前,还应调节目镜对光螺旋和物镜调焦螺旋,使水准尺成像与读数十字丝分划板重合,以消除**视差**。

2.3.2 经纬仪

经纬仪主要用于测量水平角和竖直角,分为游标经纬仪、光学经纬仪和电子经纬仪。角度测量前,除必须整平外,还需要严格对中,也就是使测站点标志和仪器的竖轴在同一铅垂线上(图 2-19)。

电子经纬仪采用光电扫描度盘将角度刻划值变为电信号,利用光电技术测角,最后再将电信号转换为角度值,使角度值自动显示、自动记录、自动计算和自动存储,从而实现了自动化测角的全过程(图 2-20)。

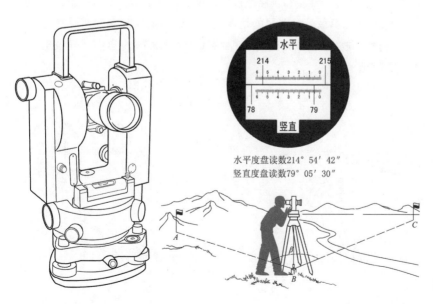

水平度盘读数214°54′42″
竖直度盘读数79°05′30″

图 2-19 光学经纬仪

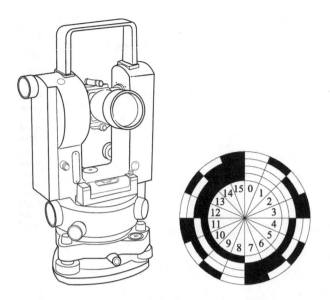

图 2-20 电子经纬仪

为减小瞄准、读数误差，在瞄准、读数前，亦应调节目镜对光螺旋和物镜调焦螺旋，使目标成像与瞄准用十字丝分划板面重合，以消除**视差**。

2.3.3 平板仪

平板仪由基座、图板、照准仪、对点器、圆水准器、定向罗盘和复式比例尺组成（图 2-21）。可用于简易角度测量、视距测量和碎部测量；在精度要求不高的情况下，也可配合其他仪器进行导线测量、简易定位等。

平板仪的安置包括整平、对中和定向。图板一般为边长 60cm 的正方形木板，利用三个螺旋和基座连接后架设在三脚架上；圆水准器放置在图板上用来整平图板；对点器的功能是使图板上的控制点和地面对应点重合；通过定向罗盘旋转图板，使图面和地面实际方位一致；照准仪用来照准被测目标。

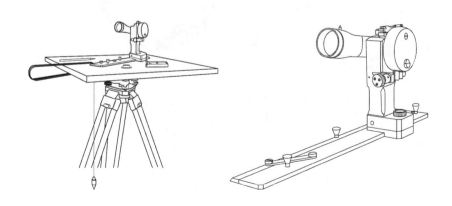

图 2-21 平板仪

2.3.4 电磁波测距仪

如图 2-22 所示为徕卡公司生产的 DI1000 红外相位式测距仪，不带望远镜，发射光轴和接收光轴是分立的，仪器通过专用连接装置安装到徕卡公司生产的光学经纬仪或电子经纬仪上。测距时，当经纬仪的望远镜瞄准棱镜下的照准觇牌时，测距仪的发射光轴就瞄准了棱镜，使用仪器的附加键盘将经纬仪测量出的角度测量值输入到测距仪中，即可计算出两点间水平距离、高差和坐标增加值。

按照测距解算方式不同，电磁波测距仪可分为相位式测距仪、脉冲式测距仪及脉冲相位式测距仪。

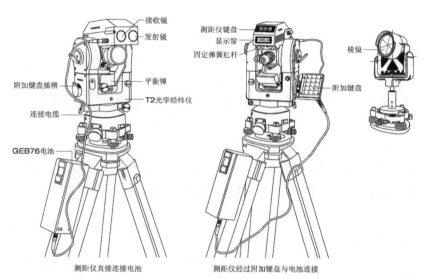

图 2-22 红外测距仪

古建筑测绘中常用到手持式激光测距仪测距，无需反射装置，可以部分取代小钢尺，快速准确地测量点间长度或距离，如柱距、柱高、檐口高等。同时，利用内置的计算程序可以计算面积、间接测量不易到达的两点间距离（图 2-23）。不同型号的测距仪其测程从 0.2m 到 200m 不等，测距精度可达毫米级。

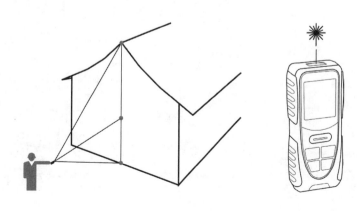

图 2-23 手持式激光测距仪

2.3.5 电子全站仪

电子全站仪是集距离测量、角度测量、高差测量、坐标测量于一体的测量设备（图 2-24）。

全站仪的基本功能是测量水平角、竖直角和斜距，借助于仪器内的计算软件，可实现多种测量功能。如可以计算并显示水平距离、高差以及测站点的三维坐标，同时可进行偏心测量、悬高测量、对边测量、面积测算等。

古建筑测绘中经常用到无协作目标全站仪，即测量过程中无需反射棱镜。仪器内置有红外光和可见激光两种测距信号，当使用激光信号测距时直接照准目标测距。无棱镜测距的范围为 1.5~80m，加长测程的仪器可以达到 200m，测距精度一般可达 3mm+2ppm。该功能对测量屋脊、翼角、檐口、塔尖等棱镜不便于到达的地方很有用。

在古建筑变形监测中，经常用到电机驱动式自动全站仪（也被称为测量机器人，如徕卡 TS60 全智能自动全站仪），该仪器可实现电机自动驱动旋转照准部、自动识别照准目标、精确瞄准、自动测量等功能，可定期自动测量古建筑不同部位监测点的三维坐标，实现古建筑变形监测的智能化。

2.3.6 罗盘仪

罗盘仪是基于磁针指向同一性特点测量直线磁方位角的仪器，构造简单，使用方便，但精度不高，外界环境对仪器的影响较大，如钢铁建筑和高压电线都会影响其精度。罗盘仪的主要部件有磁针、刻度盘、望远镜和基

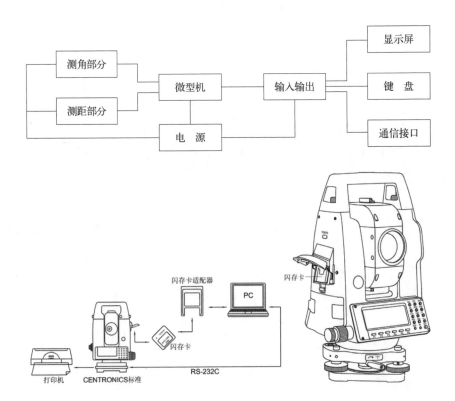

图 2-24 电子全站仪

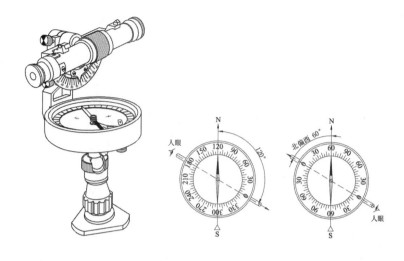

图 2-25 罗盘仪

座。测量直线磁方位角时，仪器对中测站点，用罗盘仪上的望远镜瞄准直线另一端点，水平刻度盘上磁针所指的读数即为该直线的磁方位角（图 2-25）。

随着测量、传感技术的发展，目前，大型船舶导航中利用了基于地磁场强度测量的平面和三维电子罗盘，可实现磁方位角实时测量、存储、应用等功能。

2.3.7　卫星定位与三维激光扫描、摄影测量技术设备

20 世纪末期以来，卫星定位技术、三维激光扫描技术和数字摄影测量技术被广泛应用。限于篇幅，本章不作详细介绍，相关内容参见第 3 章。

2.4　点位测定的基本方法

2.4.1　平面位置测定

测定点的平面位置，可采用：直角坐标法、距离交会法、极坐标法及角度交会法。

1. 直角坐标法

如图 2-26（a）所示，已知两条水平正交直线 AB、AC 的位置，则分别测量待测点 P 到直线 AB、AC 的垂直距离，就可确定点 P 的平面位置。这一方法相当于通过测量待测点到两条直角坐标轴的距离来直接得到点的相对坐标。

如图 2-26（b）所示，A、B 两点位置已知，从待测点 P 作垂线，得到垂足 P'，分别测量 AP' 和 PP' 的距离，就可以确定 P 点的平面位置。

2. 距离交会法

如图 2-27 所示，A、B 两点位置已知，测量待测点 P 到点 A、点 B 的距离，由平面几何知识可知，点 P 的平面位置就可确定。古建筑测绘中，无正交直线作为参照时，这一方法极为常用。

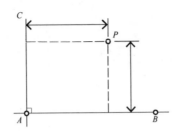
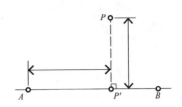

图 2-26 直角坐标法

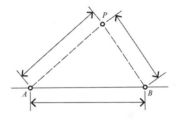
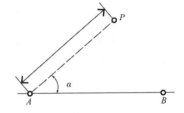

图 2-27 距离交会法（左图）

图 2-28 极坐标法（右图）

3．极坐标法

如图 2-28 所示，A、B 两点位置已知，测量待测点 P 到已知点 A 的距离，以及直线 AP 与 AB 的水平角 α，可以确定点 P 的平面位置。这一方法相当于角度距离交会法。

4．角度交会法

如图 2-29 所示，在待测点 P 与已知点 A、B 间无法测量距离的情况下，可分别测量直线 AB 与直线 PA、PB 间水平角 α、β，利用图解法即可得到点 P 的平面位置。

2.4.2 高程测定

1．水准测量

所测两点间高差不大时，可利用水准测量的方法。例如，需要测量一个建筑组群中各个单体建筑台基的高程（或相对关系），可依照如图 2-30 所示的测量程序实施。为检查测量的可靠性，通常进行往返测量，或多测段形成闭合、附合水准路线（参见第 6 章）。

当测定的两点间高差较大时，如图 2-31 所示，测量檐口相对于地面的高程，可用垂吊的钢尺代替水准尺或倒置水准尺进行测量。

后视同一个已知高程点，测量多个待测点高程时，可采用**视线高程法**，即：根据已知点高程和后视读数，计算出此时仪器的视线高程，用视线高程分别减去所有待测点的尺上读数，即可求出所有待测点的高程（图 2-32）

2．三角高程测量

参见第 2.2 节内容（图 2-13）。

图 2-29 角度交会法

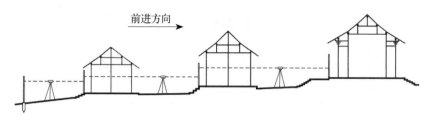

图 2-30 水准测量

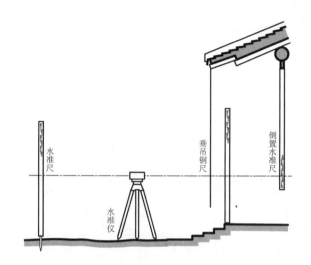

图 2-31 用垂吊钢尺法和水准尺倒置法进行水准测量

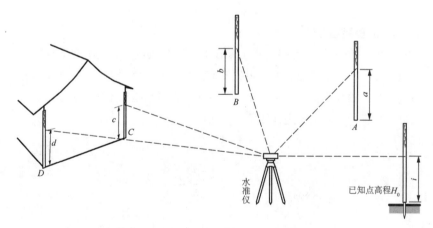

视线高程 $H_视=H_0+i$,则 A、B、C、D 点高程分别是:
$H_A=H_视-a$; $H_B=H_视-b$; $H_C=H_视-c$; $H_D=H_视-d$

图 2-32 视线高程法测量多点高程

3. 高程测量的简易方法

在手工测量的实际操作中,还可以通过直接测量垂直距离、通过水平尺间接测量垂直距离、借助激光标线仪和水准测量软管等简易方法进行高程测量(参见第 8.3 节)。

2.4.3 直接测量待测点三维坐标

1. 全站仪坐标法

如图 2-33 所示,将全站仪安置在已知点 S,输入 S 点坐标,瞄准另一已知点 B 进行定向,输入仪器高,瞄准待测点后,全站仪测量两点间距离及当前位置与后视方向间夹角。全站仪据此即可计算出待测点在已知点所在坐标系中的坐标。

需要注意的是,由于不同气象条件下、不同型号的棱镜测得的距离值不同,测量前需输入温度、湿度、大气压及棱镜常数等测量参数。

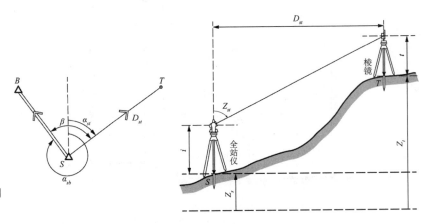

图 2-33 全站仪坐标法测量点的位置

2. 卫星定位法

如图 2-34 所示,在待测点上架设卫星定位接收机,同时接收固定地球轨道上运行的定位卫星所发射的卫星信号,求解待测点在卫星协议坐标系中的三维坐标值。如果需要解算待测点在特点坐标系中的坐标,可通过点校正的方式进行坐标转换(参见第 3.1 节)。

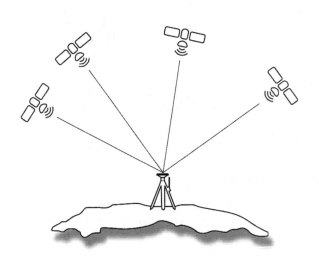

图 2-34 卫星定位法测量示意图

2.4.4 空间点位置的解析法间接测量

在古建筑测绘中，诸如塔尖、屋脊等不易到达，这时需要在地面通过间接测量的方法测量这些特征点的坐标、高程和空间距离，这就需要利用解析法间接测量。解析法的实质是空间前方交会法。

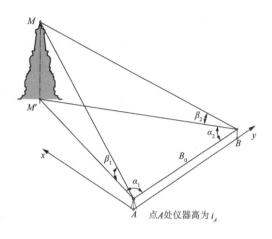

图 2-35 解析法间接测定空间点的位置

如图 2-35 所示，欲测定塔尖点 M 的空间位置，在塔周围较空旷的平坦场地选择点 A 和点 B。测量点 A、B 间距离 B_0 作为基线长，在点 A 点和点 B 架设经纬仪，分别瞄准点 A 或点 B 和点 M 测得相应水平角和竖直角，于是可得到点 M 在图中所示坐标系下的坐标：

$$x_M = B_0 \cdot \frac{\sin\alpha_1 \sin\alpha_2}{\sin(\alpha_1+\alpha_2)}$$

$$y_M = B_0 \cdot \frac{\cos\alpha_1 \sin\alpha_2}{\sin(\alpha_1+\alpha_2)}$$

若已知点 A 高程为 H_A，则点 M 的高程

$$H_M = H_A + i_A + B_0 \cdot \frac{\sin\alpha_2 \tan\beta_1}{\sin(\alpha_1+\alpha_2)} = H_A + i_A + B_0 \cdot \frac{\sin\alpha_1 \tan\beta_2}{\sin(\alpha_1+\alpha_2)}$$

同理，可得到塔上任意点的三维坐标，据此可计算出点的空间距离和高差。

2.5 测量误差的基本知识

2.5.1 测量误差的概念

由于思维和工具的局限，人类对客观世界的认识是一个无限逼近的过程，永远也不会达到终点。所以，每次认识只能得到一个针对客观世界的描述值，永远也不会得到真值。

测量也是这样，由于观测者感官鉴别能力的局限、仪器本身的制造误差、外界条件的变化（如温度、湿度、气压、风力、大气折光等）影响等

原因，每次测量得到的数值（观测值）和真实值之间总是存在着差异，这种差异称为**误差**。测量误差包括**系统误差**和**偶然误差**。

系统误差，是指在相同测量条件下的测量序列中，数值、符号保持不变或按某种确定规律变化的测量误差。比如：钢尺的名义长度为30m，其实际长度为30.03m，用这样的钢尺测量距离，所有测量值都要比实际值大，且测量误差的大小与测量长度成正比。这种误差（被称为尺长误差）就属于系统误差。要得到准确的距离测量值，需要对原始距离测量值增加与距离成正比的尺长改正数。所以，系统误差可以采用对观测值加改正数的方法消除或减小。

偶然误差，是指在相同测量条件下的测量序列中，数值、符号不定，但又服从于正态分布规律的测量误差。比如：测量中的瞄准和估读，导致测量值读数有时比实际值大、有时比实际值小。但是，当进行多次测量（次数足够多）并统计分析后会发现：比实际值大和比实际值小的情况出现的次数大体相等（概率相同），比实际值大和比实际值小的幅度也大体一致（正负误差的代数和等于零）。这种误差（被称为瞄准误差和读数误差）就属于偶然误差。

另外，测量过程中还有可能出现**错误**，也被称为**粗差**。粗差多由作业人员操作不当或粗心大意，测错、读错、记错造成，在测量成果中应剔除。

任一测量值中均同时包含有上述三项误差。一般认为，当严格按照测量规程测量并对测量值进行相应改正后，系统误差和粗差是基本可以消除的。即使不能完全消除，也能将其影响削弱到可以接受的程度，此时测量值中残余系统误差和粗差可以忽略。因此，测量误差主要考虑偶然误差，通常提到的误差都指偶然误差。

实际工作中为提高测量成果质量，及时发现粗差，需要进行多余观测。也就是观测值次数（或观测量）多于确定未知量必须的观测次数（观测量个数）。如：测距时往返各测量一次，则有一次多余观测；测量三角形的三个内角，其中两个角为必要观测，第三个角则为多余观测；有了多余观测，观测结果之间必然产生矛盾（如三个内角观测值之和不等于180°）。因此，需要依照某种规则对这些含有偶然误差的观测值进行处理，得到观测值的最可靠值，此项工作在测量上叫作**测量平差**。比如，多次测量值取平均值，即是一种最简单的测量平差方法。

2.5.2 表征测量精度的指标

测量成果质量的好坏用精度来表示。**精度**系指在相同的观测条件下，对某一个量进行多次观测中，各观测值误差分布的密集或离散程度。以枪手射击为例，说一名选手枪法好（精度高），是指在多次射击过程中，枪手射中靶心或射到靶心附近的次数比其他人要高，或单次射击中射中靶心的可能性较高，也就是离散程度较低。反之，离散程度较高，则单次射击中射中靶心的可能性较低,选手的水平必然较低。

由于偶然误差服从期望值为零的正态分布规律,测量上通常用**中误差**(统计学上又称为"方差")来表示测量的精度。中误差绝对值越小,说明离散程度越低(越密集),精度越高;反之,中误差绝对值越大,则精度越低。

精度只是误差出现的一种统计学概率,精度的高低取决于观测条件(观测者、观测设备和外界条件合称为观测条件),观测条件相同,则精度相同。误差是一种实实在在的存在,而精度是误差出现的可能性。

当然,在某些与长度相关的测量工作中,对观测值的精度仅用中误差来衡量还不能正确反映出观测质量的好坏,还需要引入与长度值关联的精度评价指标。例如,用钢尺测量 200m 和 40m 的两段距离,由于观测条件相同,两段距离测量的中误差均为 ±2cm,此时不能认为两段距离测量的精度是相同的。因为距离测量的误差与长度相关。所以用观测值的中误差与观测值之比的形式描述观测质量的好坏,这一指标称为**相对误差**。上述距离测量的示例中,前者的相对误差为 1/10 000,而后者的相对误差为 1/2000,前者精度明显高于后者。

2.5.3　测量误差的容许值

为了提高测绘成果质量、及时发现粗差、实现测绘过程中的"步步检核",任何一项观测都规定了误差的容许值,超出容许值的观测被认为是错误的观测,应剔除。

根据测量误差的特性,任何一次观测,观测误差大于 2 倍或 3 倍中误差的概率很小,可认为是小概率事件。因此,以 2 倍或 3 倍中误差作为评价本次观测质量的标准,称为**容许值**。当单次观测值的误差大于容许值时,有理由相信本次观测值中存在错误(或粗差),果断放弃本次观测;当单次观测值的误差不大于容许值时,采信本次观测成果,进入测量平差环节。

测量误差的容许值,包括绝对误差容许值和相对误差容许值两类。与距离有关的观测量,采用相对误差容许值,如:精密距离测量中,通常要求往返测量的距离相对误差应小于 1/5000,1/5000 即为距离测量的相对误差容许值;与距离无关的观测量,采用绝对误差容许值,如:在现行测量规范中,图根导线测量要求导线转折角测量值测回间互差应小于 ±40″,普通水准测量要求附合(或闭合)水准路线的高差闭和差应小于 ±40$\sqrt{L}$ mm(L 为测段长度)等,这些容许值皆为绝对误差容许值。

2.5.4　测量误差的传播方式

测量工作中,并不是所有的未知量都可以通过直接测量得到,这些未知量往往需要通过若干个独立观测量、按照固有的函数关系式计算出来(如:三角高程测量中通过测量距离、竖直角、仪器高、目标高计算两点间高差，求解高程）。换言之，这些未知量是直接观测量的函数。

毫无疑问，通过直接观测量计算出的未知量也含有误差。那么，这些未知量和与其相关的直接观测量之间的误差是如何传播的呢？表述观测值中误差与观测值函数中误差之间关系的函数关系式，称为**误差传播定律**。

将表征直接观测值与间接观测值之间关系的函数关系式按照泰勒级数展开后（函数关系线性化），我们就可以得到表示观测值中误差与观测值函数中误差之间关系的误差传播定律，据此，即可由直接观测值中误差求解观测值函数中误差。

由误差传播定律的一般式我们可以得到：测量中可利用多次测量取均值的方式提高观测精度（进行 n 次测量取其平均值可将观测结果的精度提高 $\sqrt{n}$ 倍）；当观测次数达到一定程度后，多次测量取平均值对提高观测值精度意义不大，仅依靠增加观测次数提高观测精度变得徒劳。

2.5.5 减小测量误差的途径和方法

测量误差是不可避免的，也是无法消除的，在测量或数据处理过程中只能按照一定的规则去减小。

减小误差系统误差的途径有两个：一是对观测值增加改正数。如，钢尺量距时，对观测结果进行尺长改正可以减小由于钢尺名义长度与实际长度不符对量距结果造成的误差；二是采用特定的观测方法，例如，在水准测量中，固定先后视位置的水准尺、测段内采用偶数站等方法，尽量减小水准尺零点差对测量高差值的影响。

对于偶然误差，由于没有明显的规律性，只能通过更精密的测量仪器和更娴熟的测量技术，或通过测量平差的方式尽量减小，如：经纬仪使用中的整平误差、对中误差、照准误差和读数误差等。

粗差是由于作业人员的疏忽大意造成的错误，对含有粗差的测量值只能剔除。

2.6 简易测量平差

在测量过程中，为发现粗差、提高测量精度，往往采取多次观测的方法。由于误差的普遍性，一个观测量的多次观测值必然不同。同时，在自然界中，许许多多个观测量间往往满足一些固有的关系（如：三角形的各内角之和等于180°）。但由于误差的普遍性，实际观测值间并不满足这些关系。为了消除这种"矛盾"，当具有多余观测时，就需要进行测量平差。

测量平差，就是从一组带有测量误差的观测值中按照某种规则找出观测值的最可靠值，并评定其可靠性（精度）。考虑各观测值的相关性及权重（"权"可理解为：因各观测值精度高低在计算过程中所占的比重），严格按照最小二乘法原理处理各种观测数据，求得待定量最大似然值及其精度的运算过程和方法，称为**严密平差**；不考虑各观测值的相关性，采用简易规则处理各种观测数据，求解观测值最可靠值的平差方法，称为**简易平差**。

2.6.1 平均值法

由"偶然误差的代数和为零"这一测量误差特性可知：多次观测值的平均值是观测量的最可靠值。所以，对同一个量进行多次观测时，采用多次测量取平均值的方法进行平差。其中，在相同观测条件下（观测者、观测设备和外界条件均相同）得到多次观测值，可直接取平均值；不同观测条件下得到多次观测值，需要计算加权平均值。

在古建筑测绘中，同一个构件长、宽、高测量多次或同一段距离往返测量后，当测量值的互差小于容许值时，可取平均值作为距离（长、宽、高）测量最终值；同一水平角或竖直角采用多测回测量时，各测回角度测量值互差小于容许值时，可取平均值作为最终测量值。三角高程测量往返测量值小于容许值时取其平均值作为高程测量值。在古建筑变形测量中，如采用角度交会法测量监测点的坐标，利用不同控制点交会得到的坐标测量值小于容许值时，可取其平均值作为监测点该时刻坐标值。

2.6.2 基于误差概率的简易平差法

在测量中，我们无法确定测量误差是否出现、误差的大小、误差出现在哪里，我们只能根据以往的测量经验或测量实验分析误差出现的概率（可能性）。如：距离测量中，距离越长，误差出现的概率越大；水准测量中，测站数越多（或测段距离越长），误差出现的概率越大。所以，在测量平差中，误差的分配与误差出现的概率有关：距离越长，距离误差分配值越大；测站数越多，高差误差分配值越大。

1. 水准测量中的误差分配

在水准测量中，通常将多个测段连结形成闭合水准路线或附合水准路线。在闭合水准路线中，各测段理论高差代数和为零（闭合水准路线的理论条件）；在附合水准路线中，各测段理论高差代数和与始、终已知高程点高差相等（附合水准路线的理论条件）。

实际水准测量中，上述理论条件总是不满足，两者之间的差值称为**高差闭合差**。高差闭合差的分配依据误差出现的概率：测段长度越长，误差出现的概率就越大，高差闭合差的分配值也越大；测段内测站数越多，误差出现的概率就越大，高差闭合差的分配值也越大。

所以，水准测量高差闭合差分配的基本原则是：按照本测段测站数（或测段长度）在路线总测站数（或总路线长度）中的占比、反号分配。

2. 导线测量中的误差分配

在普通导线测量中，闭合导线各内转折角实测值（内角）之和与其理论值 [闭合导线的多边形内角和 $(n-2) \times 180°$] 之差，称为闭合导线的**角**

度闭合差；附合导线各转折角实测值之和与其理论值（始、终已知边的坐标方位角之差）之差，称为附合导线的角度闭合差。

由于各转折角测量值误差概率相等（与角度值大小无关）。所以，在角度闭合差小于规定容许值的情况下，角度闭合差分配的基本原则是：按照导线中转折角的数量平均、反号分配。

同时，在普通导线测量中，由于距离测量误差影响，利用各导线边实测距离及平差后的导线边坐标方位角所计算出的本导线边两端点间的横、纵坐标增量必然存在误差，使得全导线横、纵坐标增量的代数和与其理论值（闭合导线横、纵坐标增量代数和为零，附合导线横、纵坐标增量代数和为附合导线始、终已知点横、纵坐标之差）不等，其差值称为**闭合（或附合）导线横、纵坐标增量闭合差**。

为衡量距离测量误差对导线总体精度的影响，将导线横、纵坐标增量闭合差高斯和开方除以导线总长，该相对值称为**导线全长相对闭合差**。由于导线横、纵坐标增量误差与导线边长度成正比，所以，在导线全长相对闭合差小于其容许值的情况下，坐标增量闭合差按照导线边长在导线总长度中的占比、反号分配。

3．手工测量中的误差分配

传统手工测量，通常采用钢尺测距的方式测定一些尺寸。理论上来讲，一组构部件的分尺寸之和应与直接测量的总尺寸相等。如：各间面阔测量值之和应等于通面阔测量值，各间进深测量值之和应等于通进深测量值，各层高测量值之和应等于总高测量值，须弥座各层线脚高度叠加应等于须弥座总高。由于误差的普遍性，这些值通常不相等。

处理上述"矛盾"时首先要认识到，分尺寸测量累加值中误差出现的概率远远大于总尺寸直接测量值中误差出现的概率。所以，此时可以把总尺寸当作"真值"，分尺寸服从于总尺寸。

各细部分尺寸测量值之和与总尺寸测量值之差，可称为细部测量的长度、宽度、高度闭合差。该闭合差小于设定的容许值时，将闭合差（不符值）按长度成正比反号分配到各细部尺寸中去。

理论上，这种误差分配方式较为合理，但在实际操作中显得繁琐，所以一般会采用分尺寸、总尺寸一起测量、连续读数的方式，避免误差累积，参见第 8.3 节。

第 3 章　卫星定位、三维激光扫描与摄影测量技术原理

20 世纪末期，测量技术出现了两次大的飞跃：第一次是卫星定位技术的出现，摈弃了传统测量中测点之间必须通视、可见的基本测量要求；第二次是三维激光扫描技术的广泛应用，实现了由"单点式采集"到"多点批量式采集"的转变。此外，随着数字摄影技术和计算机图形图像处理技术的发展，传统摄影测量理论得到了突破性发展，倾斜摄影测量技术被广泛应用。这些测量新技术以其采集速度快、信息密度高和非接触的特点，很大限度上满足了古建筑测绘的特殊需要，因而也在该领域得到广泛应用，并且正在深刻改变着古建筑测绘的面貌。

3.1　卫星定位测量技术

卫星定位测量的基本特点是全天候、测量点间不需要通视，且测量精度不会层层递减、不同区域测量精度均一，大大提高了测量定位及导航的效率。对于通视条件往往不理想的古建筑组群来说，无疑提供了优良选项和巨大便利。

3.1.1　卫星定位测量基本原理

如图 2-27、图 2-29 所示，欲求平面上 P 点的位置，可采用平面距离交会法或角度交会法，只需测量 P 点与已知点 A、B 两点间距离或水平角 α、β 即可（参见第 2.4 节）。

同理，按照 n 个未知数需要 n 个独立已知条件的基本原理，欲求空间一点 P 的坐标，必要条件是确定 3 个独立观测量，列 3 个独立方程，求解 3 个未知数（即 P 点的空间坐标值）。3 个独立观测量如果是角度，这样的方法称为空间角度交会法，如图 2-35 所示；3 个独立观测量如果是距离，这样的方法称为空间距离交会法，如图 3-1 所示。

卫星定位采用了空间距离交会原理。如图 3-2 所示，在特定轨道上运行的定位卫星 1、卫星 2、卫星 3、卫星 4 等瞬间位置已知，每颗卫星实时发送自己的位置信息、测距信息和时间信息（合称为**卫星广播星历**），

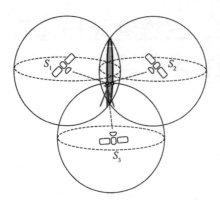

图 3-1 空间距离交会原理示意图

当地面任一点 P 处的卫星定位接收机接收到卫星广播星历后，通过距离空间交会解算得到 P 点坐标。

按空间距离交会原理，虽然解算点 P 坐标只需卫星定位接收机同时接收到至少 3 颗定位卫星发送的卫星信号，但是，由于卫星信号传播过程中的电离层延迟及卫星钟与接收机钟之间的钟差等因素，使得基于 3 颗卫星信号解算的 P 点坐标值误差较大。为提高定位精度，需要将电离层延迟及钟差作为未知数联合求解。在实际测量过程中，地面任一点 P 处的卫星定位接收机须同时接收到至少 4 颗定位卫星发送的卫星信号才可以得到 P 点坐标值的固定解。

全球卫星定位采用 1984 国际协议坐标系（WGS-84），工程应用中需要将卫星定位测量中得到的坐标转换成特定坐标系（如 2000 国家大地坐标系或工程坐标系）中的坐标值。在转换过程中，需要知道两种坐标系间的关系，即坐标原点平移参数（X、Y、Z 平移值）、坐标轴旋转参数（分别绕 X、Y、Z 轴的旋转角）、尺度参数（两种坐标空间的缩放比例值），统称为"七参数"。如果两种坐标系坐标轴平行且尺度相同，则坐标转换只需要坐标原点平移参数（X、Y、Z 平移值），称为"三参数"。

通过测量求解两种坐标系间关系的工作，称为**点校正**。七参数法点校正，需要测量至少 3 个控制点在两种坐标系中的坐标值。为保证坐标转换后所有测量点变形误差最小，用来进行点校正的校正点应均匀分布在转换区域的外侧。

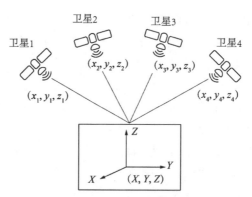

$$[(x_1-X)^2+(y_1-Y)^2+(z_1-Z)^2]^{\frac{1}{2}}+c(vt_1-vt_0)=d_1$$
$$[(x_2-X)^2+(y_2-Y)^2+(z_2-Z)^2]^{\frac{1}{2}}+c(vt_2-vt_0)=d_2$$
$$[(x_3-X)^2+(y_3-Y)^2+(z_3-Z)^2]^{\frac{1}{2}}+c(vt_3-vt_0)=d_3$$
$$[(x_4-X)^2+(y_4-Y)^2+(z_4-Z)^2]^{\frac{1}{2}}+c(vt_4-vt_0)=d_4$$

图 3-2 卫星定位原理示意图

3.1.2 卫星定位系统构成

卫星定位系统（GNSS）包含运行于固定轨道上的数量足够的定位卫星（空间部分）及待测点的卫星定位接收机（用户端）。同时，还需要在地面设置相关设施，实时监测、调整、控制卫星的运行状态，称为地面控制端。所以，任一卫星定位系统均由空间部分、用户部分和地面控制部分三部分组成。

目前，全球共有成熟运行的四大卫星定位系统，分别是：美国全球卫星定位系统（GPS）、俄罗斯格洛纳斯系统（GLONASS）、欧洲伽利略系统（Galileo）及中国北斗卫星导航系统（BDS）。美国的全球卫星定位系统是最早向全球全覆盖提供导航、定位服务的卫星定位系统。

2020年6月23日，中国第55颗北斗导航卫星发射组网成功（图3-3），标志着覆盖全球的北斗卫星导航系统建设完成，可在全球范围内全天候、全天时为各类用户提供高精度、高可靠定位、导航、授时服务。北斗卫星导航系统亦由空间段、地面段和用户段三部分组成。空间星座由35颗卫星组成，包括5颗静止轨道卫星、27颗中地球轨道卫星和3颗倾斜同步轨道卫星，定位、测速、授时精度分别可达10m、0.2m/s、10ns。

用户端接收机包括接收机天线及存储、计算设备。为提高定位速度和定位精度，目前大部分商用卫星定位接收机可同时接收上述2~3种卫星定位系统的卫星信号（表3-1，图3-4、图3-5），联合解算定位点坐标。

图3-3 第55颗北斗导航卫星成功发射
（图片来源：北斗卫星导航系统官网）

表3-1 几种主流卫星定位接收机参数比较

接收机型号	徕卡GS18	天宝R12i	华测i90	南方创享RTK
产地	瑞士	美国	中国	中国
动态平面精度	±8mm+1ppm	±5mm+0.5ppm	±8mm+1ppm	±8mm+1ppm
动态高程精度	±15mm+1ppm	±15mm+1ppm	±15mm+1ppm	±15mm+1ppm
静态平面精度	±3mm+0.3ppm	±3mm+0.1ppm	±2.5mm+0.5ppm	±2.5mm+0.5ppm
静态高程精度	±5mm+0.3ppm	±3.5mm+0.4ppm	±5mm+0.5ppm	±5mm+0.5ppm

注：数据由供应商提供。

图 3-4 北斗导航卫星
(图片来源：北斗卫星导航系统官网)

图 3-5 卫星地面接收机

3.1.3 卫星定位测量基本方法

1．绝对定位

如图 3-6（a）所示，在定位点上安设卫星定位接收机，同时接收至少 4 颗定位卫星发出的卫星信号（卫星广播星历），解算定位点的坐标值，称为**绝对定位**。基于现有卫星定位系统，绝对定位的点位误差通常大于 10m，仅仅能满足船舶定位导航及低精度勘测工作。

2．相对定位

为提高点与点之间相对位置精度，在不同点上分别安置卫星定位接收机，接收不少于 4 颗相同卫星的卫星信号，以伪距或相位差为未知数联合求解（分别称为伪距差分和相位差分），这样的测量方式称为**相对定位**（图 3-6b）。相对定位的基线长相对精度可达到 10^{-6}。

相对定位时，为增加多余观测以提高解算精度，通常采用多时段观测（即在观测点上持续观测一定时段，根据精度要求可观测数小时至数天不等），然后将观测数据利用专用软件进行平差解算。因此，相对定位又称为差分定位、后处理定位或静态定位。

静态相对定位通常用于各等级控制网的布设及大型工程设施变形监测。多个定位测量点以点连式、边连式、网连式或混连式连接。

3．实时动态定位

如图 3-7 所示，在静态相对定位中，如果某一点卫星定位接收机保持不动（称为基准站），其他点的定位接收机（流动站）在定位测量过程中，

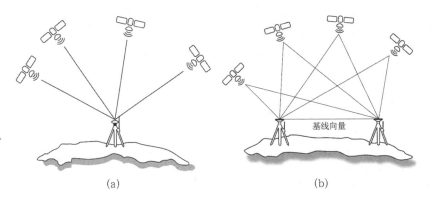

图 3-6 绝对定位和相对定位
(a) 绝对定位；
(b) 相对定位

在接收卫星信号的同时,同时接收来自于基站实时发送的基站测量数据,利用上述数据快速解算流动站相对于基准站的基线向量,实时求解流动站坐标值(图3-8),这样的测量方式称为**实时动态定位**(RTK)。

如果在某个区域内一个或若干个基准站位置固定、连续运行,利用现代计算机、数据通信及互联网技术组成网络,实时向该区域不同类型、不同需求、不同层次的各类用户自动提供经过检验的各类卫星观测值(载波相位、伪距)及各种改正数,供用户接收机快速、精确解算自身位置坐标,由若干个这样的基准站组成的连续运行、提供定位服务的系统,称为**连续运行参考站系统**(CORS)(图3-9)。

采用实时动态定位方法,测量点精度可显著提高。当前,实时动态定位点平面精度可达到±10mm,高程精度可达到±20mm。

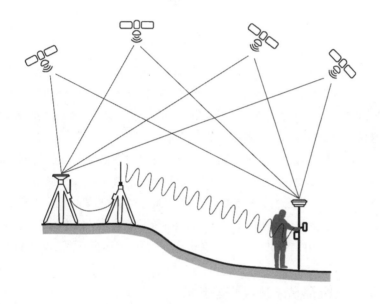

图3-7 实时动态定位

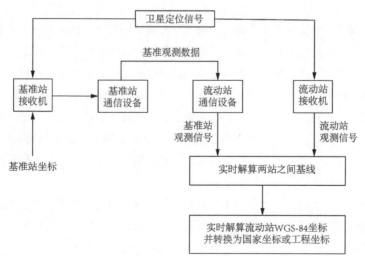

图3-8 实时动态定位原理

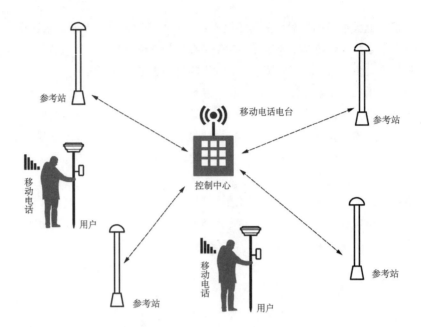

图 3-9 连续运行参考站系统工作原理

3.1.4 卫星定位技术在古建筑测绘中的应用

在古建筑测绘中，可利用卫星静态相对定位方法完成控制测量，利用实时动态定位方法完成总图碎部测量，在具备相关条件下也可利用卫星定位技术实现建、构筑物的连续、实时形变监测。

卫星定位测量的前提是，卫星定位接收机接收到足够多且能构成最优图形的卫星发射出的定位信号（卫星广播星历）。通常来讲，古建筑组群房屋密集，树木高大茂密，许多测量点（如柱础、建筑台基等）位于屋檐之下，故在利用卫星定位法测量时，控制点应尽量布设在房屋、树木稀少的开阔区域，且优先选用能接收且能进行联合解算的多星、多通道卫星定位接收机。

3.2 三维激光扫描测量技术

传统大地测量及工程测量，习惯于将地球表面物体抽象为一个或若干个特征点，如代表树木位置的横截面几何中心点或者代表房屋位置、大小的房屋角点，然后研究这些特征点的地理位置确定方法及变化规律。古建筑测绘则更加细致入微，如本书绪论所述，除上述地理位置、大小的特征点信息外，更加关注古建筑各构部件的空间位置、功能、形态、大小及其相互关联，以及基于上述几何空间信息所反映出的建筑空间及相关历史、设计、建造、艺术审美、文化内涵、遗产价值等信息。所以，古建筑测绘的研究对象更加微观，信息密度更高。

三维激光扫描技术和摄影测量技术所具有的面式、连续、批量数据采集的特点，契合了古建筑测绘"高密度信息采集"的需求，无接触的工作方式也顺应了文物保护的特殊要求，因而短时间内得到了广泛应用。

3.2.1 三维激光扫描测量基本原理

三维激光扫描系统的核心部分是三维激光扫描仪。如图 3-10 所示，三维激光相当于一台高速运转的全站仪，在任一瞬间，利用扫描仪中的测距、测角、计算、存储装置，获得测量点 F 的测距观测值 S、激光脉冲横向扫描角度值 θ 及纵向扫描角度值 φ，计算点 F 在扫描坐标系中的坐标 (x, y, z)（图 3-11）。

 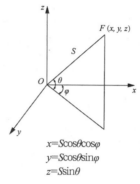

$x = S\cos\theta\cos\varphi$
$y = S\cos\theta\sin\varphi$
$z = S\sin\theta$

图 3-10 工作中的三维激光扫描仪（左图）

图 3-11 三维激光扫描测量原理（右图）

三维激光扫描仪按照水平及竖向扫描步进角度（扫描分辨率）进行扫描时（图 3-12a），扫描点按照扫描坐标值集合存储在扫描坐标系中，形成点云（图 3-12b）。如果扫描的同时利用扫描仪内置或外接相机同步采集扫描点的颜色信息（RGB 值），可得到具有自然色彩属性的彩色点云（图 3-12c）。

基于扫描得到的点云，可实现计算机浏览、测量，也可以利用点云制作扫描对象的正射影像图、等值线图、面模型，或绘制二维线划图，如图 3-13 所示。

三维激光扫描技术利用面式、连续、批量数据采集取代了传统单点数据采集方式，显著提高了测量效率，现已广泛运用于各个领域，如医学临床诊断、犯罪现场记录、数字城市建设、考古挖掘记录、文物模拟修复及工业模具制造、逆向工程等，也真正实现了古建筑测绘技术手段的革新。

图 3-12 无锡惠山寺御碑亭及其点云数据
(a) 实景照片；
(b) 点云单色显示；
(c) 点云真彩色显示

(a)　　　(b)　　　(c)

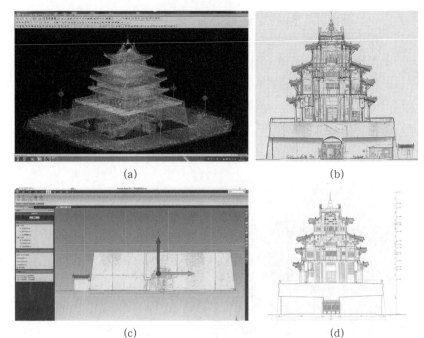

图 3-13 基于点云的初步扫描成果
(a) 点云浏览；
(b) 正射影像图；
(c) 点云直接量测；
(d) 二维线划图

3.2.2 三维激光扫描系统简介

三维激光扫描仪依据载具不同，可分为机载三维激光扫描仪、车载三维激光扫描仪、地面三维激光扫描仪及手持式三维激光扫描仪（图 3-14）；根据采用的测距方式不同，可分为脉冲式扫描仪及相位式扫描仪。其

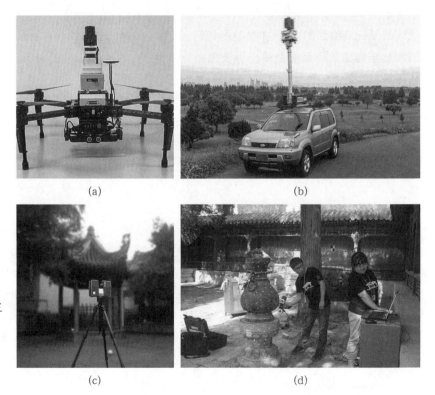

图 3-14 不同载具上的三维激光扫描仪
(a) 机载扫描仪；
(b) 车载扫描仪；
(c) 地面扫描仪；
(d) 手持扫描仪

中，脉冲式扫描仪精度高、测程长，但扫描速度较慢，自重较大，如德国 RIEGL VZ-6000、美国 Trimble TX8 及瑞士徕卡 Scan Station P50 扫描仪；相位式扫描仪扫描速度快、轻便，但测程较短，如美国 FARO Focus3D X330 扫描仪等。地面三维激光扫描仪也可按照有效扫描距离分为长距扫描仪（扫描距离大于 1km）、中距扫描仪（扫描距离可达 300~500m）、短距扫描仪（扫描距离可达 80~120m）及微距扫描仪（扫描距离可达 0.3~2.0m）。目前应用较多的地面三维激光扫描仪各项参数见表 3-2。

表 3-2 常用三维激光扫描仪参数对比

型号	LEICA Scan Station P50	Trimble TX8	RIEGL VZ-6000	FARO Focus3D X330	TOPCON GLS-2000
产地	瑞士	美国	奥地利	美国	日本
测程	570m@34%	80m@90%	600m@90%	330m@90%	350m
角度范围	360°×290°	360°×300°	360°×100°	360°×300°	360°×270°
扫描速度	1 000 000pts/s	54 000pts/s	300 000pts/s	976 000pts/s	120 000pts/s
分辨率	0.8mm@10m	0.002°	0.002 4°	0.009°	—
测距精度	1.2mm+10ppm（270 模式）；3mm+10ppm（>1km 模式）	1.2mm@30m；2mm@50m	10mm	2mm@25m	3.5mm@150m
测角精度	8″	水平角 15″ 垂直角 25″	0.000 5°	—	水平角 6″ 垂直角 6″
激光发散角	—	0.2mrad，3mm 出口处	0.12mrad	0.19mrad	—
工作温度	-20~+50℃	0~40℃	0~40℃	5~40℃	-5~45℃
防水防尘等级	IP54	IP64	IP64	—	IP54
重量	—	11.8kg	9.6kg	5.2kg	10kg
色彩提取方式	外接相机	外接相机	内置相机	内置相机	内置相机
其他指标	可对中，双轴补偿	可对中	可对中	—	可对中

古建筑扫描测绘中常用中距扫描仪及短距扫描仪如瑞士徕卡 Scan Station P50 扫描仪及美国 FARO Focus3D X330 扫描仪，如图 3-15 所示。

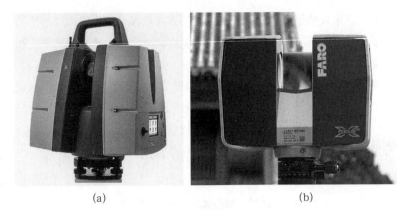

图 3-15 古建筑测绘常用的代表性三维激光扫描仪
(a) 瑞士徕卡 Scan Station P50 扫描仪；
(b) 美国 FARO Focus3D X330 扫描仪

3.2.3 三维激光扫描测绘基本问题分析

1. 扫描分辨率

三维激光扫描的分辨率，包括**仪器分辨率**和**点云分辨率**。仪器分辨率是指扫描仪在扫描过程中水平和竖直方向的最小步进角度，通常以角度表示，如 Trimble TX8 扫描仪的最小分辨率为 0.002°，表示该仪器扫描步进最小角度为 0.002°；点云分辨率是指扫描仪扫描得到的点云之点间隔，通常以长度表示，如 LEICA Scan Station P50 扫描仪的点云分辨率为 0.8mm@10m，表示该仪器扫描 10m 远处目标时其点云分辨率为 0.8mm。

可见，点云分辨率取决于扫描仪的仪器分辨率和扫描时扫描仪到扫描目标之间的距离。实际扫描过程中，距离扫描仪远近不同的目标，点云分辨率是不同的。如前述 LEICA Scan Station P50 扫描仪，该仪器扫描 10m 远处目标时，点云分辨率为 0.8mm，对于 100m 远处的目标，其点云分辨率则为 8mm。

为得到规整、统一的点云分辨率，部分扫描仪（如徕卡扫描仪）会将得到的点云利用机内预置的软件重新进行内插计算，得到归化后的点云，此时的点云分辨率可称为归化点云分辨率。

扫描过程中，可自由设置需要的扫描分辨率，也可以根据仪器事先设置好的快捷菜单进行选择（如 1/2、1/4、1/6、1/8 分辨率等设置）。

2. 扫描精度

如第 2.5 节所述，精度的本义指测量值与真值间的偏离程度，包括偏离值的大小和这种偏离的可能性。应当理解，精度是一个统计学概念，单次测量值的误差具有不确定性，精度只是说明了单次测量误差出现的大小及可能性。

三维激光扫描仪得到的直接成果是"点云"，或者理解成"点"。用来正确评价三维激光扫描仪精度的指标应该是"点云"中"点"的位置精度（包括绝对精度和相对精度）。其位置误差，受制于扫描控制测量、扫描测距、扫描测角、拼接点测量等多个过程环节的测量误差影响。所以，评价"点云"中"点"的位置精度是一个复杂的工作。

为准确反映扫描仪的精度能力，通常采用**测角精度**和**测距精度**两个指标。如 LEICA Scan Station P50 扫描仪的标称测角精度为 ±8″，在大于 1km 的长距扫描模式下其测距精度为 ±（3mm+10ppm）。意味着，用这台仪器扫描 1km 远处目标点时，测角误差造成的点位误差约为 39mm，测距误差造成的点位误差约为 13mm。如果只考虑扫描误差，在最不利条件下，扫描点的绝对点位误差大约为 41mm；同样的道理，在最不利条件下，扫描点之间的相对点位误差大约为 81mm。所以，在使用三维激光扫描仪时，我们不能单纯用扫描仪的标称精度指标直接评价扫描成果的质量。当然，也不能错误地认为所有三维激光扫描仪都可以达到"毫米级"精度。

毫无疑问，当拼接控制点"包围"所有点云时，**拼接误差**是扫描所有环节中测量误差的综合体现，可用来评价扫描点云成果的质量。利用高精度测量仪器测量拼接点的三维坐标，该测量值可当作真值；扫描仪扫描提取得到的测量拼接点三维坐标可看作测量值。点云拼接的过程，实质是基于最小二乘法综合平差的过程。各拼接点的拼接误差，即是在最小二乘法原则下，测量值最可靠值与真值之间的差值。

3. 扫描拼接

由三维激光扫描的基本原理我们知道，每个测站的点云均采用以测站扫描仪中心为坐标原点、以系统默认水平角、竖直角零方向为坐标轴正向的空间独立坐标系为测站坐标系，原始点云中的"点"坐标值是该坐标系下的坐标。任何对象的扫描都不可能在某一个测站上完成，为得到扫描目标的完整点云，需要将不同测站上的扫描数据进行坐标转换，统一到同一坐标系中（或将各测站坐标系的点云统一到测量坐标系中），实现不同测站上扫描点云的"拼合"，这一工作称为"**扫描拼接**"，如图 3-16 所示。

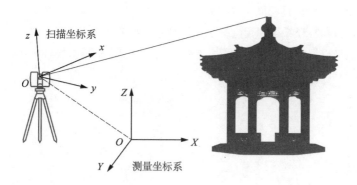

图 3-16　扫描拼接示意

实际扫描过程中，可采用**站方拼接**和**物方拼接**两种方式。将扫描仪架设在已知点上（扫描仪定位），利用相邻已知点对扫描仪定向，完成扫描测站设置后进行扫描，这样的扫描拼接方式称为站方拼接，如图 3-17 所示。站方拼接直接实现了扫描坐标系至测量坐标系的转换，其实质是"绝对定向"。站方拼接需要事先进行控制测量，求得扫描站的三维坐标。

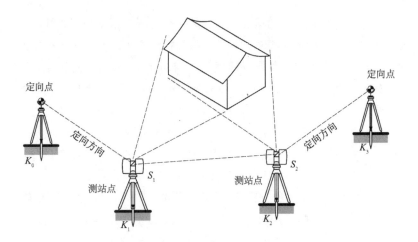

图 3-17 站方拼接原理图

将扫描仪架设在任意点上,通过扫描公共点(标靶或物方特征点)实现不同扫描站点云的拼接,称为物方拼接,如图 3-18 所示。在不考虑长度因子的前提下,物方坐标转换需要 6 个转换参数,包括旋转参数和平移参数各 3 个。解算 6 个参数需要 3 对共轭方程式,即不在同一条直线上的 3 个公共点。因此,扫描拼接包括两个步骤:第一步,利用至少 3 个公共点解算 6 个坐标转换参数;第二步,利用解算得到的转换参数计算点云中的每个"点"在目标坐标系中的坐标值。

在物方拼接过程中,如果标靶点坐标已知,物方拼接即实现了测站坐标系到测量坐标系间的直接转换。如果标靶点坐标未知,物方拼接仅仅实现了测站间的相对定向,如果需要测站坐标系与测量坐标系间的转换,还需进行绝对定向。

用于物方拼接的标靶点可选用圆形标靶球、平面标靶板和标靶纸(图 3-19)。圆形标靶球摆放位置灵活,易于识别,但难于测量其坐标;平面标靶板和标靶纸可利用全站仪无棱镜方式测量其中心坐标,其中平面标靶板还可根据扫描需要在平面内旋转,快速实现坐标系转换。

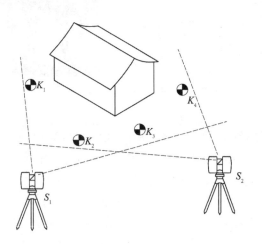

图 3-18 物方拼接原理

(a) (b) (c)

此外，依靠站与站间迭代相对定向实现点云拼接，将使拼接误差迭代放大。所以，事先进行精密控制测量，解算拼接点坐标，实现包含绝对定向与相对定向的一步定向，是提高点云整体拼接精度的根本保证。

图 3-19 标靶点样式
(a) 标靶球；
(b) 平面标靶板；
(c) 标靶纸

4. 扫描控制测量

扫描控制测量的目的是测定扫描拼接点的三维坐标，为扫描提供高精度拼接基准，同时控制扫描误差的积累。扫描控制测量包括平面控制测量和高程控制测量。古建筑扫描测绘平面控制测量通常采用全站仪测距导线的方式布设，精度控制指标可参考表 3-3；高程控制测量通常采用水准测量的方式进行，精度控制指标可参考表 3-4。

表 3-3 导线测量精度控制指标

等级	导线长度 (km)	平均边长 (km)	测角中误差 (″)	测距中误差 (mm)	测距相对中误差	测回数 DJ1	测回数 DJ2	测回数 DJ6	方位角闭合差 (″)	相对闭合差
一级	4	0.5	5	15	≤1/30 000	—	2	4	$10\sqrt{n}$	≤1/15 000
二级	2.4	0.25	8	15	≤1/14 000	—	1	3	$16\sqrt{n}$	≤1/10 000
三级	1.2	0.1	12	15	≤1/7 000	—	1	2	$24\sqrt{n}$	≤1/5 000

表 3-4 水准测量精度控制指标

每千米高差误差 (mm)	附合路线长度 (km)	视线长度 (m)	前后视较差 (m)	前后视累积差 (m)	观测方法	视线高度	观测次数	往返较差、附合或环线闭合差 (mm) 平地	往返较差、附合或环线闭合差 (mm) 山地
±10	≤15	≤80	≤5	≤10	中丝读数	三丝读数	往返各1次	$±20\sqrt{L}$	$±6\sqrt{L}$

注：L 为路线长度 (km)，n 为测站数。

在控制测量完成后，利用无棱镜测距功能的全站仪采用极坐标法测量标靶点的三维坐标。为保证测量的准确性，提高测量精度，每个标靶点应至少在 2 个已知点上分别进行测量，两次测量值满足测量误差容许值时，取其平均值作为拼接点坐标值。在古建筑测绘中，通常要求标靶点两次测量坐标值各坐标分量差值应小于 3mm。

以上，本节讲解了三维激光扫描测量的基本原理、系统简介及基本问题分析等，其在古建筑测绘中的具体应用参见第 9.1 节。

3.3 摄影测量技术

3.3.1 摄影基本知识

在批量式采集、非接触等方面，摄影测量技术具有跟三维激光扫描技术相同的优势，但在色彩、纹理采集和记录、操作灵活性，以及与无人机结合后形成的"空中优势"等方面，摄影测量具有独特的优势，其在古建筑测绘领域越来越得到广泛应用。

1. 图像

通常所说的图像，是指能被诸如人眼等光学传感器所感知、辨识的客观世界物体的信息描述形式，是三维到二维的映射。根据图像所记录的光谱波段不同，图像可分为可见光图像（照片）、红外光图像（热红外图）、X 射线图像（CT 图像）、超声波及微波图像等。本文所指的图像为成像传感器接收物体反射可见光生成的图片，即摄影像片。

2. 小孔成像

在密度均匀的介质中，不受引力作用干扰的情况下，光线按照直线传播，遇到障碍物时会产生光斑，称为**影像**。用一个带有小孔的板遮挡在光源与障碍物之间，并把障碍物换成承影平面，承影平面上就会形成物体倒立的像，这种现象称作小孔成像。

孔越小，物体成像（影）越清晰；孔越大，物体成像（影）越模糊，直至无法成像（影）。当孔比较小的时候，物体的某一点发出的光线在承影平面上形成的光斑较小，且相邻点不会相互重叠，所以像（影）清晰。当孔较大的时候，物体的某一点发出的光线在承影平面上形成的光斑较大，相邻点互相重叠，且光通量在承影平面上被均化，故成像（影）模糊，乃至看不出成像（影）（图 3-20）。

3. 摄影与摄影机

基于小孔成像原理，利用光传感器感知并记录影像的过程称为**摄影**。摄影机（相机）是感知并记录光信息的设备。根据所感知的光信息波长不同，摄影机可分为远红外相机、可见光相机、X 射线相机等；根据记录光信息的媒介不同，摄影机可分为胶片相机、电子管摄像机、CCD 相机及

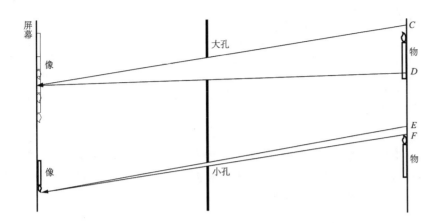

图 3-20 小孔成影特点

CMOS 相机；根据光信息的记录形式不同，摄影机又分为软胶片相机、玻璃干板相机及数码相机。数码相机根据图像感应器尺寸大小，通常分为全画幅（相当于标准 135 胶片尺寸）、半画幅相机。

在成像过程中，小孔由于透光量太小，实际成像需要很长的曝光时间，很难得到清晰图像。为瞬间透过大量光线并使之汇聚，形成清晰的图像，摄影机中使用了由透镜组成的**镜头**。

4. 焦距、光圈和快门

影像的清晰质量取决于摄影时镜头的**焦距**、**光圈**和**快门**。

摄影镜头焦点到透镜中心的距离称为透镜的焦距。为得到不同焦距的镜头，同时达到消除相差的目的，摄影机通常采用透镜组作为获取清晰成像的基本工具，透镜组的焦距取决于各透镜焦距、各透镜相对位置，以及各透镜间介质的折射率等因素。

光圈是控制光线瞬间透过镜头、达到感光面（影像记录介质）强度大小的装置。通常，摄影机在摄影镜头内加入多边形或圆形孔状光栅，通过改变孔状光栅的直径调节照度（即单位时间内光线通光量）的大小。光圈大小为光圈值，指光栅的直径，通常用 f 表示。

快门是控制摄影镜头总通光量大小的装置，体现为快门启闭时间，通常用快门速度表示。常用快门速度有 30″、15″、8″、4″、2″、1″及 1/2 秒、1/4 秒、1/60 秒直至 1/8 000 秒不等。

5. 曝光量

摄影的目的是感知并记录被摄体的反射光或自发光特性，依此形成可分辨物体大小、形态、材质的图像。摄影机感知并记录的光能量大小，称为**曝光量**。

对于卤化银胶片，曝光量指单个卤化银颗粒被光线照射的总能量；对于 CCD 相机或 CMOS 相机，曝光量可认为是单个 CCD 或 CMOS 感光元件感知到的光线照射的总能量。显然，曝光量等于照度与照射时间的积。

过大或过小的曝光量，都将干扰物体大小、形态的记录与分辨，适宜的曝光量是实现摄影目的的前提和基础。在摄影机中，照度由光圈决定，而照射时间由快门控制。当光圈一定时，快门越快，曝光时间越短，曝光量则越小；若将快门速度调快一档，为得到适宜的曝光量，应将光圈变大一档。

6. 对焦与变焦

为使被摄物体成像清晰，需要调节成像面（感光面）与镜头间的关系，称为**对焦**。对焦相当于改变像距 v，使成像满足成像公式 $1/u + 1/v = 1/f$，以便在底片上结成清晰成像。

变焦是改变镜头的焦距 f，即改变镜头的视角。其原理是改变镜头组中镜片中活动透镜间的关系。对于变焦镜头，焦距变小时（直至广角状态），镜头视角变大，取景范围变大；焦距变大时（直至长焦状态），镜头视角变小，取景范围变小。

7. 景深

物点成像时，由于像差，其成像光束不能会聚于一点，在焦点前后，光线开始聚集和扩散在像平面上形成一个扩散的圆形投影，成为弥散圆。由于人眼在明视距离（眼睛正前方 30cm）能够分辨的最小的物体大约为 0.125mm（人眼的鉴别能力），如果弥散圆的直径大于该值（容许弥散圆），则会出现影像模糊。

基于人眼生理分辨率所决定的、可接受的模糊程度所对应的被摄对象物体范围，称为**景深**。其中，靠近镜头一侧的范围称为前景深，远离镜头一侧的范围称为后景深。

景深大小取决于镜头焦距和光圈。焦距越长的镜头，景深越小；光圈越小，景深越大。通过调节镜头焦距和光圈，可以得到拍摄对象清晰的影像。

8. 感光度

感光度指传统胶片相机中卤化银颗粒对光线的化学反应速度。对于数码相机，指单个 CCD 或 CMOS 感光元件对光线的感光敏感度。

感光度越高的光传感器，对光线敏感度越强，所以拍摄黑暗的物体时，需要较高的感光度。但是，增加感光度，将同时使影像噪声增大，使图像分辨率降低。

9. 人眼成像与对象感知

人眼对外界的感知，就是基于小孔成像原理。如图 3-21 所示，眼睛主要有角膜、虹膜、晶状体、视网膜构成。物体（蜡烛）发出的光线经过虹膜所形成的小孔（瞳孔）成像（缩小、倒立的实像）在视网膜上，通过视神经，人的大脑就可以感知到物体（蜡烛）的存在。当物体的远近或光强发生变化时，为在视网膜上得到清晰的成像，需要调节瞳孔的大小和晶状体的曲率。不同大小的物体在视网膜上成像大小不同，所以单眼可以辨别物体的大小。

远近不同的物体在双眼中的成像不同，如图 3-22 所示，远近不同物点 A、B 在左、右眼中的成像分别为 a_1、b_1 及 a_2、b_2，像 a_1b_1 和 a_2b_2 的大

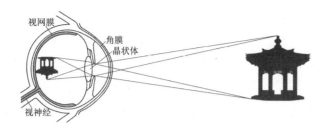

图 3-21 人眼成像及感知

小之差称为生理视差,图中的夹角 $α_A$、$α_B$ 为生理视差角。由于生理视差及生理视差角的存在,通过神经感知,即可据此判断 A、B 两点的远近(即深度)不同。所以,人眼对物体远近的感知,基于双眼的生理视差。

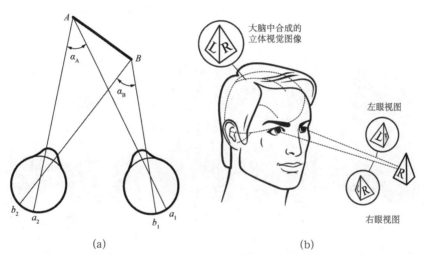

图 3-22 双眼立体视觉感知
(a) 双眼视差;
(b) 双眼立体感知

10. 图像的色彩

光是一种电磁波,电磁波的波长范围非常宽,人眼能够感知到的光波(波长范围从 380~780nm 的一段)称为可见光。不同波长的可见光,在人的眼睛中产生不同的颜色感觉。按照可见光波长由长到短排列,其颜色依次为红、橙、黄、绿、青、蓝、紫,参见表 3-5。

表 3-5 可见光的波长与颜色

颜色	波长	频率
红色	约 625~740nm	约 480~405THz
橙色	约 590~625nm	约 510~480THz
黄色	约 565~590nm	约 530~510THz
绿色	约 500~565nm	约 600~530THz
青色	约 485~500nm	约 620~600THz
蓝色	约 440~485nm	约 680~620THz
紫色	约 380~440nm	约 790~680THz

在可见光谱中，人眼对红、绿、蓝最为敏感（称为三基色），自然界中物体的颜色可以通过红、绿、蓝三色按照不同的比例混合产生，称为 RGB 颜色混合模式。色调、明度和饱和度是图像颜色的三个基本特征。**色调**是指图像占绝对优势的可感知电磁波（不同波长产生不同颜色的感觉）；**明度**是指色彩的明暗强弱，不同物体反射电磁波的差异产生了颜色的不同明度；**饱和度**是指偏离同亮度灰色的程度。

在一张图片中，如果黑色占据优势，则用黑色调表示物体（用黑色为基准色），用不同饱和度的黑色来显示图像，这样的图像称为**灰度图像**。灰度图像中的每个像素表示对应点的灰度，即对象从 0%（白色）到 100%（黑色）的亮度值。**黑白图像**不同于灰度图像，严格意义上的黑白图像，就只有黑色和白色，不存在过渡性的灰色，1 个像素只需要 1 个二进制位就能表示出来。可见，图像的本质是不同颜色混合基础上的像素点集合（图 3-23）。

图 3-23　图像的不同颜色模式
(a) 彩色图像；
(b) 灰度图像；
(c) 黑白图像

(a)　　　　　　　　　(b)　　　　　　　　　(c)

祈年殿　彩色图像

3.3.2　摄影像片的基本特征

1. 投影的分类与特点

图像产生于投影。投影的形状、大小、位置，除了取决于被投影对象外，还与投影方式、投影光线的姿态、投影面的位置等因素有关。按照投影光线的特点，投影方式分为**中心投影**与**平行投影**。其中，由平行光线产生的投影称为平行投影；由一点发出的非平行光线产生的投影，称为中心投影。

对于平行投影，当投影面与被投影对象平行时，投影与投影对象等大，投影大小与投影对象与投影面的距离无关。投射光线垂直于投影面的平行投影，称为**正投影**。在正投影中，与投影面平行的物体，其投影等比且与原物体等大，这种情况下的投影长度、角度、面积具有量度性（图 3-24）。在测量制图中，或建筑总图即采用竖直正投影的投影方法绘制（图 3-25）。

对于中心投影，投影的形状、大小除了与投影中心、被投影对象、投影面的位置有关外，还与被投影对象、投影面，以及投影时投影主光轴的姿态有关。在中心投影中，投影主光轴垂直于投影面的投影称为**正直投影**；投影主光轴不垂直于投影面的投影称为**倾斜投影**。

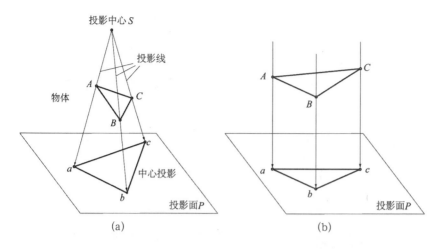

图 3-24 中心投影与平行（正直）投影
(a) 中心投影；
(b) 平行投影

2. 摄影像片变形

摄影机成像过程即为中心投影过程。相片即为被摄物体的中心投影成果，且无论何时，照相机主光轴均垂直于成影面。

显然，在正直投影中，处于同一平面上且与投影面平行的物体其投影比例尺相同。但由于被摄对象高低不平且摄影机姿态任意，摄影像片通常都同时存在两种变形：一是摄影机主光轴与拍摄面不垂直引起的变形，称为**投影变形**（图 3-26a）；二是由于拍摄物表面凹凸不平使投影点位置发生的变化，称为**高差变形**（图 3-26b）。

只有消除了上述两种变形的摄影像片才具有可量度性。为消除的投影变形，可采用像片纠正镶嵌的方法（恢复摄影姿态后重新投影成像），得到拍摄对象的中心正直投影影像。图 3-27 为某区域地面地质灾害航空影像镶嵌图。

3. 摄影像片比例尺

像片上两点距离与对应空间两点间实际距离之比，称为**像片比例尺**。由于拍摄时摄像机状态的不确定和被拍摄物表面凹凸不平，实际像片各处比例尺均不相同。

图 3-25 采用正投影绘制建筑总平面图
(a) 投影对象；
(b) 正投影测绘图

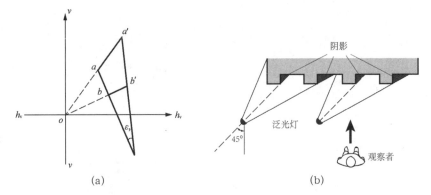

图 3-26 投影变形与高差变形
(a) 投影变形照片；
(b) 高差变形照片

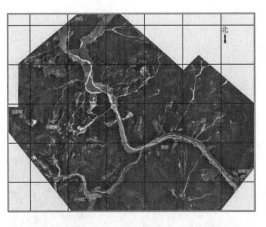

图 3-27 某区域地面地质灾害航空影像镶嵌图

假定被拍摄面为一平面，且拍摄时照相机主光轴垂直于被拍摄面，则像片上各处比例尺相等，此时的像片比例尺为摄影机主距与摄影机到拍摄对象距离之比。

4. 摄影像片分辨率

摄影像片单位长度上像素的多少，称为摄影像片的**图像分辨率**（也被称为**相方分辨率**）。对于胶片图像，像素大小取决于成像时银盐颗粒的大小，以感光度为 ISO100 为例，其银盐颗粒大小约为 4μm，所以 135 负片的图像分辨率约为 900 万～1200 万像素；对数字图像，图像分辨率取决于数码相机中 CCD 图像传感器上植入的微小光敏元件（像素）的多少，如普通显示器的分辨率约为 207 万（1920×1080），指在其物理尺寸上横、纵向物理元器件的多少。相方分辨率取决于摄影机的物理性质，其决定了图像的大小，事后是无法改变的。

图像上单一像素所对应的被拍摄物体空间大小，称为**图像物方分辨率**。可以理解为：图像物方分辨率＝图像相方分辨率 × 图像比例尺分母。图像物方分辨率，决定了图像所反映物体的详细程度。图像物方分辨率与成像焦距及摄影距离有关。如图 3-28 所示，在图像相方分辨率不改变的情况下：当焦距不变时，摄影距离增大，则物方空间变大，被摄物变小，随之图像物方分辨率变小，清晰程度降低；当摄影距离不变时，焦距变大，则物方空间变小，被摄物变大，随之图像物方分辨率变大，清晰程度提高。

所以说，基于固定的摄影设备，要想提高图像物方分辨率，只能缩小图像物方空间大小。在建筑摄影中，相方分辨率无法改变的情况下，只能依靠增加摄影照片数目来提高物方分辨率大小。

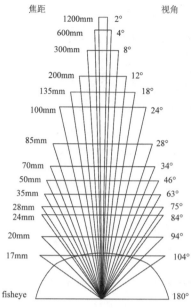

图 3-28 物方分辨率与物方空间大小的关系

5．摄影像片畸变与矫正

摄影透镜由于制造精度及组装工艺的原因，远离主光轴的光线在传播过程中会发生偏移，将导致摄影像片发生变形，这样的变形称为**畸变**。畸变大小与光线到主光轴的距离成正比，越靠近边缘的地方，畸变越大，采用广角镜头且摄距较小时，畸变较明显（图 3-29）。

摄影像片的畸变分为**径向畸变**和**切向畸变**两类。径向畸变指像点在像主点为圆心的半径方向上的变形位移；切向畸变指像点在像主点为圆

图 3-29 像片畸变

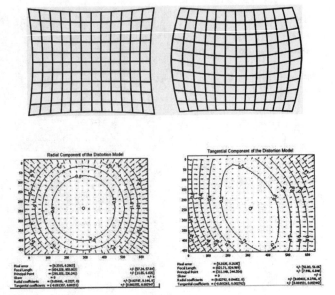

图 3-30 径向畸变与切向畸变在摄影像片中的体现

图 3-31 某镜头径向畸变与切向畸变

心的弧切线方向上的变形位移。径向畸变体现为枕形畸变和桶形畸变，为一组同心圆，切向畸变体现为像点的旋转位移，体现为椭圆，如图 3-30、图 3-31 所示。

距离被摄物体越近，畸变越大。相同条件下，广角及变焦镜头畸变较大，50mm 左右标准定焦镜头基本无畸变。径向畸变和切向畸变在一幅摄影像片中总是同时存在的，广角镜头主要体现为桶形畸变，长焦镜头主要体现为枕形畸变。

为得到符合中心投影关系、无失真的摄影像片，需要对摄影像片进行畸变矫正，畸变矫正前后的像点坐标满足如下关系式：

$$x_0 = x(1 + k_1 r^2 + k_2 r^4 + k_3 r^6)$$
$$y_0 = y(1 + k_1 r^2 + k_2 r^4 + k_3 r^6)$$

式里 x_0、y_0 是畸变点在成像仪上的原始位置，x、y 是畸变矫正后新的位置：

$$x_0 = x + [2p_1 y + p_2(r^2 + 2x^2)]$$
$$y_0 = y + [2p_2 x + p_1(r^2 + 2y^2)]$$

可见，相机的畸变矫正参数包括 5 个（k_1、k_2、k_3、p_1、p_2），通过摄影机镜头校正，求出畸变参数，即可对相应摄影像片进行畸变矫正。畸变矫正前后的图像，如图 3-32 所示。

3.3.3 摄影测量的基本概念和基本方式

基于影像提取摄影对象的形态、空间位置等几何信息的工作，称为**摄影测量**。根据影像所感知到的光波长不同，摄影测量也可分为可见光摄影

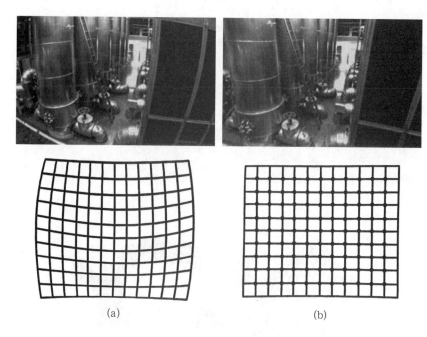

图 3-32 畸变矫正前后的图像
(a) 矫正前；
(b) 矫正后

测量、红外光摄影测量等。如果利用地球卫星感知被拍摄物（通常为地球表面）反射或发射的电磁波（通常使用绿光、红光和红外光）并判断、解译、量测、描述被拍摄物的空间形态及自然属性，则被称为**卫星遥感测量**；如果利用航空飞机搭载航空摄影机拍摄地球表面的形态，并进行判断、解译、量测、描述等工作，这类摄影测量被称为**航空摄影测量**；如果在地球表面利用普通摄影机对地球表面物体获取摄影像片，判断、解译、量测、描述地球表面拍摄物，则这样的摄影测量被称为**地面摄影测量**；与航空摄影测量相对应，如果摄影传感器到拍摄物距离较小（通常小于 300m），这样的摄影测量也被称为**近景摄影测量**。但是，无论哪一类摄影测量，均依据共线条件、共面条件和空中三角测量的基本理论（参见第 3.3.4 节）。

随着计算机图形图像学、视觉测量理论和计算技术的发展，摄影测量经历了**模拟摄影测量**、**解析摄影测量**到**数字摄影测量**的阶段。模拟摄影测量，指利用机械方式和人工视觉恢复像片（胶片）姿态、测量像点坐标、建立像对模型并确定物点像对位置，然后绘制成图；解析摄影测量，是指利用机械方式和人工视觉恢复像片（胶片）姿态、测量像点坐标，然后利用计算机解算完成模型的建立，并利用计算机完成空中三角测量，然后绘制成图；数字摄影测量，是指基于数字图像，利用计算机图形图像识别技术完成像片配对、姿态恢复、空中三角测量等工作，自动生成拍摄物的属性描述，如自动生成数字高程模型、数字表面模型、数字正射影像、二维线划图等。

在摄影测量中，如果要求摄影主光轴大致垂直于拍摄面，这样的摄影称为**正直摄影**，如传统航空摄影和早期地面近景摄影测量；如果摄影主光轴不垂直于拍摄面，这样的摄影称为**倾斜摄影**。同样，基于单一像对（单基线）完成摄影测量工作，则称为**单基线摄影测量**；如果基于多个像对（多基线）完成摄影解算工作，则称为**多基线摄影测量**。

3.3.4 摄影测量的数学基础

1. 图像的数字化与数字图像

传统图像（如图、画、像片）可以看成是具有灰度、亮度的点（像素）的有序堆积（对于胶片图像可以看成是银盐颗粒的堆积，对于纸质打印图像可以看成是油墨颗粒的堆积），如图 3-33 所示。

图 3-33　传统图像可看作像素的堆积

数字图像，是客观世界由数字成像系统感知、采集、存储和再现的产物，其本质上是一串数列或一个矩阵，如图 3-34 所示。

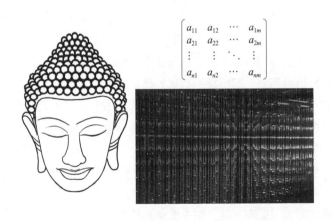

图 3-34　数字图像的实质

显见，传统图像是连续的，数字图像则是离散的。对传统图像进行计算机处理，必须首先进行图像离散化，图像离散化的过程即是像素重采样的过程，这个过程称为**图像的数字化**，如图 3-35 所示。需要强调的是，高于原图像分辨率的重采样，并不能提高图像反映客观世界的能力。

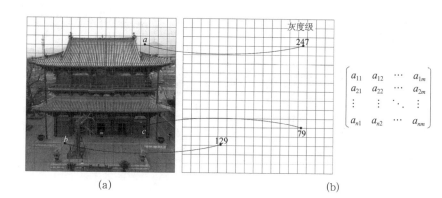

图 3-35 图像数字化
(a) 连续图像;
(b) 数字化结果

2. 数字图像的同名点匹配

图像的同名像点匹配是摄影测量的基础。在传统摄影测量阶段,同名像点匹配依靠人眼识别。基于计算机图像识别技术,数字摄影测量中通常采用区域匹配和特征匹配算法。**区域匹配**,即寻找其他像片中与第一幅像片相同的区域(称为窗口,图 3-36);**特征匹配**需要首先提取图像中的特征点(典型灰度点、轮廓点等,图 3-37),然后根据相似性进行配对。需要说明的是:为了增加影像匹配的精度和速度,摄影时应使相邻像片的交会角尽量小(一般 5°~10°)。

因此,在数字摄影测量中,对于反光较强(水面、冰面、玻璃等)或形态、纹理规律排布的摄影对象,如图 3-38 所示,在摄影阶段应增加人为特征点,以提高图像匹配的速度和精度。

图 3-36 区域匹配算法示意

图 3-37 特征匹配算法示意

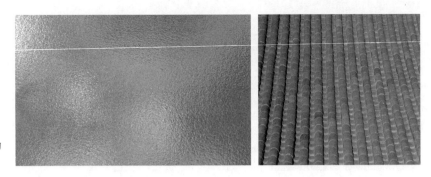

图 3-38 特征匹配困难的特殊对象

3. 双像立体再现

上文述及，人眼相当于两台摄影机，物体通过人的左右眼生成两幅影像，经大脑中枢合成后辨别物体的位置、大小、形态。当物体拿走后，像和大脑中枢中的物便不复存在。但是，如果在左右眼前方放置不同视角拍摄的影像，影像经左右眼成像后仍然会在大脑中建立物体的三维存在，如图 3-39 所示，这种方法称为**双目立体观察**。所以，利用具有重叠度的两张不同视角拍摄的照片，可以再现物体的三维空间关系。模拟摄影测量和 3D 电影便利用了这样的原理。

4. 共线条件方程式

为描述影像中各个像素点的位置，需要建立图像坐标系。通常，以像主点（通过主光轴的像素点）为坐标原点、以图像平面为坐标平面、以像素横纵排列的方向为 x、y 坐标轴、以像素或物理长度为单位建立的平面坐标系，称为图像坐标系。图像上任一像素点的图像坐标可用 $P(x, y)$ 表示。

按照中心投影的原理，物点与像点是一一对应的，像点 $P(x, y)$、物点 $P(X, Y, Z)$ 及投影点 $S(X_0, Y_0, Z_0)$ 三点共线。假定图像上任一像素点 $P(x, y)$ 所对应的物点在测量坐标系中的坐标为 $P(X, Y)$，则有：

图 3-39 双像立体再现

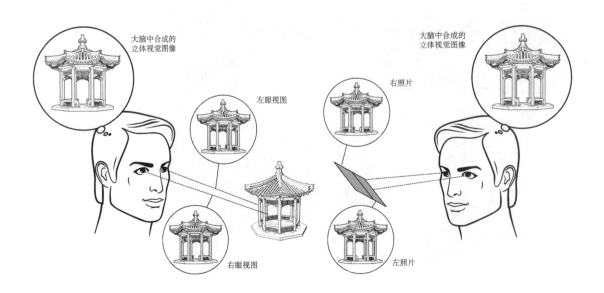

$$P(X, Y) = M \cdot P(x, y)$$

其中 M 为投影变换矩阵。如果不考虑像片畸变，投影变换矩阵中包含 9 个独立参数，分别为焦距 f、像主点坐标 (x_0, y_0)、投影中心坐标 (X_0, Y_0, Z_0)、像片绕空间坐标轴旋转的 3 个旋转角 φ、ω、γ。

上述方程式为像点与物点的共线方程式。其中，f、x_0、y_0 称为像片的**内方位元素**，X_0、Y_0、Z_0、φ、ω、γ 称为像片的**外方位元素**。

每个物点与其对应的像点可列出 2 个独立方程，所以，至少需要 5 个地面控制点便可以解求出像片的 9 个方位元素，依此恢复像片的姿态（图 3-40）。图像纠正和像片镶嵌便利用了这样的原理。

需要强调的是，基于中心投影的三点共线关系，物点与像点是一一对应的，但像点与物点是一对多的关系。所以，知道像片的 9 个方位元素后，可以利用物点坐标基于共线方程式解算像点坐标，但这一解算过程不可逆。因此，利用单张像片是无法确定物点位置的。

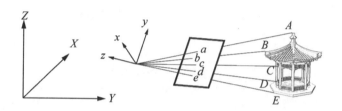

图 3-40 像片姿态恢复

5. 相机检校

影像携带了物体的完整空间信息，按照共线条件方程式，物点的空间位置取决于像点坐标。但是，由于镜头制作、影像生成（畸变）、像片量测等环节均存在误差，导致像点坐标中含有大量误差，恰恰由于物距远大于相距（焦距），体现在物空间坐标计算中，该项误差将会被成千上万倍放大。为提高像点坐标精度，需要精确知道像片的内方位元素如焦距 (f)、像主点坐标 (x_0, y_0)、畸变系数 k_1、k_2、k_3、p_1、p_2 等。像片内方位元素的求解是利用相机检校工作来实现的。

在标准试验场中，基于共线条件方程式，利用像点坐标和控制点坐标，拟合反求像片内方位元素的工作，称为**相机检校**，如图 3-41 所示。

相机检校的基本原理是：事先精确测量出物点坐标（标准检校场中利用全站仪精确测量）或利用标准检校模板（固定几何形体或电子图像），从不同角度对其拍照并测量物点对应的像点坐标，根据共线条件列立方程式迭代求解内方位元素。

图 3-41 相机检校

6. 双像空间交会求解地面点坐标

如何利用二维像片信息求解地面点的坐标呢？

像对（从不同位置拍摄的具有重叠度的两张照片）可以解决物点定位的问题。如图 3-42 所示，物点 A 在左（P_1）右（P_2）两张像片上的像点为 a_1、a_2，当恢复 P_1、P_2 两张像片的拍摄姿态，物点 A 的空间位置就可确定。其实质是：如果知道单一像对的内、外方位元素，一对同名像点可以根据共线方程列出 4 个方程，即可求解出 3 个未知数，即物点 A 的空间坐标值。

像对立体模型的建立过程，实质是左右两张像片恢复投影姿态的过程。如果不考虑左右两张像片的内方位元素（内方位元素已通过相机检校求得），在这个过程中，需要对左右两张照片分别进行 3 次平移和 3 次旋转。换用数学语言，像对立体模型的建立需要 12 个外方位元素。每一对同名像点可列出 4 个独立方程式，所以利用共面条件解求 12 个外方位元素至少需要同时出现在左右两张像片上的 3 个已知控制点。

所以，双相空间交会求解地面点的坐标，其前提是利用同时出现在左右两张像片上的 3 个以上已知控制点求解两张像片的外方位元素。

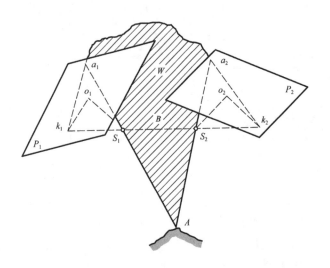

图 3-42 双像空间后方交会

7. 相对定向与共面条件方程式

通俗地讲，恢复两（多）张像片（像对）成影瞬间空间相对位置关系的工作，称为像片**相对定向**。像片外方位元素是表征成影瞬间像片空间姿态的指标。如图 3-42 所示，左片 P_1 的外方位元素为（X_1、Y_1、Z_1、φ_1、ω_1、γ_1），右片 P_2 的外方位元素为（X_2、Y_2、Z_2、φ_2、ω_2、γ_2），则左右两片的相对方位元素为（ΔX、ΔY、ΔZ、$\Delta \varphi$、$\Delta \omega$、$\Delta \gamma$），其中，$\Delta X = X_2 - X_1$；$\Delta Y = Y_2 - Y_1$；$\Delta Z = Z_2 - Z_1$；$\Delta \varphi = \varphi_2 - \varphi_1$；$\Delta \omega = \omega_2 - \omega_1$；$\Delta \gamma = \gamma_2 - \gamma_1$。在以投影点连线 S_1S_2 为 Y 轴的像空间坐标系中，ΔY 的大小仅决定模型的大小，不影响相对定向模型的建立，故，将（ΔX、ΔZ、$\Delta \varphi$、$\Delta \omega$、$\Delta \gamma$）称为单一像对相对定向的相对定向元素。

相对定向的本质是同名光线对对相交，即：对任一物点 A 所对应的像点 a_1、a_2，投影点连线 S_1S_2、光束 S_1a_1 及光束 S_2a_2 三线共面。换算成数学表达式则为三矢量共面：

$$\overline{s_1s_2} \times (\overline{s_1a_1} \times \overline{s_2a_2}) = 0$$

该表达式为左右像点坐标与相对定向元素的函数关系式，称为共面条件方程式。相对定向的过程就是利用同名像点的像片坐标解算相对定向元素的过程。一个立体相对有 5 个相对定向元素，所以至少需要测量 5 个同名像点才可解算出单一像对的相对定向元素，完成相对定向，建立相似的立体模型。

在模拟和解析摄影测量阶段，事先在像片上进行同名像点转刺，然后利用人工机械设备改变像片的相对位置关系，使同名光线对对相交，实现相对定向。在数字摄影测量阶段，则基于计算机图像识别，对同名像点（影像特征点）进行匹配，然后进行迭代计算，求解相对定向元素值。

如图 3-43 所示，为提高定向精度，通常需要利用像对重叠区域边缘的至少 5 个特征点计算相对定向元素，完成相对定向。

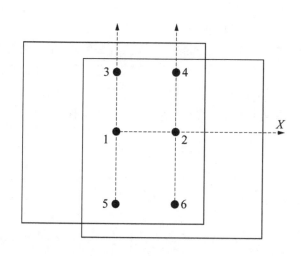

图 3-43　相对定向点（像点）的分布

8. 绝对定向与物空间真实模型的建立

相对定向仅仅建立了物空间的相似立体模型，但模型的大小、位置、空间姿态还没有确定。换个说法：利用相对定向建立的相似立体模型，虽然也能够计算出模型上各特征点的空间坐标，但此时计算出的模型特征点空间坐标并不是"物"的空间坐标。还需要确定模型的大小、位置和空间姿态，即物空间真实模型的建立（绝对定向）。

绝对定向的实质是三维模型空间相似变换。假定相似立体模型上任一点 P 在像空间辅助坐标系中的坐标为 (U, V, W)，P 点在物空间坐标系中的坐标为 (X, Y, Z)，像空间辅助坐标系原点在物空间坐标系中的坐标为 (X_0, Y_0, Z_0)，则有：

$$\begin{bmatrix} X \\ Y \\ Z \end{bmatrix} = \lambda \cdot R \cdot \begin{bmatrix} U \\ V \\ W \end{bmatrix} + \begin{bmatrix} X_0 \\ Y_0 \\ Z_0 \end{bmatrix}, \quad R = \begin{bmatrix} a_1 & a_2 & a_3 \\ b_1 & b_2 & b_3 \\ c_1 & c_2 & c_3 \end{bmatrix}$$

其中，λ 为比例缩放系数（相当于相对定向中的 $\Delta Y = Y_2 - Y_1$），R 为旋转矩阵，a_i、b_i、c_i 为模型绕 3 个坐标轴旋转角 φ、ω、γ 的函数。

所以，将此时的模型平移参数 X_0、Y_0、Z_0，模型旋转参数 φ、ω、γ 及模型缩放参数 λ，统称为绝对定向的定向元素。依据像空间辅助坐标 (U, V, W) 及物空间坐标 (X, Y, Z) 解求绝对定向元素的工作称为**绝对定向**。

可见，要解求 7 个绝对定向元素，至少需要 7 个条件，即至少需要 2 个平高点（既可作为平面控制，又可作为高程控制的像片控制点）和 1 个高程点。当然，在不需要物点绝对坐标的情况下，也可仅仅利用空间 2 个点的长度完成模型的缩放，实现物空间点的**相对定位**和**定向**。

9. 空中三角测量

摄影测量的目的是解求任一物点真实空间坐标 (X, Y, Z)。通过相对定向和绝对定向解算出所有像片的外方位元素后，基于共线方程式，就可以解求任一物点的真实空间坐标 (X, Y, Z)，这一工作也称为**空中三角测量**，所有物点的集合就构成了点云。

在传统摄影测量阶段，总是先相对定向、后绝对定向，然后完成空中三角测量和图纸绘制。但是在数字摄影测量阶段，借助计算机图形图像技术和强大的计算能力，总是将相对定向、绝对定向及空中三角测量同步完成。同时，利用连续相对、多相对协同迭代计算求解，以提高摄影测量的精度。

以上，本节讲解了摄影、摄影测量的基本知识和理论，其在古建筑测绘中的具体应用参见第 9.2 节。

第4章 古建筑测绘基本知识

古建筑测绘是测量学基本原理、方法与古建筑研究、保护实践相结合的产物。在长期实践中，逐渐形成一套相对独立而特别的工作原则、分级体系、工作流程、技术应用和成果表达方式等。对于列为不可移动文物的古建筑来说，测绘还应遵循《文物建筑测绘技术规程》（报批稿）（以下简称《规程》）的相关规定。

4.1 古建筑测绘的工作原则、内容和流程

4.1.1 基本工作原则

从古建筑测绘的属性出发，结合古建筑研究、保护、管理和利用的需求，参考《规程》相关规定，本书提出开展古建筑测绘时应遵循的五条原则。

1. 安全第一

测绘作业全过程应确保人员安全、文物安全与设备安全。[①] 测绘作业不应对文物建筑本体及其环境造成损害。其行为可能损坏文物时，应采取可靠的保护措施，将对文物本体及环境的扰动降低到最小。因技术措施需要，对文物造成的可逆的、轻微的扰动不视为损害。

2. 理解优先

在测绘作业过程中，应充分理解古建筑的遗产价值，认识、分析、研究测绘对象的基本特征，以及特定的地域、时代、类型和风格特征及其相关规律。基本特征的内容包括但不限于：建筑环境、造型、空间、装饰等基本特征；建筑的结构、材料、构造，以及设计、建造逻辑等；相关历史文化背景、内涵和价值。

3. 分级实施

测绘应面向需求选择适宜的测绘级别和相应技术方法，合理配置资源。测绘并非无条件追求"越精细越好"，不应脱离实际需求和条件，盲目实施。

4. 可追溯性

测绘应着眼于文物保护全过程信息记录，确保数据可追溯，方便后续利用。测量方法应具有可重复性，实施前有充分准备，过程中有完备记录

---

① 测绘过程中应遵守《工程测量通用规范》GB 55018—2021 中 2.5 的作业安全规定，使用脚手架时应遵守《建筑施工门式钢管脚手架安全技术标准》JGJ/T 128、《建筑施工扣件式钢管脚手架安全技术规范》JGJ 130 和《建筑施工木脚手架安全技术规范》JGJ 164 的安全规定。

和可靠检核，完成后有科学总结。测绘成果应有利于形成有序的信息流，做到可追溯、可延续，即数据能说清楚来源，日后能继续利用或者完善。

5．适时跟进

古建筑测绘通常作为文物保护单位科学记录档案工作的重要组成。从遗产全生命期信息管理的角度看，当古建筑遭受破坏，或者对古建筑进行干预，[①] 在干预之前、干预过程中和干预之后，应及时测绘和记录。古建筑常态下的隐蔽部分在干预过程中得到暴露时，应及时补充测绘、存档。

4.1.2 工作内容和流程

1．工作内容

从工作内容上通常把古建筑测绘分为两大类：总图测绘和建筑测绘。

1）总图测绘

总图测绘相当于对古建筑周边基地的地形测绘，是对建筑、构筑物空间分布及其周边地形起伏状况、各类环境要素分布情况等地理信息进行采集、量测、处理和表达的技术活动。主要成果除总平面图外，有时还需要绘制组群剖面图、立面图、鸟瞰透视表现图等，展示竖向关系和组群构图等。有条件的还可以建立地理信息系统。总图测绘内容参见第 6 章。

2）建筑测绘

建筑测绘特指对单体建筑的测绘，是对古建筑的形体、空间、结构以及构造节点的形态、大小、空间位置，以及连接关系等空间几何信息进行采集、量测、处理和表达的技术活动。主要成果一般包括建筑的平面、立面、剖面图和详图等，有条件的可以创建三维模型或建筑信息模型（BIM）。建筑测绘相关内容参见第 7~10 章。

2．基本工作流程

总图测绘和建筑测绘可以并行，也可以分别组织。整体来说，基本流程包括前期准备、数据采集与成果制作、成果存档等三大阶段。基本流程，如图 4-1 所示。

1）前期准备

前期准备是指测绘正式开始前的准备工作阶段，内容包括需求收集、文献收集与分析、现场踏勘、技术设计、管理与安全工作安排等。前期准备的具体工作和注意事项，参见第 5 章。

2）数据采集与成果制作

这是最核心的工作阶段。总图测绘又分为控制测量、碎部测量和总图测绘成果制作等步骤；建筑测绘又分为测稿编绘、控制测量、建筑测量、建筑测绘成果制作等步骤。

关于总图测绘的流程和操作参见第 6 章；建筑测绘中的测稿编绘参见第 7 章，与测稿编绘密切相关的摄影记录参见第 11 章，建筑测量操作参见第 8、9 章，建筑测绘成果表达参见第 10 章。

[①] 为保护和利用古建筑而实施的工程技术措施，通常会对文物本体产生不同程度的扰动，因此这类活动统称"干预"（Intervention）。

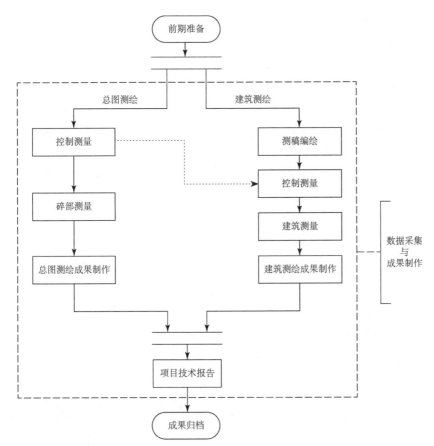

图 4-1 古建筑测绘工作流程图

测绘实施单位应对其总图测绘和建筑测绘成果的自行检查和校核，统一撰写项目技术报告，并接受第三方专业性审查与验收。

3）成果归档

所有测绘成果应归档管理，包括测稿、测绘技术报告、二维线划图、照片等，所有成果宜同时以数字化形式保存电子文件。

4.2 古建筑测绘的分级

这里的分级特指建筑测绘的分级。总图测绘由于在常用、可用比例范围内（表 4-2）要求差别不大，无需专门分级。

分级目的是根据具体需求确定恰当的测绘范围、成果表达内容以及与之配套的技术手段和实施方案，使测绘工作的人力、物力、财力达到有效而合理的配置。从分级实施原则出发，测绘人在测绘成果中有责任声明测绘选用的等级，让测绘成果使用者"明明白白"。

4.2.1 比例选择与图纸深度和测量精度

古建筑测量操作与成果表达应选择恰当的比例。因为测量精度的设定和图纸深度与制图比例三者是密切相关的，所以有必要先讨论一下它们之间的关系。

人眼对细小对象的分辨能力是存在极限的。当图上两条线间距小于 0.1mm 时人眼就会将两条线看成一条线。若比例为 1∶50，则图上 0.1mm 代表实际 5mm。这意味着，在 1∶50 图面里，比 5mm 小的特征物在图上是画不出来的，它代表了图纸表达细节的详细程度，习惯上也称图纸深度；同时，测量精度也应满足表达 5mm 特征的最低要求。因此，相当于图上 0.1mm 的实际长度也代表了测量的准确程度，测量学里称为比例尺精度（表 4-1）。简单说，比例越大，要求测量精度越高，反映的细节越详细。

表 4-1　常见比例与比例尺精度对照表

比例	比例尺精度（mm）
1∶500	50
1∶200	20
1∶100	10
1∶50	5
1∶30	3
1∶20	2
1∶10	1

因此，选择比例并不是随意的，需要同时考虑表达深度和测量手段所能达到的精度。一旦选择了某一比例，也就选择了相应的精度要求（表 4-5）。比例是个制约性的因素，即使采用计算机辅助制图，也不意味着可以"无极"放大。无条件盲目追求精度在测量中既不可行，也没有实际意义。

由此可知，比例应该在测量之前就应明确，而不能等到制图时再确定。与常见的现代多层建筑相比，中国古建筑一般体量较小，除少数例外，最大轮廓尺寸多在 35m 以内，细部、装修等又较为复杂，若比例尺太小，则不利于细节的表达；同时考虑常规仪器和手工测量所能达到的精度，所以在古建筑测绘中一般将 1∶50 作为平面、立面、剖面图最常用的比例。如果建筑体量过小或过大，可以略作缩放，通常不宜小于 1∶100（表 4-2），而且也不能超出测量手段所能达到的精度。古建筑测绘平面、立面、剖图的表达深度，一般超过建筑方案设计和施工图设计中相应图纸（常用比例分别是 1∶200 和 1∶100）的深度要求。

表 4-2　古建筑测绘常用比例

适用范围		比例
建筑总平面图	常用比例	1∶500
	可用比例	1∶200、1∶300、1∶1000、1∶250

续表

适用范围		比例
建筑平面图、立面图、剖面图、梁架仰视平面图	常用比例	1：50、1：100
	可用比例	1：30、1：40、1：60、1：80、1：150、1：200
建筑局部放大图		1：10、1：20、1：25、1：30、1：50
构造详图		1：1、1：2、1：5、1：10、1：15、1：20、1：25、1：30

4.2.2 精度分级与广度分级

根据《规程》的相关规定，建筑测绘可从测绘精度、测绘广度两方面进行评价、分级。

1．测绘精度分级

按测绘精度将古建筑测绘由高到低分为特级、一级、二级、三级四个等级。其中特级适用于建筑变形监测，[①] 其精度取决于建筑的结构形式、变形速率、扰动情况、破坏限值等因素，难以一概而论，但宏观上精度要求最高。一级、二级和三级测绘精度指标见表 4-3 和表 4-5，其中后者是按表 4-3、表 4-4 给出的公式和数据计算得到，方便查阅对照。

① 应按《工程测量标准》GB 50026-2020 执行。

表 4-3 建筑测绘精度指标

等级	控制测绘精度指标		碎部测绘精度指标（复测误差容许值）			
	图根点点位中误差	图根点高程中误差	通尺寸	结构性构件		细小构件(mm)
				长向	短向	
一级	$0.1 \times M$	$\frac{1}{10}K$	1/3000	1/2000	1/60	3
二级	$0.2 \times M$	$\frac{1}{5}K$	1/2000	1/1000	1/50	±5
三级	$0.2 \times M$	$\frac{1}{5}K$	1/1000	1/500	1/30	±8

注：M 为比例分母，K 为基本等高距参见表 4-4。
（资料来源：《文物建筑测绘技术规程》报批稿）

表 4-4 基本等高距

比例	基本等高距(m)	比例	基本等高距(m)
1：500	0.5	1：50	0.05
1：300	0.3	1：30	0.03
1：200	0.2	1：20	0.02
1：100	0.1	1：10	0.01

（资料来源：《文物建筑测绘技术规程》报批稿）

表 4-5　常见绘图比例与建筑测绘控制测量精度指标对照表

比例	一级		二、三级	
	图根点 点位中误差 (mm)	图根点 高程中误差 (mm)	图根点 点位中误差 (mm)	图根点 高程中误差 (mm)
1：10	1	1	2	2
1：20	2	2	4	4
1：30	3	3	6	6
1：40	4	4	8	8
1：50	5	5	10	10
1：100	10	10	20	20
1：200	20	20	40	40

注：本表是利用表 4-3 公式和指标计算的结果。
(资料来源：《文物建筑测绘技术规程》报批稿)

除特级外，一、二、三级分别与后文中广度分级中的全面、典型和简略测绘对应如下：

1) 一级：一般适用于全面测绘；
2) 二级：一般适用于典型测绘；
3) 三级：适用于简略测绘。

2．测绘广度分级

根据数据采集和表达所覆盖的建筑构件与部件的空间分布及密集程度，可将古建筑测绘分为全面测绘、典型测绘、简略测绘三个等级，相关的测量工作和成果表达要求，参见第 8~10 章。

1) 全面测绘

全面测绘是全面详实反映文物建筑形体、空间、结构、构造的测绘，数据完整地覆盖建筑的控制性尺寸，以及可测量的各个构部件，能提供全面、详细的信息索引框架。

2) 典型测绘

典型测绘是较全面反映文物建筑形体、空间、结构、构造的测绘，数据覆盖建筑的控制性尺寸，以及代表建筑基本特征的典型部件和构件，能提供比较全面的信息索引框架。

3) 简略测绘

简略测绘是测量工作深度未能达到典型测绘标准的测绘，数据覆盖建筑的重要控制性尺寸，以及代表建筑基本特征的一些重要典型构部件，只能提供部分重要的信息索引框架。

3．如何确定级别：典型测绘还是全面测绘

从以上精度和广度分级来看，精度分级基本与广度分级对应，因此，关键是如何确定广度分级。略去不太常用且容易理解的简略测绘，主要问题是在"全面测绘"和"典型测绘"之间如何作出选择？

1）"全面"和"典型"的由来

如果将测绘调查中的数据采集过程视为统计调查，问题就比较容易理解。① 统计调查常用方法分为全面调查和抽样调查。全面调查指对调查对象进行逐个调查。这种方法所得资料较为全面可靠，但花费的人力、物力、财力和时间成本都较高。抽样调查指从全部调查对象中抽选部分单位进行调查，并据以对全部调查对象作出评估和推算。这种方法能够获得与全面调查相近的结果，且较为经济。

显然，全面测绘对应"全面调查"的概念，典型测绘对应抽样调查中非随机抽样的"典型抽样"概念，即对调查对象的特点和规律性有一定掌握的情况下，可选择若干有代表性的单位进行调查。

2）作为"底图"的测绘图

本书绪论中谈到测绘对建筑学、遗产保护的历史意义和现实价值，但它具体是如何发挥作用的呢？测绘图最基本的功能是提供测绘对象的可视化形象和尺寸，而利用测绘图的方式往往是让测绘图充当"底图"的角色，也就是作为"底层数据"为其他相关调查研究提供"信息索引框架"。古建筑除了空间几何信息之外，还存在诸如材料、年代、结构稳定性、病害损伤、特殊痕迹等相关属性。这些通常需要通过其他技术手段和研究方法进行采集和分析，由此而产生的数据信息需要关联到建筑的具体部位或构件。因此，以测绘图为"底图"或"操作平台"，其他各类信息属性以及相关分析、计算，皆可进行标引、附加、链接、整理和修改，形成"专题图纸"，如勘察实测图、设计图、竣工图、分析图、表现图等。测绘图的角色是底层数据，是信息的索引框架。

既然是一个底图或者索引框架，只要能满足相关属性信息标引的需求，是否非要底层框架非常完美、"忠实"地表达建筑的"现状"？细节上的微小差异、变形甚至缺陷，是不是必须要表达出来？这又涉及建筑各部分差异性和规律性的问题。

3）差异性和规律性

如果从测绘对象上大量采集点的坐标，并且按照获取的坐标值将对象呈现，这就是三维激光扫描得到的点云。点云模型可以说"忠实"地表达了它所覆盖的每个点的位置，这可以理解成为接近百分之百地表达了对象的差异性。举例来说，同一排柱子，根据实测数据，它们绝对不会严格"对齐"。将柱子中心点连线，得到的一定是折线，形成的柱网也不可能是正交的矩形方格（图 4-2a）。但是，正像本书在第 1 章绪论中强调的古建筑测绘特有属性，测绘的任务还要寻找潜在的规律性，还原建筑的设计和建造逻辑。因此，只要位置差异没有超出一定限度，还是会把柱网理解为正交对齐的，如果按这种理解去作图，则可称为表达建筑的"规律性"（图 4-2b）。记录差异性和记录规律性，构成一对矛盾，两者之间的关系参

① 长期以来，文物界一定程度上约定俗成的"现状测绘"和"法式测绘"，大致与"全面测绘"和"典型测绘"相当，依据抽样理论提出的新表述方式，更贴切、科学、规范。

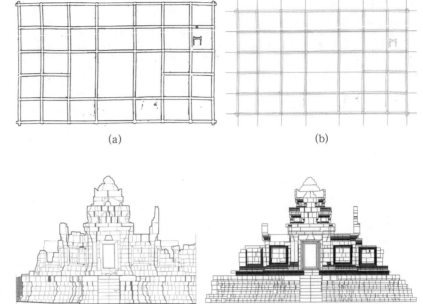

图 4-2 柱网的差异性和规则化重建
(a) 点云呈现的不规则柱网；
(b) 通过遗传算法得到的规则化柱网

图 4-3 测绘图表达差异性和表达规律性比较示意图
(a) 按点云数据绘制的立面图，表达了构件形状及空间位置的差异性；
(b) 表达了某些规律性的立面图（如所有砌体横缝都接近水平），由"规则化重建"的 BIM 模型生成

见表 4-6、图 4-3。然而，绝对的差异性和绝对的规律性处在事物的两极，实践中需要的其实是两者之间的平衡，换言之，需要寻找差异性和规律性之间的"最优解"。

表 4-6　表达差异性和表达规律性比较

	表达差异性	表达规律性
表达基础	坐标数据	坐标及各类关系（如关联性、约束性）
表达侧重	表面现象	内在本质和规律
细节表达	表达微小的差异、变形或缺陷以体现"差异"	忽略微小的差异、变形或缺陷以体现"规律"
表达意义	缺少建筑空间内涵和设计建造逻辑	包含已知的建筑空间内涵和设计建造逻辑

4）分级适用性原则和示例

综上所述，在对古建筑进行研究、保护、管理和利用时，应针对具体的测绘目的和需求，并考虑现场条件和技术经济条件来确定测绘级别。是不惜花费更多的人力、财力、物力和时间，追求一个全面、完美反映现状，复杂但缺乏规律性表达的索引框架呢？还是追求较高"性价比"，得到一个能满足实际需要的、比较全面且包含已知规律性的索引框架？选择前者就是全面测绘，选择后者就是典型测绘。

将测绘过程视作高效省力的抽样调查，将测绘图视作提供底图的索引框架，让测绘图表达规律性，这三个方面都支撑了典型测绘存在的合理

性。实际上，在文物保护实践中如果不是遇到特别重要和复杂的情况，也往往采用"性价比"较高的"典型测绘"方式。典型测绘与全面测绘的区别与联系参见表 4-7。

表 4-7 全面测绘和典型测绘比较

	全面测绘	典型测绘	备注
索引框架／成果表达	全面	较全面	
精度标准	一级	二级	
规律性／差异性	侧重差异性	侧重规律性，寻求差异性和规律性的平衡（最优解）	
适用对象	复杂、重要的建筑、项目；需要体现差异性的	对规律性了解较充分的建筑；需要侧重表达规律性的	
制图依据	以现状尺寸为主	以样本尺寸为主	
成本	较高	较合理	
习惯称谓	"现状测绘"	"法式测绘"	也有将简略测绘称为"法式测绘"的

表 4-8 是以常见测绘需求为例推荐的相应精度和广度级别对照。需要注意，受测绘具体需求、现场条件和技术条件的影响，具体的精度和广度要求在实践中存在差异，即使在同一建筑内也无法完全取得统一。例如：对无法到达或无法观测的部位，不可能提出精度要求；与测绘目的无关的次要部位，图纸深度可以降低要求。因此，可根据实际情况进行适当的局部调整，但应将调整内容明确写入项目技术报告。

表 4-8 建筑测绘常见需求与精度、广度分级对照表

常见需求	测绘广度分级			测绘精度分级			
	全面测绘	典型测绘	粗略测绘	一级	二级	三级	特级
解体式保护工程勘察和设计	△	▲		△	▲		
文物建筑迁建工程勘察和设计	△	▲		△	▲		
对重要文物建筑的全面勘察和综合研究	▲			▲			
一般性保护工程的勘察和设计	△	▲		△	▲		
为文物建筑建立科学记录档案	△	▲		△	▲		

续表

常见需求	测绘广度分级			测绘精度分级			
	全面测绘	典型测绘	粗略测绘	一级	二级	三级	特级
对文物建筑的一般性研究和评估	△	▲		△	▲		
保护工程施工记录	△	▲		△	▲		
保护工程竣工图	△	▲		△	▲		
文物建筑普查		△	▲		△	▲	
文物保护规划与研究		△	▲		△	▲	
建筑组群与街区布局研究		△	▲		△	▲	
宣传展示与普及教育	△	△	▲	△		▲	
建筑细部研究	—	—	—	△	▲		
变形监测及安全评估	—	—	—				▲

注：▲ 表示应达到的级别，△ 表示可以选择的级别，— 表示根据具体需求确定级别。
（资料来源：《文物建筑测绘技术规程》报批稿）

4. 古建筑测绘教学的分级定位

建筑院校组织学生参加的古建筑测绘，一般定位在建筑处于常态下以研究为目的测绘，至少达到典型测绘和二级精度要求。若结合建筑史研究或遗产保护的科研、生产实践，则可参考表 4-8 另行确定级别。

4.3 古建筑测绘常用测量技术与装备

4.3.1 常用测量技术概览

1. 可用的测量技术

本书第 2.4 节介绍了点位测定的若干基本方法。这些方法的具体落实和运用，就形成了各类测量技术。古建筑测绘中，传统上使用**手工测量**，即利用钢尺等简易测量工具完成数据采集，并基于直角坐标法、距离交会法进行平面定位和竖向定位的测量方式。随着技术进步，又先后使用平板仪、水准仪、经纬仪、全站仪等地面测量仪器和技术。20 世纪末至 21 世纪初，卫星定位、三维激光扫描和摄影测量技术飞速发展，在古建筑测绘中也得到广泛运用。

按照相关研究，可用于建筑测绘数据采集的技术，如图 4-4 所示，包括传统的手工测量、实拓、全站仪测量、卫星定位技术、三维激光扫描、数字摄影测量、卫星遥感等。面对不同尺度的对象和不同需求，每种技术各有优势和局限，目前尚不能完全互相取代，都有自己一席之地。实践证明，古建筑测绘往往需要综合利用各种技术。

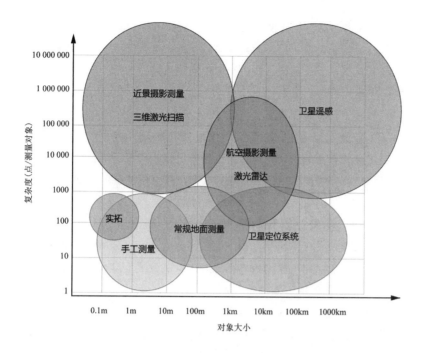

图 4-4 用于三维数据采集的常用技术
(资料来源：摹自 Wolfgang Böhler 在阿姆斯特丹 2001 年 CIPA 国际会议上的幻灯演示)

2. 常见技术组合

1) 总图测绘

总图测绘的控制测量和碎部测量，经常选用卫星定位、全站仪、水准仪等设备和相应的技术方法；有条件的可以组合使用三维激光扫描和无人机摄影测量等技术；技术经济条件不具备时，也可选用较为简易的钢尺、平板仪、经纬仪和水准仪等传统测量仪器开展测量工作。具体方法和技术参见第 6 章。

2) 建筑测绘

建筑测绘的情况稍微复杂，按建筑测量（碎部测量）的数据采集手段，大致可分成三种技术组合方式或工作模式：手工测量为主、手工测量辅以常规地面测量仪器，以及激光扫描或摄影测量与手工测量相结合。当然，三种方式都需要相应的控制测量，其方法技术与总图控制测量基本相同。

(1) 模式一：三维激光扫描和 / 或摄影测量与手工测量

将三维激光扫描和 / 或摄影测量技术，包括地面近景与无人机倾斜摄影测量，结合手工测量，是目前比较先进的测量技术组合方式，也是本书推荐的方式。这种方式可以充分发挥新技术快速、批量数据采集和空中采集的优势，以机动灵活的手工测量作为辅助和补充，适用于全面和典型测绘的大多数场景。但是，这种方式整体技术难度较大，成本较高。

(2) 模式二：常规地面测量仪器辅助下的手工测量

以手工测量为主，结合全站仪、水准仪等常用地面测量仪器，可以将测量仪器的严密精确和手工测量的机动灵活结合起来，也是目前技术经济条件下较好的选择。测量仪器不仅可以展开控制测量，还可以完成重要控制性尺寸测量，如屋面上的屋脊、檐口、翼角曲线等处重要特征点的坐标和高程，尤其对庑殿、歇山顶或重檐屋顶，完全依赖手工测量往往精度和效率都非常低，而使用全站仪进行测量就是很好的选择。总的来说，这种方式要求难度适中，成本合理。

（3）模式三：手工测量为主

基本依靠手工测量，或结合平板仪、水准仪等简易测量仪器，是早期技术经济条件有限时的常规选择。这种方式技术难度不高，但要想获得较高精度和广度，需要付出的人工成本很大。可根据需要用于简略测绘。

4.3.2 常用测量仪器和器材

用于古建筑测绘的常用仪器、工具和器材大致可分为测量仪器、手工测量工具、摄影器材、辅助器材和工具，以及绘图工具和设备等，开展测绘时可酌情选用。

1. 测量仪器

常用测量仪器包括以下几种（图 4-5）：

1）水准仪、全站仪、平板仪、罗盘仪、卫星定位系统等测量仪器；

2）全站仪、三维激光扫描仪等组成的三维激光扫描系统；

3）全站仪、数字相机、无人机等组成无人机倾斜摄影和近景摄影测量系统。

关于以上测量仪器的介绍参见第 2 章、第 3 章。

2. 手工测量工具

常用手工测量工具包括以下几种（图 4-6）：

1）钢卷尺（钢尺）、皮卷尺、小钢尺、手持式激光测距仪：距离测量最常用的工具；

图 4-5 古建筑测绘常用测量仪器

水准仪　　全站仪　　平板仪　　罗盘仪

卫星定位地面接收机　　三维激光扫描仪　　数字单反相机　　航拍无人机

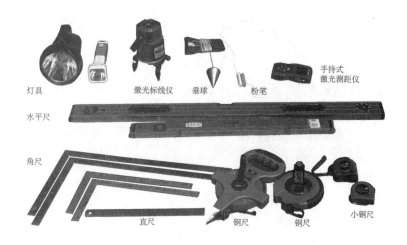

图 4-6　常用手工测量工具

2）水平尺、垂球和细线、激光标线仪：在测量中临时建立水平标志线（面）及铅垂标志线（面）时的工具；

3）角尺：可与水平尺、小钢尺配合使用，也可直接测量细小尺寸；

4）宣纸和复写纸：用于拓样。

3. 摄影器材

包括单镜头反光数码相机、普通小型数码相机、全景摄影相机、三脚架、摄影灯等。

4. 辅助装备和器材

1）架高举升器材

包括梯子、脚手架、升降平台等，为测量、拍摄或扫描建筑较高部位提供工作平台等（图4-7）。

2）安全防护装备

包括：安全帽、保险绳、保险带、警示服（背心）、口罩、手套，以

(a)

(b)

(c)

图 4-7　常用架高举升设施
(a) 人字梯；
(b) 门式脚手架；
(c) 升降平台

及抗寒、防暑、防雨、防晒、防蚊虫、防尘用品等个人劳动保护用品；警戒线、路锥、警示牌等用于隔离、警示的装备。

3）照明灯具

如手提式探照灯、头灯等，用于光线不足之处的观察、测量。

4）标记工具

包括粉笔、记号笔、斧子、木桩、钉子、细线等，制作或标划临时控制点、标志点、标志线等。

5）通信设备

如对讲机，用于远距离实时对话沟通。

6）绘图工具和设备

包括铅笔、橡皮、尺规、画夹、测稿用纸、速写本等常规绘图工具，以及计算机、笔记本电脑、平板电脑及压感笔、打印机、扫描仪等相关外围设备。

4.4 古建筑测绘成果概述

4.4.1 测绘成果的多元化发展

在测量或数据采集技术不断发展的同时，对数据信息的表达形式和技术也在不断进步，加上遗产保护精细化发展和相关观念的更新，使得古建筑测绘的成果呈现多元化发展的新局面。

如表 4-9 所示，传统认知上，测绘成果主要就是测绘图，习惯上多指二维线划图，也就是常说的平面、立面、剖面图。规范的成果还应包括文字报告、数据图表、照片等。如需增强表现力，可选择重要建筑绘制渲染图、制作实物模型等。

20 世纪 90 年代以来，传统的手绘图纸被计算机辅助制图（CAD）所替代，虚拟的三维模型成为制作渲染、动画的主要技术。全景摄影丰富了摄影的手段和形式，成为一种低成本虚拟现实手段。三维激光扫描和数字摄影测量技术，可生成点云模型和真实纹理的网格面模型。地理信息系统（GIS）和建筑信息模型技术（BIM）普及以来，古建筑测绘又可产生信息化成果，测绘产品可以不再局限于纸质成果，建立建筑遗产全生命期信息管理系统以提供遗产信息服务的方式成为可能。

通过以上成果形式的改变，读者应能更直观了解测绘技术的进步和变革。

4.4.2 测绘图一般要求

尽管测绘成果在内容、形式、媒介等方面已经多元发展，但到目前为止，二维测绘图纸仍是主流的工程技术文件交付形式，也是文物保护单位建立科学记录档案、文物保护工程实施等文物保护工作中法定的交付形式。

表 4-9　测绘成果形式示例

成果形式	说明	示例
测绘图	以往以手绘为主，至 20 世纪末 21 世纪逐渐改由计算机辅助制图	
文字报告	一类是测绘实施的技术报告；另一类是古建筑的调查研究报告	
数据图表	测稿、手簿、现场记录、拓样、数据表、分析统计图表等	
渲染图	采用阴影或不同色彩绘制的建筑立面图、透视图等，可生动再现测量对象的外形、光影、色彩和气氛等	
实物模型	按比例用适当的材料制作的实体模型	
摄影、摄像资料	记录测量对象基本特征的和测量工作方法的摄影、摄像资料，内容涉及建筑的环境、空间、造型、色彩、结构、装饰、附属文物等信息	

续表

成果形式	说明	示例
全景影像	用全景摄影技术拍摄的360°全景、互动式的照片	
计算机模型、动画	根据测量对象的形式和结构按测量数据建立的计算机虚拟三维模型，可进一步生成三维动画视频等	
点云数据	用三维激光扫描技术获取的向量影像数据，可以直接进行空间量测，也可利用点云建立立体模型	
虚拟现实与增强现实	借助计算机及相关硬件，产生逼真的虚拟场景，并能推送相关信息和应用	 

（此图由苑思楠制作）

续表

成果形式	说明	示例
地理信息系统	将地理信息系统应用于建筑遗产的一种方式，常用于表达和分析大尺度的遗址、组群和文化线路等	
建筑信息模型	依据测绘数据、图纸和其他信息建立的数据库和信息管理系统	

1. 内容

测绘图至少应包括图纸目录、总图测绘图和建筑测绘图。关于总图测绘图和建筑测绘图的具体内容和深度要求，分别参见第 6 章和第 10 章。

2. 格式

测绘图的大部分格式要求，与常见的建筑工程图纸是相同的，均应符合《房屋建筑制图统一标准》GB/T 50001、《总图制图标准》GB/T 50103、《建筑制图标准》GB/T 50104、《建筑结构制图标准》GB/T 50105 等标准（以下统称"制图标准"）的相关规定，主要包括：图纸幅面规格与图纸编排顺序、图线、字体、符号、图样画法、定位轴线、材料图例、尺寸标注，以及计算机辅助制图文件、图层设置要求等。限于篇幅，以上事项不可能一一赘述，但其中一些重要的或容易混淆的内容将在第 6 章、第 10 章结合示例厘清、讲解。

除此之外，参照《规程》的相关要求，本书强调以下对古建筑测绘图的专门要求：

1）比例的选择应符合表4-2的规定，并在测量精度和表达深度上与所选比例相匹配；

2）各视图中的相互关联数据应反复对照检核使其保持一致；

3）测绘中未探明的对象，其形式、尺寸、材料组成宜采用留白形式表达，并注记"未探明"；分析推测的内容和数据不应与实测内容和数据相混淆；

4）图纸标题栏内容一般应包括：项目名称、保护单位名称、建筑名称、图名、图号、比例、测绘单位、测绘人、绘图人、校对人、项目主持人、审核人、审定、测绘日期等。

对总图测绘图和建筑测绘图的相关步骤、要求和技巧，参见第6章和第10章。

第 5 章　前期准备

为达到古建筑测绘的预定目标，安全、顺利地完成测绘任务，测绘团队在进入现场测绘之前，应做好前期准备工作，包括需求和资料收集与分析、现场踏勘、项目技术设计，以及相应的组织管理工作和安全管理等。参与者个人也应做好必要的心理建设和准备。

5.1　需求和资料的收集与分析

1. 需求收集

首先要了解委托方的意愿，明确测绘项目的需求，包括测绘目的、测绘内容与成果要求，以及应遵守的相关法规和标准。

2. 资料收集与分析

遵循"理解优先"的工作原则，还需要了解被测对象的特征和遗产价值，了解其历史沿革和保存现状，尽可能搜集相关档案和图文资料，包括但不限于：

1）文物保护单位记录档案和其他相关档案、研究文献资料；

2）被测对象所在地的工程地质、水文、气象资料；

3）被测对象及其环境的地图、地形图、历史照片、航拍照片、已有测绘图、保护工程图档。

一般来说，上述资料可到相关文物主管部门、规划建设部门、图书馆、档案馆查阅或利用可靠的相关网络资源查阅。

通过文献资料的阅读和分析研究，应梳理出一些基本信息，包括但不限于文物保护单位名称、区位、规模、文物构成、年代、历史沿革、价值阐述、形制特征等。同时，对发现的疑问或问题进行总结，以便在后续测绘调查过程中尝试加以解决。

对已有测绘资料的，应该持正确态度。只有独立完成新的测绘，才能保证质量，修正旧图上可能的错误，获得新的发现。

5.2 踏勘现场

测绘前应派有经验的人员提前到达现场详细踏勘,并与委托方接洽,确认必要的工作条件和要求。现场踏勘的目的和基本任务包括:

1) 确认测绘的工作范围,如测区范围、列入项目的建筑、构筑物等;

2) 了解建筑的复杂程度,确定测绘技术手段,初步拟定人员、设备的组织调配及工序、时限等;

3) 确定测量可到达的范围与部位,初步拟定所需脚手架、梯子等架高举升装备和照明设备的种类和数量;

4) 了解现场条件,初步拟定人员安全防护措施和文物保护措施;

5) 了解测绘现场的交通、工作条件,与相关管理方约定现场的管理方式和作息时间。

前期踏勘的结果,可填写"**古建筑测绘前期调查表**",见附录 C。

5.3 项目技术设计

技术设计就是依据有关标准和项目需求,根据项目合同约定和前期资料分析、现场踏勘结果等,制订一套详细的工作计划,确定项目任务,以及成果的内容、形式、规格、精度和其他质量要求,确定项目实施所用技术标准、建筑测绘分级、作业方法、仪器设备、软件系统、质量控制要求,以及文物保护措施等,形成项目技术设计书。技术设计书大致可包括以下内容。

1. 项目概况

说明被测对象的基本情况,包括建筑形式、风格特征、年代等;测区范围、地理特征、交通条件、人流密度、最适宜工作时间、气候情况;管理方或使用方的特殊要求等。

2. 任务概述

说明项目来源、目的、任务,以及成果内容、形式、规格、精度和其他质量要求。

3. 已有测绘成果的分析评价

说明已有资料类型、数量、质量标准、测绘单位和测绘时间等基本信息,并对其可用性作出分析评价。

4. 设计原则

说明项目技术设计的基本原则。

5. 总图测绘实施方案

说明项目所采用的测量基准,项目实施所用技术标准、精度设计、作业方法、仪器设备、软件系统,以及质量控制要求。

6. 建筑测绘实施方案

说明项目实施所用技术标准、精度级别、广度级别、作业方法、仪器设备、软件系统以及质量控制要求。

7. 文物保护措施

说明项目实施中采取的文物保护措施等。

8. 组织设计

说明人员、设备的组织调配,以及项目实施的工序和工限等。

9. 测绘成果

说明最终测绘成果文件的内容、规格、数量、形式,以及质量标准。

5.4 组织管理与安全管理

1. 组织管理

前期的组织管理,应按照技术方案设计的要求,对人员、设备、资金、后勤保障等工作作出必要的安排与部署,以利于后续工作的开展。除必要的基本工作外,以下工作应引起重视:

1)所有测绘仪器和工具使用前应按照校验程序进行自检校;需计量检定的仪器设备,应按有关技术标准规定送有资质的机构进行检定;对相关软件进行测试或进行必要的升级和维护;

2)若采用技术组合模式一,即三维激光扫描或摄影测量采集数据与手工测量相结合的工作方案时,应安排好两组人员的作业工序,先获取点云数据,再进行手工测量,避免互相干扰,提高工作效率和针对性;

3)对参与者进行安全培训和必要的技术培训,对参与专业多、人员规模大的测绘项目(如组织古建筑测绘教学活动),建议制作工作手册,汇总相关基础资料、工作方案、日程计划等,便于协同工作;

4)为提高现场工作效率,应提前与管理方进行沟通,使对方充分理解测绘工作流程、对其日常可能造成的影响,约定具体协作方式、出入管理和作息时间等;

5)若需第三方参与,应提前确定合作方式和时限等;例如,测绘需搭设复杂的脚手架,应提前落实相关器材和施工单位,以免影响测绘进度。

2. 安全管理

虽然本章讲述的是前期准备,但需要强调的是,安全管理应贯穿现场工作的始终。

1)不安全因素

首先了解测绘现场可能存在的不安全因素,包括但不限于以下事项:

(1)与高空/高处作业相关的因素,如楼梯/坡道陡峻、高台基无栏杆或栏杆低矮、楼层栏杆低矮、使用脚手架、梯子等,在天花内、屋面上作业,以及可能的高空坠物等;

（2）对正常行动造成障碍的因素，如光线昏暗、廊道狭窄、门或楼梯净高不足，现场存在安全防护的刺状物、低于正常身高的横拉线缆、绳索，地面坑洼不平、湿滑，门槛过高，存在坑洞、单步台阶等；

（3）用电安全的因素，如现场存在明线等；

（4）附属文物及防护设施，如存在塑像、壁画、陈设等固定设施，存在安防、消防、防雷、监测设施、设备等；

（5）有碍身体健康的因素，如激光设备可能引起的照射、辐射伤害，现场存在灰尘、粪便、异味，以及威胁人员安全的动物（如狗、马蜂、蛇等）。

2）安全管理内容

从前期准备到现场作业，安全管理的内容包括但不限于以下内容：

（1）在现场踏勘阶段，应对现场进行安全评估，排除安全隐患，制订安全责任制，形成具体的安全守则和注意事项，并制订应急预案；以上内容可体现为"测绘现场安全评估表"（附录B）；

（2）进入现场工作前，应成立应急小组，在紧急情况下协调解决突发事件；

（3）进入现场工作前，应对测量人员进行安全培训，落实安全守则、注意事项和安全责任制；

（4）进入现场工作前，准备所需劳动安全防护用品，如安全帽、安全带、警示服、警示牌，以及抗寒、防暑、防雨、防晒、防蚊虫、防尘用品等；测量人员在现场应根据需要配备上述用品和装备，确保人身安全和健康；

（5）现场应设置安全警示标志或设施，并阻隔无关人员进入危险区域；

（6）以确保文物安全为前提，在对古建筑最小扰动的前提下实施测绘；对测量行为可能损坏的文物，应在采取可靠的保护措施后实施测量；

（7）高处作业宜搭设脚手架，脚手架搭设除应遵守保护文物的要求外，还应符合脚手架搭设的安全规范。

5.5 心理建设和准备

以上4节内容都是针对测绘团队整体而言的，但对个体参与者来说，还需要做好思想和心理方面的准备，有利于顶住压力，在思想和情感领域得到磨炼和提高。

1. 安全意识

"安全第一"是古建筑测绘贯彻始终的法则，每名参与者都应当牢固树立、强化安全意识。进入测绘现场工作之前应当认真参与安全教育培训，充分了解现场安全评估结论，遵守安全守则，履行安全职责。

2．迎接挑战

实际的测绘工作往往会遭遇很多困难，对参与者来说是一项很有挑战性的工作。测绘的外业工作条件艰苦，内容相对枯燥，体力和精力消耗较大。若在夏季测绘，不仅是挥汗如雨，酷热难当，而且还有蚊虫叮咬，甚至偶尔面临马蜂、蝎子等攻击性较强的生物威胁。闷热的天花里，接触到的是粉尘、鸟粪、蝙蝠，甚至刺鼻的异味。不可回避的高空作业多少带有一定的危险性。这些都要求参与者应当做好吃苦的心理准备，克服恐高心理。

测绘工作要求严谨求实，需要保持足够的耐心，认真细致地完成每一环节任务。

另外，测绘工期一般比较紧张，但又必须保质保量完成，也会造成很大压力。这些也都要求参与者有相应的思想准备，积极进行心理调适。

3．团队精神

测绘通常不可能靠某个人一己之力完成，因此要发扬团队精神，处理好与工作伙伴的关系，密切配合，协同工作。

4．探索发现

现实的测绘对象和工作条件不太可能都与教科书上描述得完全一致，需要参与者发挥主动性，灵活运用书本知识，自主发现、思考和创造性地解决各种实际问题。

更重要的是，参与者还应当意识到，测绘实践是提高感性认识、验证书本知识的机会，但更应成为探索发现之旅。每位参与者都应时刻准备着发现以往研究中忽略的问题或者错误结论，为相关学术研究贡献自己智慧。期待个人学习过程能够完成一个从解剖麻雀、举一反三到探索发现的升华。

5．社交与沟通

一般来说，测绘对象都有使用者或者管理者，还常有游人参观，所以还要做好社交、礼仪方面的准备。工作中需要礼貌待人，主动沟通，互谅互让，处理好与管理者、使用者、游人等各方人士的关系，为完成测绘任务创造有利条件。

第 6 章 总图测绘

总图反映建筑组群中单体建筑之间及单体建筑与周围环境（地势高低起伏、树木植被分布、山石沟渠连接、铺地方式）间的关系。

如第 2.2 节所述，总图测绘工作也要遵循"从整体到局部""先控制后碎部"的测量基本原则：首先要在整个建筑组群测绘区域内布设若干控制点并测得这些控制点的位置（平面坐标及高程值），即控制测量；然后分别以这些控制点为测站点，测量这些控制点周围的碎部点（地物、地貌的特征点），即碎部测量（图 2-5）；最后基于控制测量和碎部测量成果，采用图解法或坐标法绘制成图。

6.1 控制测量

为得到足够密度的控制点，控制测量通常采用分级布设、逐级加密的方法。在全国范围内建立的控制网，称为国家控制网；在国家控制网基础上，根据城市、厂矿或区域测量工作的基本要求，布设不同等级的城市控制网或工程控制网。在这些控制网中，直接用于工程测定、细部点放样工作的控制网，称为**图根控制网**。对古建筑测绘来说，图根控制网是控制测量的最末一级，可直接用于测量碎部点。

控制测量包括平面控制测量和高程控制测量，分别用于测定控制点的平面坐标及高程。由平面控制点构成的控制网称为**平面控制网**；由高程控制点构成的控制网称为**高程控制网**。根据实际情况和测量精度需求，古建筑总图测绘中使用的图根控制网，通常皆具平面控制网和高程控制网的作用。

6.1.1 精度指标

根据《规程》相关规定，总图测绘的图根精度指标参见表 6-1。

6.1.2 平面控制测量

平面控制测量的目的是测算控制点的平面坐标值。因此，在新布设的平面控制网中，至少需要知道一个点的平面坐标，用来确定控制网在平面

表 6-1　总图测绘图根测量精度指标

常见比例	图根点点位中误差 (mm)	图根点高程中误差 (mm)
—	$0.1 \times M$	$\frac{1}{10}K$
1：200	20	20
1：250	25	25
1：300	30	30
1：500	50	50

注：M 为比例分母，K 为基本等高距，参见表 4-4。

直角坐标系中的位置（称为**定位**）；同时需要已知一条边的坐标方位角，用来确定控制网在平面直角坐标系中的方向（称为**定向**）。

在总图测绘中，若具备相应条件，平面测量坐标系统宜采用 2000 国家大地坐标系；若在测区内或测区周围没有可用的平面控制点，可采用假定平面直角坐标系。假定测区东南角或测区中央的控制点坐标用来定位，用磁罗盘仪（或陀螺仪）测量与假定定位点联结的某条控制边（相邻控制点连接所成的直线）的磁方位角或真方位角进行控制网定向。

在总图测绘中，常用的平面控制测量方法有导线测量、三角测量和卫星定位测量。

1．导线测量

导线测量是建立平面控制测量的最常用方法。将相邻控制点用直线首尾相接连成的折线称为**导线**，控制点称为**导线点**，两点间的连线称为**导线边**，相邻导线边间的水平角称为**转折角**（已知导线边与未知导线边之间的转折角称为**连接角**）。根据测区情况和测量需要，导线可布设成闭合导线、附合导线、支导线及多个导线组成的导线网（图 6-1）。

依次测量各导线边长度（水平距离）及所有转折角、连接角，根据起算数据（即定向和定位元素），推算各边的坐标方位角和相邻点间的坐标增量，最后求出导线点的平面坐标。

根据测角、测距采用的仪器和方法不同，导线测量可分为：

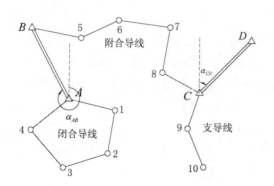

图中点 A、B、C、D 为已知点，α_{AB}、α_{CD} 分别是直线 AB 和直线 CD 的坐标方位角

图 6-1　闭合导线、附合导线、支导线及导线网示意图

1）经纬仪钢尺测距导线：用经纬仪测量各转折角和连接角，用钢尺测量距离，计算各导线点坐标；

　　2）经纬仪红外测距导线：用经纬仪测量各转折角和连接角，用架设在经纬仪上的光电测距仪测量距离，计算各导线点坐标；

　　3）平板仪图解测距导线：用平板仪测量各导线边的方位，通过图解得到各导线点的图上位置；

　　4）罗盘仪钢尺测距导线：用罗盘仪测量各导线边的方位角，用钢尺测量距离，计算各导线点坐标。

　　5）全站仪测距导线：用全站仪同时测量各转折角、连接角及导线边长度（水平距离），计算各导线点坐标。

2．三角测量

　　在场地开阔的区域，平面控制测量可采用三角测量的方式。将所有控制点彼此相连，构成一个以三角形为基本单元的图形，这样的图形称为三角网，如图6-2所示。

　　在实际测量过程中，如果测量了所有控制边（三角形的边长）的长度，通过三角形的边长计算各控制点的坐标，称为测边网；如果测量了所有三角形各内角（水平角）的大小，通过基线边的长度（已知点间的距离）及三角形的内角计算各控制点的坐标，称为测角网。

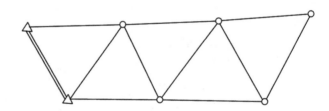

图6-2　三角网示意图

3．卫星定位测量

　　随着卫星定位测量技术的发展，依据测量精度需求，古建筑总图平面控制测量也可采用卫星定位静态相对定位或动态相对定位的测量方式建立控制网，测量控制点坐标。

6.1.3　高程控制测量

　　高程控制测量的目的是测算控制点的高程值。因此，在高程控制网中，应至少有一个已知高程点作为整个高程控制网的高程起算点。在古建筑总图测绘中，若具备相应条件，高程系统宜采用1985国家高程系统；若在测区内或测区周围没有可用的高程控制点，可采用以主要建筑物台基面作为假定水准面的假定高程系统。

　　将已知高程点和待求高程点利用曲线首尾相连，就构成了**高程控制网**。高程控制网的连接方式，决定了高程控制测量外业测量工作的基本方式和平差求解的基本规则。如图 6-3 所示，如果利用曲线将已知高程点和待求高程点首尾相连及外业测量时，从一个已知高程点 BM_1 出发，经过若干个待求高程点后，再回到出发时的已知高程点 BM_1，这样的高程测量路线称为**闭合高程路线**；如果利用曲线将已知高程点和待求高程点首尾相连及外业测量时，从一个已知高程点 BM_1 出发，经过若干个待求高程点后，回到了另外一个已知高程点 BM_2，这样的高程测量路线称为**附合高程路线**；如果利用曲线将已知高程点和待求高程点首尾相连及外业测量时，从一个已知高程点 BM_1 出发，经过若干个待求高程点后，既没有回到出发时的已知高程点，又没有回到了另外一个已知高程点，这样的高程测量路线称为**支高程路线**。在实际测量中，根据测区大小和测量需要，可布设闭合高程路线、附合高程路线、支高程路线及由上述三种高程路线组成的综合高程控制网（图 6-3）。其中，点与点之间曲线称为一个**测段**。

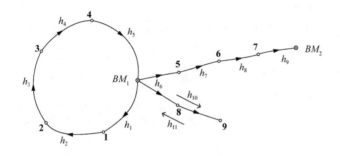

图 6-3　闭合高程路线、附合高程路线、支高程路线及综合高程网示意图

根据高程测量的基本原理及其可达到的精度水平，高程控制测量的通常采用的方法主要有水准测量及三角高程测量，参见第 2.2 节。

需要说明的是：高程控制测量如果采用水准测量的方式，各测段通常由若干个测站组成，相邻高程控制点间的高差测量值等于该测段所有各测站高差测量值之代数和；高程控制测量如果采用三角高程测量的方式，各测段要往返测量，相邻高程控制点间的高差测量值等于该测段往返测量值之平均值。

6.2　碎部测量常用方法

碎部测量就是利用已有控制点测量周围碎部点的工作。在古建筑总图测绘中，碎部点通常包括：房屋角点、建筑台基角点、室外踏步角点、室外固定文物陈设位置、古树名木位置、湖岸线、水迹线、铺地（绿化）分区、地形起伏特征点等。

6.2.1　精度指标

根据《规程》相关规定，总图测绘的碎部测量精度指标，见表 6-2。

表 6-2　总图测绘碎部测量精度指标

比例	碎部点点位中误差（mm）	碎部点高程中误差（mm）
—	$0.3 \times M$	$\dfrac{1}{3} K$
1：200	60	67
1：250	75	83
1：300	90	100
1：500	150	167

注：M 为比例分母，K 为基本等高距，参见表 4-4。

6.2.2　简易距离交会法

在没有适宜的测量仪器可用，且精度要求不高的情况下，碎部测量可利用钢尺或皮尺采用简易距离交会的方法进行。如图 6-4 中，对于一进院落，可在院中选择两点作为测量基线，测量基线长，然后基于基线长利用距离交会法测量各碎部点；对于多进院落，可选择一贯穿整个院落的长基线作为简易控制网，需要时也可以增加一些与长基线垂直的基线作为补充基线。

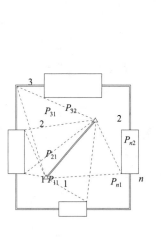
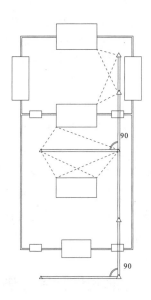

图 6-4　简易距离交会法碎部测量

> ⚠典型错误：默认院墙之间的平行或正交的关系，不进行基线检核，用碎部尺寸叠加成总尺寸或定位尺寸。

6.2.3　经纬仪测绘法

经纬仪测绘法的实质是极坐标法。如图 6-5 所示中，将经纬仪安置在控制点 A，将绘图板放置在测站旁，用经纬仪瞄准另一控制点进行仪器定向，然后测量选定碎部点与测站点及定向点之间的水平角，并同时用视距

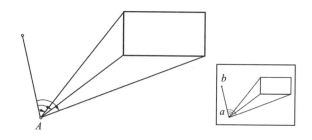

图6-5 经纬仪测绘法碎部测量

测量的方法测量各选定碎部点相对于测站点的水平距离和高差。利用量角器按照经纬仪测得的角度、距离将各碎部点展绘在图纸上,对照实地描绘成图,并注记高程。

6.2.4 平板仪图解法

平板仪图解测绘法是基于角度交会原理,用图解投影的方法,按照测图比例尺(控制点实际距离与对应图上距离之比)将地面碎部点缩绘在图纸上,如图 6-6 所示。利用平板仪图解法测量碎部点时,首先将控制点按照绘图比例绘制在图纸上,利用定位设施(图板对中器)进行图板定位,然后转动图板瞄准相邻控制点进行图板定向,然后利用测图瞄准器逐一瞄准各碎部点,绘制各碎部点与测站点连线的方向线投影;将图板搬至相邻控制点,重复上述工作,根据同一碎部点各方向线相交的原则,得到碎部点的图上位置。

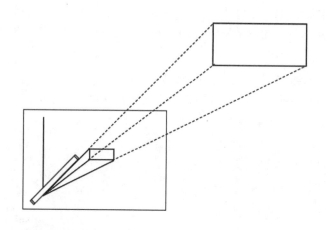

图 6-6 平板仪图解法碎部测量

6.2.5 全站仪坐标法

随着测量装备技术的发展,全站仪坐标法碎部测量得到了广泛应用。全站仪坐标法碎部测量的实质是内、外业一体化数字测图。

当在选定的碎部点上安置全站仪,完成测站设置(仪器定位和定向)后,即实现了将全站仪仪器坐标系纳入总图测量坐标系的目标(图 6-7)。瞄准任一碎部点上放置的棱镜(或无协作目标)进行测量,全站仪即可测量并计算出碎部点在总图测量坐标系中的平面坐标及高程。

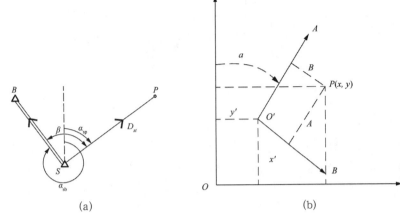

图 6-7 全站仪坐标法碎部测量
(a) 测站设置；
(b) 仪器坐标系与测量坐标系间关系

6.2.6 卫星实时动态定位法

卫星实时动态定位法是卫星相对定位的一种方法。利用卫星实时动态定位法进行碎部测量的基本步骤是：①在测区中央开阔位置安置卫星定位接收机，该接收机在测量过程中保持静止不动状态，称为基准站；②另外一台或几台卫星定位接收机（称为流动站）顺次移动测量各个碎部点坐标。

在这个过程中，基准站和移动站卫星定位接收机同时接收 4 颗或 4 颗以上的定位卫星发射的卫星信号，同时流动站接收机接收基准站发出的自定位信号并进行快速解算。这样，流动站接收机可快速解算出碎部点位置（图 3-8、图 3-9）。

卫星定位得到的坐标值，为 1984 国际协议坐标系坐标，为得到特定坐标系中的坐标值，需要在碎部测量之前或之后进行点校正，参见第 3.1 节。

6.2.7 三维激光扫描直接测量法

利用三维激光扫描方法得到的点云截取总图点云切片或直接基于点云绘制总平面图（图 6-8）。

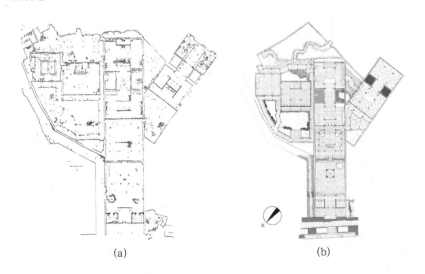

图 6-8 利用三维激光扫描的点云绘制总平面图
(a) 点云切片；
(b) 总平面图

6.2.8 多基线倾斜摄影测量法

通过无人机拍摄、利用多基线倾斜摄影测量方法得到的点云截取总图点云切片或直接基于点云绘制总平面图（图6-9）。

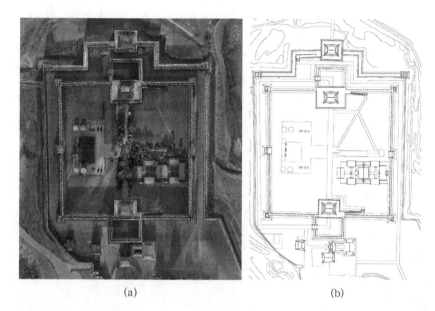

图6-9 利用摄影测量点云数据绘制总平面图
(a) 点云；
(b) 屋顶总平面图

6.3 总图测绘的一般程序和要求

古建筑群一般房屋密集，树木繁茂。因树木、房屋遮挡，导致卫星信号接收效果及控制点之间通视等测量条件受限。古建筑总图测绘中，通常采用卫星静态相对定位法进行平面联系测量（得到控制网起算数据），采用导线测量的方式进行平面控制测量，采用水准测量的方式进行高程联系测量和高程控制测量，其后利用经纬仪测绘法或全站仪坐标法进行碎部测量，最后基于相应绘图软件实现数字成图。

6.3.1 前期准备

如第5章所述，前期准备的主要工作内容包括需求收集、资料收集与分析、现场踏勘、项目技术设计，以及人员配备、仪器检校、劳动安全、后勤保障等方面的准备。除上述基本工作外，总图测绘的现场踏勘阶段应注意以下事项：

1）现场踏勘中，应明确测绘区域大致范围，若测绘对象为不可移动文物，测区范围不应小于其保护范围。

2）现场若有已知控制点，应根据控制点点之记图寻找、查看已有控制点保存情况，初步判断其可靠性。

3）根据现场条件确定测量初步方案。若组群规模较大且天顶通视良好，可考虑卫星静态定位法实施平面控制测量；若房屋密集、树木繁茂，可采用全站仪测距导线完成平面控制测量。

4）根据选定的控制测量方案，现场"草设"控制点，拍照记录并勾画控制网示意图，并草拟碎部测量实施方案。"草设"控制点时应注意：

（1）对于卫星定位测量控制点，应选择在地势较高、天顶开阔和周围没有高大树木的地方，应远离强反射源、强电磁设施等影响卫星信号接收的地方；

（2）对于全站仪或经纬仪测距导线，控制点位置要满足：①导线不要离测区边界太近，以便于碎部点采集；②相邻导线边边长差异不要太大，以减小测角误差；③导线点位置要视野开阔，以保证控制范围足够大；④导线点位置选择在坚实地面，以免被扰动、破坏；⑤导线转折角尽量避开180°角，防止出现计算粗差；⑥导线点不要选在道路中间，尽量避免测量时与车流、人流相互干扰；

（3）对于经纬仪钢尺测距导线，除满足"（2）"的要求外，还应注意导线边长不要太大尽量布设在地面平坦、便于量距的地方。导线边长过大，超过所用钢尺长度时，距离测量前必须进行直线定线，否则会使工作量增加，且测距误差变大。

图 6-10 给出了导线布设的示例，供读者参考。

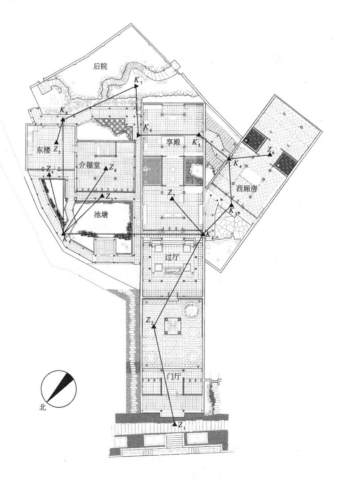

图 6-10　导线布设示例

点 $K_1—K_8$ 形成闭合导线，另 $Z_1—Z_8$ 为支导线点。

以上前期资料分析、现场踏勘结果，作为依据体现在技术设计方案中。

6.3.2 布设控制点、绘制点之记图

根据技术设计方案中的控制点布置，在实地埋设测量控制点标记。松软泥土地上的控制点，可用顶部带有小铁钉的木桩作作标志（图6-11a）；坚硬地面上的控制点用油性记号笔或红油漆标注，并在旁边合适位置注明点号（图6-11b）。具备条件的，还应在测区范围内埋设不少于3个永久控制点，其位置、大小、形式、色彩不应影响古建筑的整体环境。

布设控制点的同时编绘测稿。测稿上要注明控制点位置即点之记图（图6-12），勾画需要测量的地物、地貌的特征点，其要求与建筑测绘的测稿编绘基本一致（参见第7章）。注意事项如下：①建筑物一般只需绘制正负零标高平面轮廓，对古建筑来说最大轮廓多为台基的平面轮廓；②单体与单体的交接关系要表示清楚，必要时可局部放大；③道路位置和不同类型铺地的范围要分别表示；④其他重要地物位置，如碑刻、古树、雕塑等要重点标示，防止遗漏；⑤单独墙体，如围墙，需要表示出宽度，不能用单线表示。

(a)　　　　(b)

图6-11 控制点标记示意
(a) 松软泥土控制点，用木桩制作；
(b) 坚硬地面控制点，用记号笔绘制

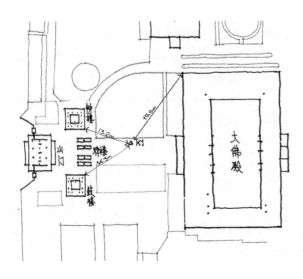

图6-12 控制点点之记示例

6.3.3 控制测量

1. 平面控制测量（以经纬仪钢尺量距导线为例）

1）转折角测量

导线转折角是指在导线点上由相邻导线边构成的水平角。导线转折角分为左角和右角，在导线前进方向左侧的水平角称为左角，右侧的水平角称为右角。理论上来讲，在同一个导线点测得的左角与右角之和应等于360°。

按照现行测量规范，图根导线的转折角可用 DJ6 级经纬仪采用测回法观测二测回。外业测量的一般要求为：①每个水平角观测两个测回，第一测回起始方向水平度盘起始读数配置在略大于 0° 处，第二测回起始方向水平度盘起始读数配置在略大于 90° 处；②同一测回上、下半测回角值之差及两测回角值互差均不得大于 40″。

外业测量成果记录在专用记录表格中（表6-3），不得涂改、损坏。

表6-3 水平角读数观测记录（测回法）

测站	目标	竖盘位置	水平度盘读数 (°′″)	半测回角值 (°′″)	一测回平均值 (°′″)	各测回平均值 (°′″)
一测回 B	A	左	0 06 24	111 39 54	111 39 51	111 39 52
	C		111 46 18			
	A	右	180 06 48	111 39 48		
	C		291 46 36			
二测回 B	A	左	90 06 18	111 39 48	111 39 54	
	C		201 46 06			
	A	右	270 06 30	111 40 00		
	C		21 46 30			

2）测距

用钢尺量距的一般方法丈量各导线边，往返各丈量一次。一般要求：①各条边的相对误差不得大于 1/3000；②导线边高差较小时直接采用平量法；高差较大时采用斜量法，然后借助图根水准测量所得高差对每条边加入高差改正；③边长大于一尺段时，利用经纬仪定线分段测量；④钢尺的尺长改正数大于 1/10 000 时，应加尺长改正；量距时平均尺温与检定时温度相差大于 ±10℃ 时，应进行温度改正；尺面倾斜大于 1.5% 时，应进行倾斜改正。

3）定向

如果没有可用已知控制点，或不便于进行联系测量，需要进行定向。可用罗盘仪测定导线第一条边的磁方位角（罗盘仪安置在起始控制点上，瞄准相邻控制点），以磁方位角近似作为导线起始边坐标方位角。

4) 导线内业计算

将外业测量合格成果填入特定计算表格中，进行导线内业计算，平差计算各控制点平面坐标值。如图 6-13 及表 6-4 所示，为某闭合导线内业平差计算的算例。

表 6-4 闭合导线坐标计算表

点号	观测角（左角）(° ′ ″)	改正数 (″)	改正角 (° ′ ″)	坐标方位角 (° ′ ″)	距离 (m)	坐标增量		改正后的坐标增量		坐标值		点号
						Δx (m)	Δy (m)	$\Delta \hat{x}$ (m)	$\Delta \hat{y}$ (m)	$\hat{x}$ (m)	$\hat{y}$ (m)	
1	2	3	4	5	6	7	8	9	10	11	12	13
1	—	—	—	—						506.321	215.652	1
				125 30 00	105.22	−2 −61.10	+2 +85.66	−61.12	+85.68			
2	107 48 30	+13	107 48 43							445.20	301.33	2
				53 18 43	80.18	−2 +47.90	+2 +64.30	−47.88	+64.32			
3	73 00 20	+12	73 00 32							493.08	365.64	3
				306 19 15	129.34	−3 +76.61	+2 −104.21	+76.58	−184.19			
4	89 33 50	+12	89 34 02							569.66	261.46	4
				215 53 17	78.16	−2 −63.32	+1 −45.82	−63.34	−45.81			
1	89 36 30	+13	89 36 43							506.321	215.652	1
				125 30 00								
2	—	—	—							—	—	
总和	359 59 10	+50		—	392.90	+0.09	−0.07	0.00	0.00			
辅助计算	$\Sigma\beta_{测}=359°59'10''$ $\Sigma\beta_{理}=360°$ $f_\beta=\Sigma\beta_{测}-\Sigma\beta_{理}=-50''$ $f_{\beta 允}=\pm 60''\sqrt{n}=\pm 120''$					$f_x=\Sigma\Delta x_{测}=0.09\text{m}$, $f_y=\Sigma\Delta y_{测}=-0.07\text{m}$ 导线全长闭合差 $f=\sqrt{f_x^2+f_y^2}=0.11\text{m}$ 全长相对闭合差 $K=\dfrac{f}{\Sigma D}\approx\dfrac{1}{3500}$ 允许相对闭合差 $K_允=1/2000$						

说明：角度闭合差平均分配到每个观测角上。坐标闭合差按边长所占周长比例，反号分配到各坐标增量上。

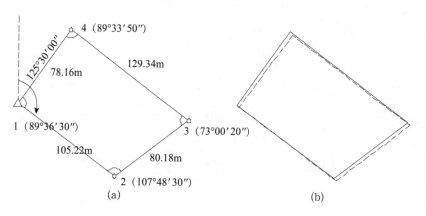

图 6-13 闭合导线略图
(a) 直线 12 坐标方位角：
$\alpha_{12}=125°30'00''$；
点 1 坐标：$x_1=506.321\text{m}$，
$y_1=215.652\text{m}$；
(b) 虚线为观测值，实线为改正值

2. 高程控制测量（水准测量）

在古建筑总图测绘中，一般将导线点同时作为高程控制点。将高等级水准点高程信息引测到本导线（网）中时，可采用四等水准测量的方法；如果附近没有高等级水准点或不便测量，也可假定导线网中任意一点为高程起算点（高程值为某整数）。总图测绘高程控制测量包括高程联测及图根水准测量。

1）高程联测

高程联测一般布设成支水准路线，采用往返测量的方式，将高等级水准点引测到导线中的一个导线点上。按照现行工程测量规范相关规定，高程联测通常采用三四等水准测量标准进行，测量过程中：视线长度不得超过80m；前后视距差不得超过5m；前后视距累积差不得超过10m；同一水准尺红、黑中丝读数之差不得超过3mm；黑红面的高差之差不得超过5mm；往返高差的闭合差不得超过 $\pm 6\sqrt{n}$ mm（n为测站总数）。满足上述条件情况下，对所测往返高差取平均值作为两点间高差值。记录格式参见表6-5，其为高程点M与高程点N间三四等水准测量外业测量记录。

2）图根水准测量

将各控制点间用测段连接，形成一闭合（或附合）水准路线。按照现行工程测量规范规定，图根水准测量应采用普通水准测量的施测要求进行观测，测量中前后视距尽量相等，各测段应为偶数站，水准路线高差闭合

表6-5 三四等水准测量外业测量记录

测量编号	后尺 下丝 上丝 后距 视距差 d	前尺 下丝 上丝 前距 Σd	点号	方向及尺号	标尺读数 黑面	标尺读数 红面	K+黑－红	高差中数	备考
1	1571	0739	M	后A	1384	6171	0		
	1197	0363	$TP1$	前B	0551	5239	−1		
	37.4	37.6		后－前	+0833	+0932	+1	+0.8325	
	−0.2	−0.2							
2	2121	2196	$TP1$	后B	1934	6621	0		A尺：$K=4787$ B尺：$K=4687$
	1747	1821	$TP2$	前A	2008	6796	−1		
	37.4	37.5		后－前	−0074	−0175	+1	−0.0745	
	−0.1	−0.3							
3	1914	2055	$TP2$	后A	1726	6513	0		
	1539	1678	N	前B	1866	6554	−1		
	37.5	37.7		后－前	−0140	−0041	+1	−0.1405	
	−0.2	−0.5							

差应不超过 $\pm 12\sqrt{n}$ mm（n 为测站总数）或 $\pm 40\sqrt{L}$ mm（L 为路线长度）。满足要求后进行内业数据处理，平差计算各控制点高程。

3）高程测量内业计算

将外业测量成果填入内业计算表中。如表 6-6 所示，BM_A-1-2-3-BM_B 构成一条附合水准路线，计算高差闭合差，满足限差要求后平差计算各高程控制点之高程值。

表 6-6 附合水准路线平差计算表

点名	路线长 (km)	观测高差 (m)	改正数 (mm)	改正后高差 (m)	高程 (m)
BM_A					45.286
1	1.6	2.331	−8.0	2.323	47.609
2	2.1	2.813	−10.5	2.802	50.4115
3	1.7	−2.244	−8.5	−2.252	48.159
BM_B	2.0	1.430	−10.0	1.420	49.579
Σ	7.4	4.330	−37.0	4.293	49.579
辅助 计算	\multicolumn{5}{l}{$f_{h容}=\pm 40\sqrt{L}=\pm 108$mm 改正数 $=-\dfrac{L_i}{\Sigma L_i}\times f_h$ $f_h=4.330-(49.579-45.286)=+37$mm}

6.3.4 碎部测量前准备

碎部测量如选用经纬仪测绘法，需在事先选定的图纸上绘制坐标格网，展绘控制点；如选用全站仪坐标法，需在全站仪存储器内建立项目文件，输入所有控制点坐标；如选用卫星实时动态定位法，需在卫星信号接收机内建立项目文件，输入个控制点坐标及校正点坐标并进行点校正。

6.3.5 碎部测量

1. 测量内容

根据《规程》相关要求，碎部点位置和密度的选择应能表达地物特征及地貌起伏，包括但不限于以下内容（测区内不存在的对象除外）：

1）建筑物、构筑物、室外固定陈设；

2）建筑组群及周边的院落、广场、道路、围墙、水体、古树名木、排水沟、挡土墙、护坡、绿化等设施；道路、广场和院落的铺装材料和规律；

3）高程点，包括：各建筑正负零标高①处；构筑物的代表性高程；道路、坡道、排水沟的起点、变坡点、转折点和终点；主要道路按图上距离每隔 50mm 处；院落、广场、台地等开阔场地的代表性高程；挡土墙、护坡或土坎顶部和底部代表性高程；院落出入口等；

---

① 从几何意义上说，"标高"和"高程"两词是等价的，英文都是 elevation，前者多用于土木建筑工程，后者多用于测绘学。但是，当涉及设计、建造逻辑还原时，本书倾向于用"标高"，即"设计标高"；当涉及测量所获取的数据时，本书倾向于用"高程"。大多数情况下本书使用的是"高程"。

4）起伏较大的地形应按绘制等高线要求测量相应碎部点，小于图上基本等高距的地形变化可忽略。

2. 技术要点

根据选定的技术方法进行碎部测量，并符合以下要求：

1）如采用测记法，碎部测量应边测边记，测量的同时在草图上注记点的属性及点与点之间的关系；

2）搬迁至下一测站测量前，应该对前一测站的部分已测碎部点进行重复观测，检核测站设置的可靠性；不同测站测量的碎部点应有重叠，以便检核；

3）建筑物的台基、屋角、室外踏步特征点应全部量测，转角点以直线边相交点为准；

4）建筑物凹凸部分大于图上 0.5mm 的部分均应实测；

5）道路和街巷均应实测，当道路、沟渠宽度在图上小于 1mm 时，可用单线表示；

6）古树名木应逐个测量位置和代表性高程；

7）湖岸、水景除测量其轮廓形态外，还应测量实际的水迹线，并注记水面高程和观测日期；

8）室外附属文物和独立地物，能依比例表示的，应实测外轮廓；不能依比例表示的，应测量其定位点或定位线和代表性高程；

9）其他地物测量，可参照《工程测量标准》GB 50026—2020 中 5.4 关于一般地区地形测图的要求。

6.3.6　初步成图与整饰

1. 图纸深度要求

总图测绘的核心成果是总平面图，按《规程》相关规定，总平面图应表达的要素包括但不限于以下内容（测区内不存在的对象除外）：

1）测量坐标网、坐标值；

2）建筑物、构筑物的位置、名称、层数，并用坐标法或相对尺寸定位，其中有台基的建筑标注台基轮廓交叉点的坐标或定位尺寸，无台基的建筑标注其正负零标高处外墙轮廓交叉点；建筑组群及周边的院落、广场、道路、围墙、室外固定陈设、水体、古树名木、排水沟、挡土墙、护坡、绿化等设施，并用坐标法或相对尺寸定位；道路、广场和院落的铺装材料和规律；

3）标注高程点：各建筑正负零标高处；构筑物的代表性高程；院落出入口；道路、坡道、排水沟的起点、变坡点、转折点和终点；主要道路按图上距离每隔 50mm 处；院落、广场、台地等开阔场地的代表性高程；挡土墙、护坡或土坎顶部和底部代表性高程等；

4）起伏较大的地形绘制等高线，小于图上基本等高距的地形变化可忽略；

5）指北针或风玫瑰图；

6）建筑物、构筑物使用编号时，列出"建筑物和构筑物名称编号表"；

7）注明尺寸单位、比例、坐标及高程系统、补充图例等。

2. 建筑物的表示

按现行《总图制图标准》GB/T 50103—2010要求，"建筑物应以接近地面处的±0.00标高的平面作为总平面"。建筑物用"与室外地坪相接处±0.00外墙定位轮廓线"表示。考虑到大多数中国古建筑底部建有台基，其范围大于建筑外墙，其上皮多为室内地坪，习惯上定为正负零标高（即使台基地面略有高低变化也不影响此定性），因此习惯上用台基的轮廓作为其最大轮廓线，以台基的角点作为定位点。若为多层台基，则以最大平面轮廓定其轮廓线。若没有台基，仍参照制图标准以外墙轮廓表示。

早期，总平面图曾流行以建筑物的屋顶平面绘制，这既不符合现行制图标准，也不利于表达古建筑各单体的"间"，以及院落的空间组合与流线组织，且不利于标注高程点，因此这种画法并不可取。尽管屋顶总平面图用于表达建筑密度较高、屋顶组合复杂的院落布局仍有意义，但也只能作为完成总平面图后的额外选项。

3. 初步成图

将碎部测量数据读入计算机，利用绘图软件初步成图。本书将主要以AutoCAD为例讨论测绘所使用的绘图软件。根据碎部测量方法和数据存储方式不同，导入数据绘制有多种方式：

1）使用全站仪或卫星定位设备采集数据时，可利用设备的存储功能保存碎部点坐标或现场手工记录（可使用手机应用录入），输出为文本格式或Excel格式，然后在AutoCAD中利用"多点"命令（实际是Point命令的连续使用）展点；也可以利用基于AutoCAD编写的程序、插件或测量专用软件展点。展点后，将相关联的点进行连线，即可初步成图；

2）有些全站仪支持在碎部测量的同时生成图形，并以.dxf格式输出，可在AutoCAD里直接打开，继续编辑；

3）使用三维激光扫描或摄影测量采集数据时，可将处理后的点云数据"附着"（Attach命令）到AutoCAD中进行描绘。

起伏较大的地貌应绘制等高线（图6-14）。采用全站仪、卫星定位设备采集数据时，根据碎部点数据用比例内插法绘制等高线；采用三维激光扫描或摄影测量采集数据时，用点云数据在专用软件里直接生成等高线。

4. 图面整饰

在初步成图的基础上进行图面整饰，按总图制图标准、地形图制图要求和古建筑总图制图惯例完善总平面图。计算机制图的图层设置参见附录F第F.1节。

1）计量单位

确认总图的计量单位符合制图标准要求，即坐标、标高、距离以米为单位。详图宜以毫米为单位。

图 6-14 用等高线表示地貌示意图

2）坐标网格

总图应按"上北下南"方向绘制，也就是让北方向指向图纸顶部。如上所述，初步成图的过程实际是按测量坐标系制图。当建筑组群的主要方向与北方向有较大偏移时，为方便制图及后续利用，模型文件宜继续按测量坐标系绘制，但在制作图纸文件时可转而采用**建筑坐标系**，让北方向向左或向右偏移（不宜超过45°），从而使坐标轴的方向与建筑组群的主要方向一致（图 6-15）。采用建筑坐标系时，应附注建筑、测量两种坐标系统的换算公式。

图 6-15 总图的坐标网格（图片来源：《总图制图标准》GB/T 50103—2010）（图注：图中 X 为南北方向轴线，X 的增量在 X 轴线上；Y 为东西方向轴线，Y 的增量在 Y 轴线上。A 轴相当于测量坐标网中的 X 轴，B 轴相当于测量坐标网中的 Y 轴。）

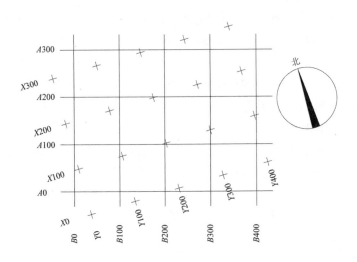

在 AutoCAD 中，可在模型空间里继续按测量坐标绘图，而在图纸空间的布局设置中，通过旋转视口得到按建筑坐标系绘制的图纸，继而生成图纸文件。

绘制坐标网格、注写坐标值时，测量坐标网画成交叉十字线，建筑坐标网画成网格通线。坐标值为负数时，注写负号；为正数时，正号可省略（图 6-15）。图中还应注明测量采用的坐标系统和高程系统，并画出指北针或风玫瑰。

3）为建筑平面增加细节

初步完成的建筑平面，只有其台基或外墙轮廓。但是，为了表达清楚中国古建筑特有的院落空间组合和各建筑间的关系，习惯上绘制完整的正负零标高平面图，如图 6-16 所示。这需要对各建筑平面图简化处理后，将其"粘贴"到总图中。在 AutoCAD 中，一般将各建筑平面图简化后单独保存文件，再作为外部参照附着到总平图文件中。然后利用 Align 命令，对齐放置到台基或外墙轮廓上。对齐时注意以建筑的最重要特征点（如某一台基转角或墙角）为基点（第一源点），第二源点与基点构成较长的边，也就是以较长的边作为旋转的主要方向。

4）使用图例和符号

对于测区内的现代建筑或非文物建筑，则可按总图制图标准规定的图例绘制。根据测绘任务需求，若需注写名称、坐标等信息，可采用如图 6-17（a）所示的画法，否则可用如图 6-17（b）所示的画法。

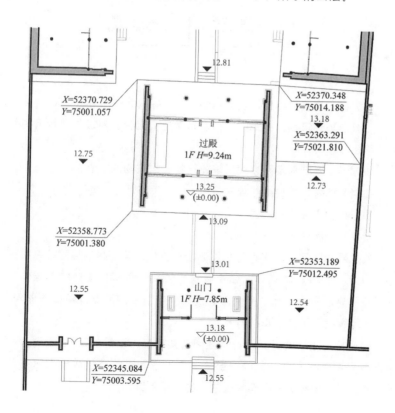

图 6-16 总图的建筑名称、坐标和高程标注示例

图 6-17 总图制图标准规定的建筑物图例
(a) 新建建筑物用粗实线绘制；
(b) 原有建筑物用细实线绘制
[图注：实测总图一般不存在新建建筑，这里只是借用制图标准中对应的画法；又，实测建筑的定位轴线需推定，习惯上予以忽略（图中淡显部分），按台基转角或外墙转角（若无台基）标注坐标。]

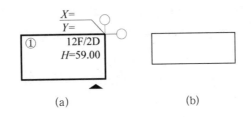

其他常见地物如道路、台阶与坡道、铺砌的场地、敞棚或敞廊、水池、坑槽、景观绿化、排水沟、雨水口、消防栓等均可援用总图标准相应图例表示（参见附录 G）。室外附属文物，如碑刻、古井、小型经幢等，能依比例表示的，绘制其代表性平面轮廓；否则用图例表示。必要时可自定义补充图例，补充图例应在图上注明其含义。

5）注记与标注

图形基本完成后，标注定位尺寸和高程，注写必要的文字信息。确认坐标、标高、距离以米为单位；坐标标注到小数点后 3 位，不足以"0"补齐；标高、距离标注到小数点后 2 位，不足以"0"补齐。

（1）坐标标注

当建筑物、构筑物与坐标轴线成角度或建筑平面复杂时，宜标注 3 个以上坐标；当建筑物、构筑物与坐标轴线平行时，可仅标注其对角坐标（图 6-18）。建筑物、构筑物用坐标定位时，其他地物也可用相对尺寸定位。

图 6-18 坐标标注图例
(a) 表示测量坐标；
(b) 表示建筑坐标
(图片来源：摹自《总图制图标准》GB/T 50103—2010，有改动)

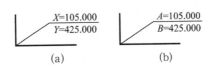

建筑物、构筑物等应标注下列部位的坐标或定位尺寸：

①有台基建筑物、构筑物的台基转角处，无台基建筑物、构筑物的外墙转角处；

②圆形、椭圆形及正多边形等建筑物、构筑物的中心；

③挡土墙墙顶外边缘线或转折点；

④道路的中线或转折点。

（2）高程标注

按总平面图深度要求标注相关高程点，使用等高线的标注等高线高程（图 6-14）。如图 6-16 所示，每个建筑标注其正负零标高处的高程值，字符平行于建筑长边书写。室内地坪高程用带引线的等腰直角三角形表示，室外地坪高程用黑色三角符号表示。

需要特别指出的是，无论从空间认知角度，还是从工程应用角度看，高程数据是总图不可分割的一部分，应当把测得的高程数据表达在总图上，避免将总图画成一张有缺陷的"纯二维图纸"。

(3) 名称和编号

如图 6-16 所示，注写建筑物、构筑物的名称、层数、高度。注记文字宜直接标注在图形范围内，当图样比例过小或图形范围内无足够位置时，可编号列表注记在图内。当图形过小时，可注记在图形外侧附近处。

(4) 其他

古树名木标注树木的胸围（1.2m 高处的周长值）和总高。

最后，填写图纸标题栏规定的必要项目（参见第 4.4 节），完成初稿绘制。

6.3.7 校验、修正、完成图纸

1. 校验

完成初稿后，进行检查与校验，包括图面校验和实地校验。

1) 图面校验

依据古建筑基本规律，对照测稿、照片、点云数据（如有）进行图面校验，检查图上地形是否清晰易读，是否存在可疑、矛盾、遗漏之处，各种线型、计量单位、图例、符号是否正确，标注和注记、标题栏内容和格式是否正确、完整、一致。如：矩形平面的建筑是否规整，相邻建筑关系是否正常，树木是否在路两侧，院落高程是否低于台基高程，建筑平面细节尺寸是否与总图测得的轮廓尺寸吻合，注记的文字内容是否一致等。

2) 实地校验

实地校验首先要作巡视检查，根据图面校验的情况，有计划地确定巡视路线，对照实物查看，检查地形、地物有无遗漏和错误，符号、注记是否正确。然后随机进行仪器设站检查，复测较差应符合表 6-2 的规定。发现错漏之处，分析原因并进行复测或补测。

2. 修正、补绘图纸

根据校验检查结果，修改、补绘图纸上的错漏之处，并对照图纸深度要求和制图标准进一步完善所有要素。

3. 完成绘制

重复步骤 1、2，直到修正发现的所有错误，完成图纸绘制。

6.3.8 总图的其他成果形式

除总平面图以外，总图还有很多其他形式。为丰富古建筑组群的表达，总图可增加组群立面、剖面图、鸟瞰图等（参见附录 I）；依测绘任务需求，可能还要绘制一些专题图纸和详图，如道路平面图、园林景观总平面图、场地排水图、道路或场地横断面图，以及挡土墙、护坡、排水沟、池壁、围墙详图等。

组群立面、剖面图绘制步骤和要求可参照本节关于总平面图绘制的内容，详图要求参见第 10.1 节。

第7章 建筑测绘（一）：开始测稿编绘

7.1 测稿编绘基本方法和要求

在前期准备充分、安全措施落实的情况下，建筑测绘进入现场工作阶段。这个阶段的第一步是测稿编绘。

7.1.1 测稿概述

1. 古建筑观察分析笔记

在传统手工测量条件下，需要先在现场比照建筑实物徒手勾画一系列草图，并在测量时注记尺寸读数，这样所得到的成果称为"测稿"。但只把这一过程单纯当作记录数据的过程，则未免狭隘。事实上，测稿编绘是观察、认识、理解、分析、归纳建筑基本现状和特征，并用草图、图表、拓样和照片进行记录和表达的过程，测稿是对建筑进行"观察分析"和测量的笔记。

所谓观察包括近距离观察，甚至是"零距离"触摸。在保证安全的前提下，只要具备可达性的部位，原则上都应到位观察（图 7-1）。观察分析的内容，除了外在的建筑造型、空间、装饰，还需要梳理隐含的设计和建造逻辑，并归纳总结从整体到构件的形制特征和类别。

观察分析的结果，主要是通过徒手勾画草图的方式表达出来，必要时用简短文字补充说明。只有所有被观察对象都能尽量准确地描画下来，才代表真正理解到位。这是一个用笔尖再"触摸"建筑，手眼和大脑协同工作，不断深化理解的过程。经过观察、心理操作、

图 7-1 天津大学学生测绘沈阳故宫大政殿屋顶，1964 年

反复比对、试错，从描画到理解，再从理解回到描画。过程中大致需要三个方面的技能：

1）空间想象和心理操作能力：心理操作类似于下棋或者玩魔方，需要在头脑里对对象进行位移和旋转等，这样才能将观察到的透视效果转换为正投影图，将完整的建筑"剖切"成剖面图；

2）徒手绘图的基本功和写生经验：要求目测能力较好，下笔比例准确；

3）画法几何的基础知识和应用技能：学习画法几何不只是懂得把建筑画成立面、平面图，其精髓是"三视图"关联解算，求得对象的正确投影。用三视图关联表达形体，应当成为最基本的意识和方法。

2. 点云时代还需不需要测稿？

随着三维激光扫描技术普及，有人认为现在已进入点云的时代，貌似能把现实中的建筑完整地搬到电脑里。技术都这么先进了，还需要去现场画测稿吗？答案是肯定的。

首先，现场的观察分析是不可取代的。不到现场或者现场时间不足，对建筑的体验、认知、理解乃至探究、甄别、发现和评价，以及对价值的判断和信息的取舍就无从谈起。况且搬到电脑中的点云并不完美，点云数据本身存在误差（这点很容易被其外观迷惑），扫描时存在盲区，点云自身还有"飞点"等缺陷（图7-2），这些问题都会影响点云使用者对建筑的判断和认知。另外从教育培训角度讲，学生不在现场经历测稿编绘的全过程，无法真正得到锻炼和提高。

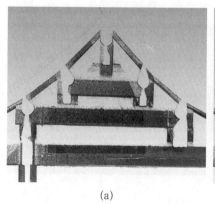
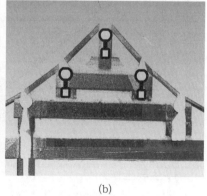

(a)　　　　　　　　(b)

图7-2 点云盲区和飞点造成的误导示意图
(a) 点云切片呈现的檩、枋构件：顶部空白，是扫描盲区；沿侧面切线方向向上的是飞点，不存在对应的形体；
(b) 檩、枋断面实际形状示意

其次，心中有，眼中才有。格式塔心理学指出，人的视觉是主动搜索的，往往先看到想看的和简单、熟悉的事物。总是会有某些部位因扫描困难而使点云不清晰甚至支离破碎、很难辨认。此时只有心中熟悉该构件真实的形状、方向和关系，才能辨认清楚。而置身现场认真观察分析并用心描画，是熟悉这些构件的不二法则。

再者，"天上一天，人间一年"。这个比喻把现场比作"天上"，离开现场就回到"人间"。现场未能解决的问题，离开后则要用成倍的时间去弥补，剖切点云、查找照片、核对测稿，"回来折腾半天"往往解决的是现场"秒懂"的问题。因此，更合理的安排是：在现场待够时间。

> ▲盲目迷信并依赖点云，不珍惜现场工作条件，不认真观察分析、编绘测稿。

3. 关于测稿的观念和态度

测稿是测绘成果的重要组成部分，应抱有正确态度和观念，从以下几个方面加以注意：

1）严谨细致

测稿不仅是测量数据的原始记录，而且真实反映了测量方法、过程等具体信息，有时会成为利用测绘成果进行研究、分析和设计的第一手材料。因此，测稿编绘应保持科学、严谨、细致的态度。

2）可读性

虽然测稿以草图形式出现，但草图不意味着含混潦草。它不是个人专用，而是组内共享，甚至作为档案接受查阅，因此应当具备一定的可读性。对于测稿上交代不清、勾画失准及数据混乱之处应加以整理，必要时重画。

3）保护意识

测稿是辛勤劳作的成果，凝结着所有参与者的心血，因此要用专门的文件夹或档案袋妥善保管，并及时备份副本。工作时不要乱丢乱放，避免造成丢失或污损。旅行携带时要责成专人全程负责保管。完成后的测稿不应任意涂改。测绘结束后，测稿应存档。

> ▲习惯于把最终的正式图纸当作测绘成果，轻视测稿的重要性。
> ▲认为测稿只是自己的事，别人是否看懂无所谓，因而潦草从事。

7.1.2 测稿编绘的工作内容

1. 主要工作

具体来说，测稿编绘工作主要有以下内容：

1）勾画草图：通过现场观察分析，比照实物徒手勾画草图，从整体到局部表达建筑形式、结构、节点、构件数量等，并交叉索引相关照片、拓样等。

2）填写表格：编制或填写建筑基本信息表、构件表、控制性尺寸表等。

3）注记数据：随测量进程对尺寸读数进行注记。

4）拓样和摄影记录：对带有异形轮廓或装饰纹样的构件，或者纹理特殊、无规律的表面，一般无法用勾画草图的方式快捷、详细地记录，需要借助实拓（图 7-3）或者摄影的方法（图 8-24、图 11-25）。拓样制作及要求，参见第 8.3 节；摄影记录操作与要求，参见第 11 章；简易摄影测量，参见第 8.3 节。

5）整理编目：将表达不清或混乱的部分进行整理或重绘，对数据成果进行整理，最终编目、装订。

图 7-3 拓样示例

本章侧重讲解前两项，其他内容，见第 8 章、第 10 章、第 11 章。

2．测稿的组成

按上述工作内容，测稿主要由一套注记数据的草图以及相关的表格、拓样等组成，并关联相关的照片，构成完整的建筑观察分析笔记。

古建筑的风格特征随地域、年代不同而千差万别，因功能、级别不同又有繁简、大小的差异，因此完整记录和表达古建筑所需要的图样不尽相同，但都需要清楚表达出建筑从整体到局部的形式、结构、构造节点、构件数量及大体比例。一套图纸大致应包括总图、平面图、立面图、剖面图、梁架/天花仰视图、屋顶平面图和详图等。测稿的内容也大致按这个框架进行编排（参见第 7.3 节）。

当使用 BIM 模型进行成果表达时，测稿可以按建筑部位"分部分项"编绘，如台基、墙体、大木构架、屋顶、装修等部分单独编绘测稿。

7.1.3 测稿编绘的方法和要求

1．测稿编绘工具

编绘测稿的工具包括：A3 复印纸、铅笔、橡皮、画夹、画板、速写本等。铅笔宜选择 HB，软硬适中。纸张也可选用浅色网格的坐标纸，或定制专用测稿纸，但幅面以 A3 为宜。

2. 测稿格式

测稿格式虽无标准样式，但同一测绘项目的所有测稿应该保持格式一致。本书推荐以下格式（图 7-4）。

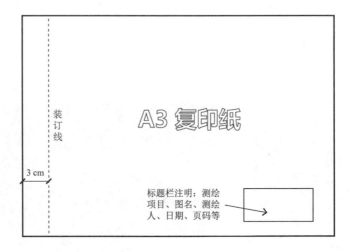

图 7-4 测稿的幅面和构图示例

1）**幅面构图**：使用 A3 幅面，横式，左侧装订，右下角为标题栏（图 7-4）。

2）**标题栏**：应当在每一页测稿上注写测绘项目、图名、测绘人、日期、页码等信息，便于最终整理编目，也避免日后遗忘导致辨识困难，例如不能确定画面内容是哪座建筑、什么部位，使前面的努力变成无效劳动。

3）**临时使用速写本**：在天花内、屋面上等特殊条件下，可使用更易携带的小开本速写本，但测稿应重新整理到 A3 纸上，可用剪贴、复印等方法。

4）**拓样与照片索引**：需要拓样或拍照的部位，应在测稿上索引；所有拓样和相关照片应编号，与测稿交叉索引。

5）**整理编目**：测稿整理完毕应制作封面并编制页码、目录。

> ⚠ 现场编绘测稿时，因为需要仔细观察，行动轨迹可能异于常人，所以应时刻保持安全意识，避免碰撞、磕绊、失足等情况发生。

3. 基本方法和一般要求

1）正投影

测稿一般采用正投影法绘制（图 7-5）。观察时宜从对象后退足够距离，并通过左右移动尽量正对各个局部观察，以克服"透视变形"带来的困扰。对形体或方位比较复杂的局部或构件，要利用"三视图"方法，仔细分析其形体投影画法（图 7-6）。如果不利用三视图作图时，不仅测绘人员作图困难，也给读图者造成不必要的困扰。较复杂的关系有时也可以用轴测图表示。

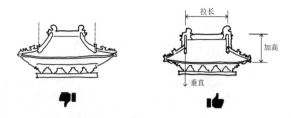

图 7-5 测稿一般采用正投影法

▲如图 7-5 左图所示，将立面图示画成"透视"效果。

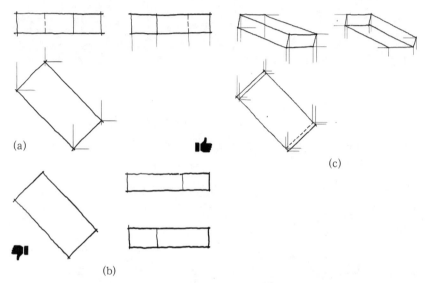

图 7-6 利用三视图求解正确投影示例
(a) 利用三视图表达一块平放且旋转的砖；
(b) 各视图分离，未运用三视图方法，不推荐；
(c) 利用三视图表达一块斜置且旋转的砖

▲对画法几何不求甚解，表达复杂的形体不利用三视图求解，甚至不知所措。

2）观察分析

主动观察、理解和分析建筑各部分的形体和空间关系，并对各部分做法和形制特征作出初步判断。尽量做到意在笔先，主动记录，而不是被动描摹，看一眼，画一笔。随时观察、比对相似构部件的差异性和规律性，充分注意各相关部位的对位关系。由于内部构造上的原因，表面似乎没有关联的构件或部位可能存在不易察觉的对位关系。留意建筑上的各可能种有意义痕迹，如题记、墨迹、空置榫卯、地面墙面改动过的痕迹等，如实记录。

3）形象比例

笔下形象要与实物基本相似，符合对象的基本特征。形象准确的主要关键方面是对象整体及各部分之间比例关系准确，可通过目测、步量把握。目测功力不够的初学者，可手持直尺或铅笔，伸直手臂，通过移动拇指的位置，用尺端和拇指瞄准目标，帮助估计比例关系（图 7-7）。画平面图时，则可通过步测，大致估测建筑各间面阔、进深尺寸比例。

图 7-7 借助铅笔把握对象比例关系

4）线条要求

现实中每个对象个体都是明确、独立地存在的。相应地，为了表达准确，避免模棱两可，测稿所用线条要清晰、肯定（图 7-8）。尽量减少橡皮擦拭，保持图面干净。这也要求测绘者有一定徒手制图和绘画写生的基本功，初学者可从整体出发，先用较硬的铅笔轻轻画出结构线，然后再用清晰的线条肯定下来。

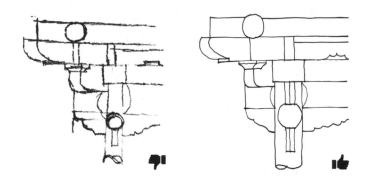

图 7-8 测稿的线条应当清晰肯定，避免过多试探性线条

⚠ 按铅笔素描起稿的方法，试探性线条过多（图 7-8）。

5）索引放大

测稿通常是从整体到局部、由略到详逐级放大表达的。A3 幅面毕竟较小，表达对象整体时就必然损失细节。这就需要分化出细部详图，并用索引符号标引，俗称"吹泡"（图 7-9）。这种方式使画面繁简得当，层次清晰。整体部分用于注记总尺寸和定位数据，详图部分用于注记细部尺寸。

6）合理构图

图面要大小合宜，并为注记尺寸留出空间（图 7-10）。缺乏经验的初学者应当学会在下笔前根据 A3 幅面大小和建筑体量，从整体入手，合理

图 7-9 详图及索引示例

控制画面上建筑轮廓的大小。如画面过大，则造成图样多页分布，为注记尺寸和查阅数据徒增不便；反之，画面过小，则各种构件的外形轮廓及其交接关系难以表达得清爽醒目，注记尺寸也无法从容有序。

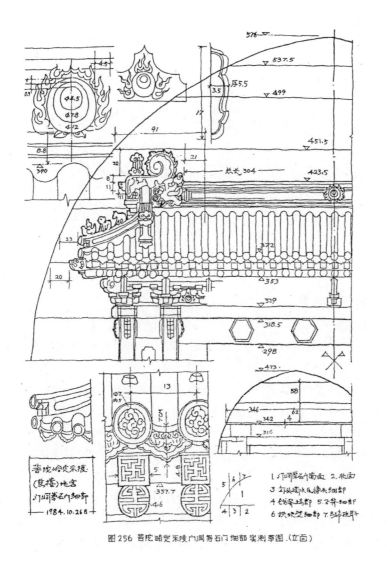

图 7-10 测稿构图示例
编绘：王其亨

7）清点数量

测稿编绘的工作包括清点建筑上重复构件的数量，并注记在测稿上，如铺地砖的数量、砖墙的层数、瓦垄及椽子的数量，等等。

8）其他事项

（1）构件的异形轮廓和雕刻纹样等尽可能实拓或摄影，测稿上只需简单画清轮廓即可，但应做好索引；

（2）不可见部分宜留白（图7-11，参见第4.4节）；对其分析、推测的内容不应与实测内容混淆；

（3）测稿编绘可根据实际条件灵活掌握进度，一时没有条件到达的部位，可暂时留白，测量过程中有条件时可随时补画清楚；

（4）对古建筑术语不熟悉的初学者，建议将构件名称注记在测稿上，以便填写构件表时核对。

> ⚠ 在飞椽后尾未探明的情况下，画出后尾，将推测与实测内容相混淆（图7-11）。

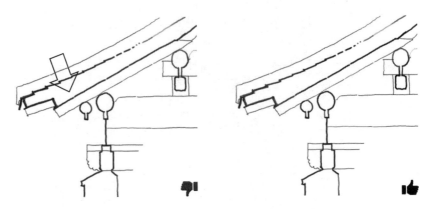

图7-11 不可见部分留白示例

9）提高练习

作为训练手段，测稿阶段还可以完成以下练习：

（1）写生性地勾画艺术构件草图，以体会白描手法如何表达复杂形体和纹样（图7-12），为后期正式描画作准备；

（2）对结构复杂的部位，可勾画三维概念草图，以强化对空间结构的理解（图7-13）。如歇山建筑的正身梁架、角梁、歇山各部等。

10）借用可靠资料

被测对象已有可靠测绘资料的，可将原有测绘图作为底图进行测稿编绘，根据项目需求补充必要的内容。发现错误和遗漏的，应予修正、补绘。

采用三维激光扫描和摄影测量技术进行数据采集时，可将正射影像作为底图进行测稿编绘，补充必要的内容（如扫描、摄影盲区），用于对照实物分析、理解建筑特征，手工补充测量，校验点云数据等。

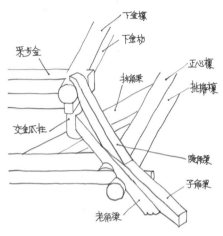

图 7-12 异形构件写生练习示例（左图）

图 7-13 某建筑角梁的概念性草图示例（右图）

用以上两种方式进行测稿编绘过程中，仍应遵循前述各项要求。在测绘教学培训中，不建议这种"借用"方式，否则达不到基本技能训练的目的。

7.2 理解古建筑的基本构成

大家经常看到古建筑由台基、屋身和屋顶三部分组成的说法，这其实仅指立面构图。但如果考虑一座古建筑的结构、构造和建造方法，则需要完整理解其各个组成部分。

7.2.1 空间框架

一座建筑的空间框架是指可以为各构部件进行空间定位的参照体系，包括定位轴线和关键标高。两者分别提供了平面定位和竖向定位。这里是指建筑在设计建造时形成的内在秩序。测量时还应当通过平面控制测量和高程控制测量，另建立一套空间参照基准，如导线、高程控制点等，从而测定各构部件的空间位置坐标、高程和尺寸（参见第 2 章）。测绘时一般需要还原定位轴线和关键标高，以便理解、分析建筑本身的空间秩序。

1. 定位轴线

定位轴线是用以确定主要结构位置的假想定位线，如确定建筑的开间或柱距、进深或跨度的线（图 7-14）。柱梁承重的结构体系按柱子确定轴线，墙承重的结构里以承重墙确定轴线。中国古代木构建筑通常是柱梁承重，所

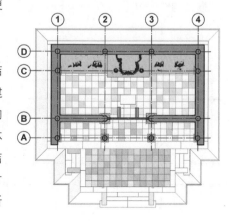

图 7-14 古建筑定位轴线（柱网）示例

以其定位轴线也习惯上称为"柱网"。定位轴线相当于为建筑提供了 x、y 坐标参照，因此可以用定位轴线的编号来指示构件具体的位置，如柱 1—A。

2. 关键标高

关键标高指室外地坪、室内地面（通常当作正负零点）、各楼面、屋面、最高点的标高，也包括确定主要木构架的标高，如各梁、檩底皮标高等（图 7-15）。关键标高相当于提供了 z 坐标参照。

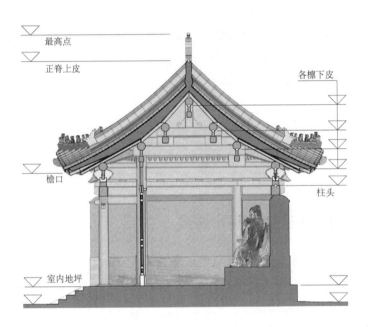

图 7-15　古建筑关键标高示例

3. 指示位置和方位的常用词汇

虽然定位轴线可以用来描述平面位置，但是习惯上另有一套词汇描述古建筑的具体位置或前后左右等方位。测稿中文字注记需要指示位置时，常采用习惯称谓。

1）间、面阔、进深

间是古建筑平面组合的基本单位（图 7-16、表 7-1）。常用各间的名称描述构件的位置，如"明间地面""次间脊檩"等。

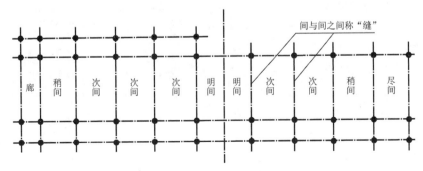

图 7-16　古建筑间的组合示意和各间名称示例

表 7-1　各间名称名词对照表 [1]

宋式名词	清式名词	苏州地区名词
当心间	明间	正间
次间	次间	次间
稍间	稍间	再次间（边间、落翼）
	尽间	落翼
副阶	廊子	廊

间的尺寸为面阔和进深，其中沿建筑正面方向为"面阔"或"面宽""开间"，沿侧面方向为"进深"。面阔、进深也常用来指示建筑上的方向，如"面阔方向"和"进深方向"。

2）横向、纵向

一般来说，古建筑的长方向是面阔方向，短方向是进深方向。因此，沿面阔方向为纵向，沿进深方向为横向，如"横剖面图""纵剖面图"，参见第 7.3.3 节中图 7-36。

3）前檐、后檐、东山、西山

前檐、后檐分别指建筑正面或前部，背面或后部，如"前檐斗栱""后檐踏跺"等。

建筑的两个侧面通常用"×山"来指称，由于"左""右"方位容易混淆，现在一般常用东山、西山或南山、北山来指称（取决于建筑朝向），如"东山台帮""西山檐口"等。

请注意，此处"檐""山"都是虚词，跟屋檐、山墙不一定有直接关联，如同"前边""后面"等词中的"边"和"面"。

4）外檐、内檐

外檐通常指建筑室外或立面上的构件或部位，内檐通常指室内，如"内檐装修""外檐斗栱"等。

5）前坡、后坡

前后坡通常指坡屋顶的前后坡面，也可以用东、西、南、北来限定，如"南坡""东坡"。

7.2.2　古建筑各部分构成

一座古建筑，可以按"间"划分为明间、次间、稍间等若干部分，也可以按空间形态划分为廊子和室内房间，也可以按立面构图分为台基、屋身和屋顶三大部分。但是，在观察分析建筑、编绘测稿的过程中，更重要的是从施工建造的角度划分各部分构成。

无论是现代建筑施工中的分部分项工程，[2] 还是传统上说的"五行八作"，[3] 如大木作、土作、砖作、石作、瓦作、小木作（装修）、油作、彩

---

[1] 罗哲文.中国古代建筑[M].上海：上海古籍出版社，1990：596.

[2] 分部工程是建筑工程和安装工程的各个组成部分，按建筑工程或安装工程的主要部位或工种划分。如土方工程、地基与基础工程、砌体工程、地面工程、装饰工程、管道工程、通风工程、通用设备安装工程等。分项工程是指分部工程的组成部分。它是按照不同的施工方法、不同材料的不同规格等，将分部工程进一步划分的。例如，钢筋混凝土分部工程，可分为捣制和预制两种分项工程；砖墙分部工程，可分为实心墙、空心墙、内墙、外墙等分项工程。

[3] 五行八作：泛指各行各业，这里指古建筑施工中的各个工种。

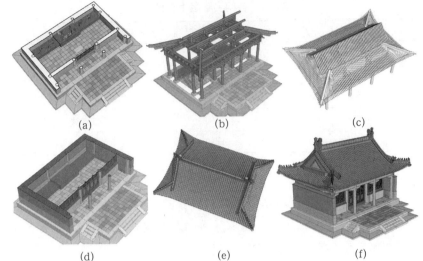

图 7-17 古建筑的组成部分示例
(a) 台基；
(b) 大木；
(c) 椽望；
(d) 墙体与装修；
(e) 屋顶；
(f) 整体

画作等工种，这些都说明，可以从建筑部位、材料、工程做法和参与的工种等方面对建筑进行划分。以一座清代官式做法的建筑为例，通常可以分为以下几个部分（图 7-17）：

1. 台基：包括地基、基础、台明、柱础（柱顶）、地面等。
2. 墙体：包括檐墙、山墙、隔墙等。
3. 大木，可再细分，包括但不限于：
　1）柱子和梁架；
　2）斗栱；
　3）椽子和望板（合称"椽望"）。
4. 屋顶：包括苫背、瓦面、屋脊、脊饰等。
5. 装修：包括门窗、天花、藻井、隔断等。

以上每一部分在建造时，是分别由不同工种相对独立完成的，各工种协作下形成了建筑物的整体。

编绘测稿时，虽然一般从平面、立面、剖面图分别入手，但也应明确分解出所画对象属于上述哪个部分，在最终的计算机制图的图层设置中，这些内容也都有所体现（参见第 10.4 节）。表 7-2 大致梳理了平面、立面、剖面各视图所表达的内容与建筑各组成部分之间的关系，供读者理解参考。

表 7-2　古建筑各部位与各视图表达内容对照表

	柱网	标高	台基	墙体	梁架	斗栱	椽望	瓦顶	装修	陈设	环境
平面	△	△	△	△					△	△	△
立面	△	△	△	△	△	△	△	△	△		△
剖面	△	△	△	△	△	△	△	△	△	△	

续表

	柱网	标高	台基	墙体	梁架	斗栱	椽望	瓦顶	装修	陈设	环境
仰视平面	△				△	△	△		△		
屋顶平面								△			
详图			△	△	△	△	△	△	△	△	

注：环境包括建筑周边的道路、绿植以及相邻的其他建筑。

7.3 测稿画法要点

本节将结合古建筑的具体特点，就各类测稿画法和要求按平面、立面、剖面、仰视图和详图的顺序进行要点提示。下文中"详细绘制的内容"，是指需要将所列内容进行索引放大（参见第 7.1.3 节），以便表达细节，注记尺寸。复杂对象应使用多视图表达。详细绘制的内容是否在正式成图时列入详图，视测绘项目需求而定（参见第 10.1.4 节）。

> 以下这些提示无法覆盖现实中所有的情况，所提到的某些构部件也不是每个建筑都有的，需要读者举一反三，灵活掌握。

7.3.1 平面图

1. 概述

根据建筑物现状绘制平面图，若为楼房则应绘制各层平面图。图中应表达清楚柱、墙体、门窗、台基等基本内容。铺地、散水，以及阶条石等要反映出铺装规律。一般宜从定位轴线入手，然后定柱础、柱子、画墙、开门窗，再深入细部（图 7-18，建筑模型参见图 7-17a）。

根据空间划分和地面铺装形式、规格变化，确定地面的分区，如图 7-18 所示，可分为室内地面、廊子地面和月台地面。在找寻地面铺装规律时，应尽量还原第一块砖位置（图 7-19）。

2. 详细绘制的内容

1) 墙体中特殊的转角、尽端处理以及墙体；柱子与门窗交接的部分可入门窗详图；

2) 各式柱础，用多视图表达；

3) 有雕饰的门枕石、角石等，用多视图表达；

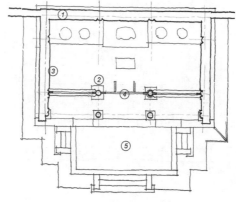

图 7-18 平面图测稿（局部）及绘制顺序示意
①—轴线；②—柱础、柱；
③—墙体；④—门窗；
⑤—其他部分

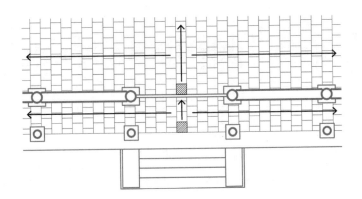

图 7-19 地面铺装规律示意

4）踏跺；

5）必要的铺地、散水以及台基石活局部；

6）画出建筑与道路、院墙或其他建筑的交接关系。

3. 清点并注记数量的构件

1）台明、室内地面及散水的铺地砖或木地板；

2）阶条石、土衬石等。

4. 其他注意事项

1）平面图中应"关窗开门"；

2）平面图中柱子断面按柱底直径画；

3）墙体一般剖切在槛墙和下碱以上，即剖上身，看下碱；剖断部分的墙厚为墙上身根部尺寸；

4）门窗、槅扇、花罩、楼梯以及其他不可能在平面图中表达清楚的部位和构件，均需专门画出完整详图，参见第 7.3.6 节；

5）栏杆等详图可归入立面测稿。

7.3.2 立面图

1. 概述

立面图反映建筑的外观形式，一般包括正立面、侧立面和背立面图等（图 7-20、图 7-21）。某些异形平面的建筑，如曲尺形、凹字形廊子，无所

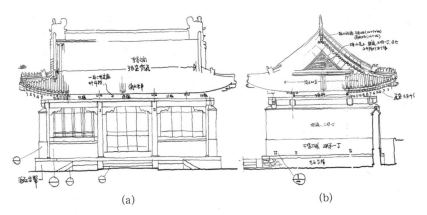

图 7-20 立面图测稿（局部）示例
(a) 南立面；
(b) 东立面

图 7-21 立面图测稿示例实景

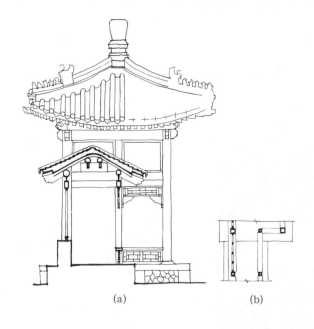

图 7-22 建筑相连时立面图画法示例
(a) 亭子侧立面图,应画出廊子的剖面;
(b) 平面图(局部)
(图片来源:摹自《中国建筑设计参考资料图说》)

谓正、背,可按其方位称"南立面""东立面"等。当不同建筑交接在一起时,比如正房两山接廊子或耳房时,其侧立面其实是廊子或耳房的相应剖面图(图7-22),其他情况类同。

观察建筑整体外观的时候,有条件时应当退后足够距离,并通过左右移动尽量正对建筑各个局部观察,以克服"透视变形"带来的困扰,有助于更好把握建筑整体的高宽比例。此外,立面测稿还应当正确反映每一间的高宽比、柱子细长比等主要特征。一般从檐口(大连檐下皮)或者额枋(檐枋)起笔,再确定地面位置,然后每间按比例分好(图7-20)。

2. 特殊部位画法提示

1) 翼角画法

翼角起翘是中国古建筑最显著的特征之一,包括翼角的竖向翘起即"翘"和水平伸出即"冲"(图7-23),不同地域和时代的古建筑因起翘变化不同而各具特色,也给编绘测稿带来了挑战。以下给出了一套翼角部分立面绘制的方法和步骤,其关键是:以大连檐为骨架线,向下划分椽子,向上画出瓦垄(图7-24、图7-25)。

图 7-23 古建筑翼角的翘和冲

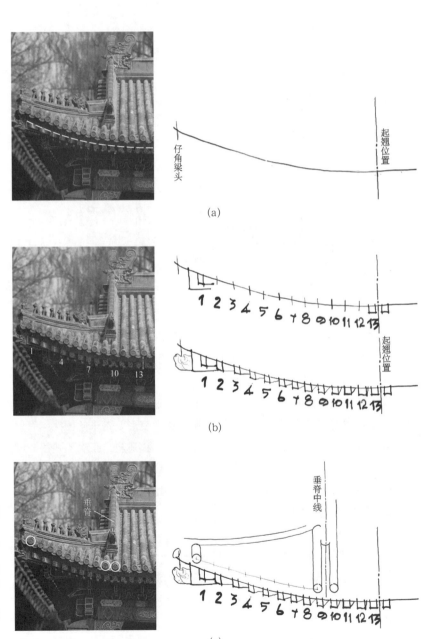

图 7-24 翼角部分测稿画法示意
(a) 确认开始起翘的位置，并画出关键骨架线：连檐；
(b) 确定翼角两端椽子 1 和 13 位置，中间大致平分，然后画出所有椽子；
(c) 确定垂脊中线和关键瓦垄

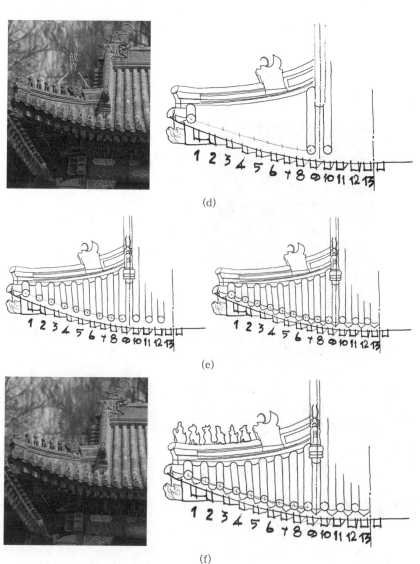

图 7-24 翼角部分测稿画法示意（续）
(d) 画出戗脊（端头需另画大样）；
(e) 画出翼角所有瓦垄和垂脊、垂兽；添加滴水；
(f) 添加小跑等细节，完成

> ℹ 确认翼角起翘椽子的小技巧：走到翼角下仰望观察，如图 7-25 所示，从椽子后尾结束的位置即可判断是否开始起翘。

图 7-25 从翼角下方观察以确认开始起翘的椽子

2）额枋与柱的交接

注意柱子与额枋（檐枋）交接处的正确画法（图7-26），可作为其他类似节点参考。

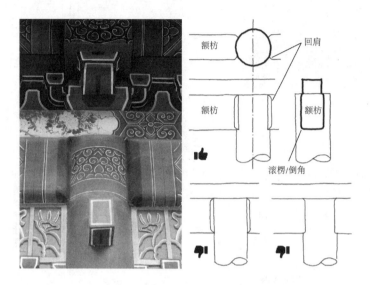

图7-26 常见的柱、檐枋（额枋）交接关系画法示例

> ▲额枋本身有滚楞（倒角），与柱子交接处又需做回肩。若不加分析，极易形成图7-26中的错误画法。

3．详细绘制的内容

1）台基、踏跺、栏板：除立面外，同时画出平面及横断面图；

2）雀替、挂落、花板等构件；

3）山墙墀头：除正立面外，同时画出侧立面，并画清砖缝的层数和砌法；

4）排山及山花（图7-27），注意博缝板上的梅花钉与内部檩子的对位关系；

5）屋面转角处：如硬山、悬山顶垂脊端部及歇山、庑殿顶翼角部分（图7-28）。注意：①部分构件在45°方向上，投影要正确（图7-29）；②画清吻兽位置与瓦垄的大致对位关系。

> ▲受透视现象迷惑，画出的45°戗脊上的筒瓦比正常尺寸小（图7-28c）。
> ▲受透视现象迷惑，将水平线脚在立面上的投影画成倾斜的（图7-29a）。

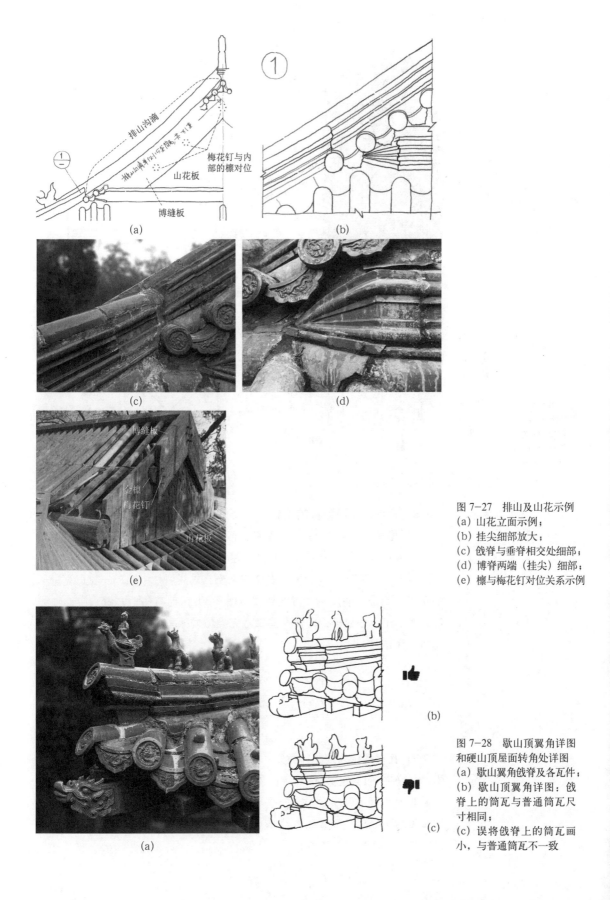

图 7-27 排山及山花示例
(a) 山花立面示例；
(b) 挂尖细部放大；
(c) 戗脊与垂脊相交处细部；
(d) 博脊两端（挂尖）细部；
(e) 檩与梅花钉对位关系示例

图 7-28 歇山顶翼角详图和硬山顶屋面转角处详图
(a) 歇山翼角戗脊及各瓦件；
(b) 歇山顶翼角详图：戗脊上的筒瓦与普通筒瓦尺寸相同；
(c) 误将戗脊上的筒瓦画小，与普通筒瓦不一致

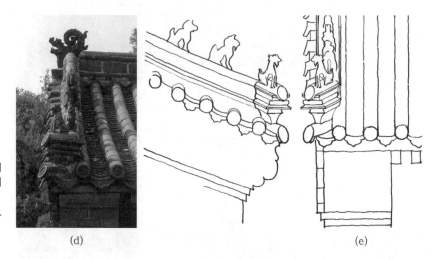

图 7-28 歇山顶翼角详图和硬山顶屋面转角处详图（续）
(d) 硬山屋顶垂脊端部及各瓦件；
(e) 端部详图

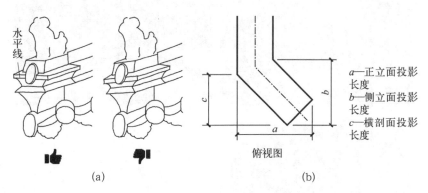

图 7-29 硬山悬山顶垂脊端部 45° 转角处相关投影问题
(a) 水平线脚在立面图上仍是水平线；
(b) 45° 转角处在各视图上的长度并不相等，三者关系为：$a>b>c$

a—正立面投影长度
b—侧立面投影长度
c—横剖面投影长度

4. 清点并注记数量的构件

1) **檐椽、飞椽的分布与数量**：区别具体情况，清点每一间正身檐椽、飞椽数量，单独清点翼角起翘檐椽、飞椽数量，并对应注记在测稿上（图 7-24、图 7-32）。以明清官式做法为例，轴线（柱中线）一般正对椽子的空当，不分间清点必然导致错误（图 7-30）。而有些地方做法中，轴线恰好对位于一根椽子。即使有些做法无类似规律，分间清点也可以将轴线作为中间参照；

> ⚠ 清点椽子时不分间，造成椽数不对，椽与柱中（梁头）关系失准。

2) **瓦垄的排列规律和数量**：依屋顶形式不同，分类、分段清点瓦垄，看清"坐中"瓦垄。以筒瓦歇山屋面为例，前后坡应分别清点两垂脊以外及两垂脊之间的瓦垄数，判断是"勾头坐中"还是"滴水坐中"；两山应以戗脊转折处对应瓦垄为界线清点各段瓦垄数（图 7-31）；以上在测稿上用文字注记清楚（图 7-32）；

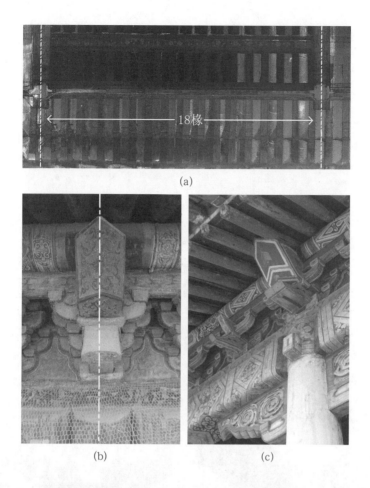

图 7-30 按间清点正身椽数量示例
(a) 某建筑点云影像（梁架仰视）：两轴线间有 18 根椽子，轴线对位椽子的空当；
(b)(c) 清官式做法中梁头与椽子关系示例：梁头尖端正对空当，否则产生冲突

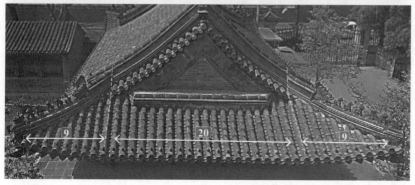

图 7-31 分段清点瓦垄数示例

> ▲ 清点瓦垄时不分类、分段，总数虽然正确，但局部有误，关系失调。

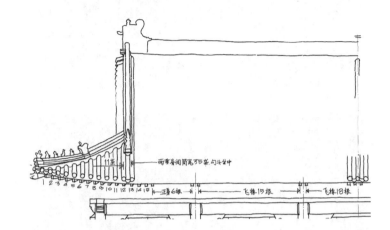

图 7-32 注记瓦垄和椽子的数量示例

3）**砖墙的排列组砌方式和层数**：除清点砖的行数外，应分清卧砖、陡板等摆砌方式及十字缝、三顺一丁、五顺一丁等砖缝形式，特别要注意画清墙面尽端或转角处的排列方式（图 7-33）；

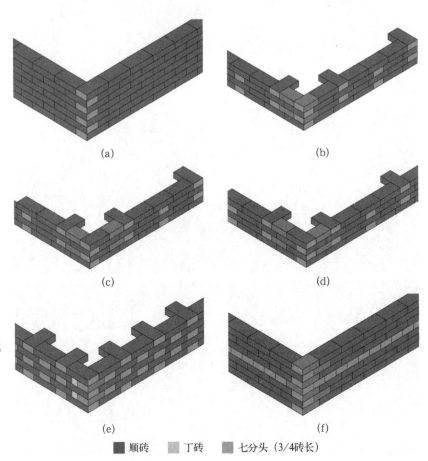

图 7-33 常见砖缝形式示例
(a) 十字缝；
(b) 三顺一丁之一；
(c) 三顺一丁之二；
(d) 三顺一丁之三；
(e) 一顺一丁；
(f) 多层顺砖一层丁砖

4) **其他砌体**如台帮、山花等处的砖缝形式和层数；
5) **铃铛脊、排山勾滴**的分布与数量（图 7-27）。

> ⚠ 虽然注意了砖缝的宏观形式，但忽略了转角、尽端的细部处理，导致正式绘图时转角部分失准。

5. 其他注意事项

1）斗栱、门窗以及其他不易在立面图中表达清楚的部位和构件，均需专门画出完整详图；

2）瓦顶上的吻兽、屋脊等细部可归入屋顶平面测稿，留待屋顶测量时补画。

7.3.3 剖面图

1. 概述

剖面图主要反映建筑的结构和内部空间，一般包括各间横剖面图及纵剖面图（图 7-34、图 7-35）。

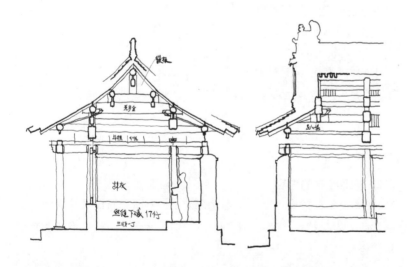

图 7-34 剖面图测稿（局部）示例

图 7-35 剖面图测稿示例实景

对典型的矩形平面建筑来说，横剖面、纵剖面是这样区分的：横剖面图的剖切方向与矩形平面的长方向（一般为建筑正面）垂直，一般向左投影（图 7-36a、c）。至少应有明间剖面和稍间剖面；如各间有异，每间都应有横剖面图。

纵剖面图的剖切方向与矩形平面的长方向（一般为建筑正面）平行，一般向后投影（图 7-36b、c）。如前后有异，则画前视、后视两个剖面。

剖面图应同时按制图标准编为 1-1 剖面、2-2 剖面等。尤其当建筑平面和形体比较复杂时，可酌情选定剖切位置和剖面图数量，并不受"横剖"或"纵剖"所限。

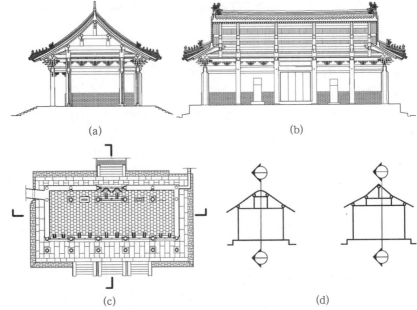

图 7-36 横剖面、纵剖面图剖切方向示意
(a) 横剖面图（1-1 剖面）；
(b) 纵剖面图（2-2 剖面）；
(c) 平面图（标明剖切位置）；
(d) 纵剖面的剖切位置示意 左图：双脊檩时剖切位置在正中；右图：单脊檩时剖切位置稍偏

2. 详细绘制的内容

1）梁架局部放大，以便详细注记梁、枋、檩的断面尺寸及倒角；要注意梁头、梁身的尺寸变化（图 7-37），以及椽子上下搭接方式及脊檩上的椽子搭接方式（图 7-38、图 7-39）；

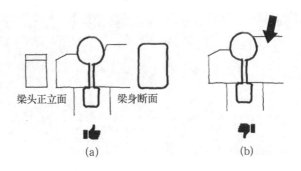

图 7-37 梁架节点详图示例
(a) 梁头、梁身的尺寸有变化；
(b) 所画檩椀尺寸使檩头难以放入

▲ 未注意梁头、梁身尺寸上的变化。
▲ 檩椀形式及尺寸不对，使檩头难以放入（图7-37b）。

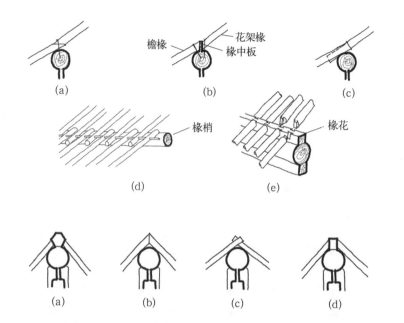

图7-38 椽子上下搭接常见方式
(a) 压掌做法（斜搭掌式）；
(b) 交掌做法（多用于檐椽与花架椽的连接），以上北京地区多见；
(c)、(d) 乱搭头，有些用椽梢，山西地区常见；
(e) 椽花，甘青地区常见

图7-39 脊檩上椽子的搭接常见方式
(a) 扶脊木；
(b) 无扶脊木；
(c) 乱搭头；
(d) 椽花

2）檐口部分局部放大，交代清楚瓦件、瓦口木、连檐、檐椽、飞椽等构件的关系；

3）纵剖面图上要详细交代悬山或歇山的出山（出际）部分，包括山花、博缝板等；

4）墙体的砖檐，除画出断面外，应画出对应的局部立面，交代清楚每皮砖与线脚的关系（图7-40）。

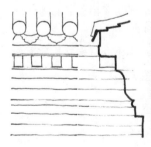  

图7-40 砖檐详图示例

3. 清点并注记数量的构件

1）出山（出际）部分的椽数；

2）各步架椽子排列不一致的情况下（如采用乱搭头做法）椽子数的变化情况。

4. 其他注意事项

1) 檐椽是一根直椽，不能画成弯曲或弯折的（图7-41）；

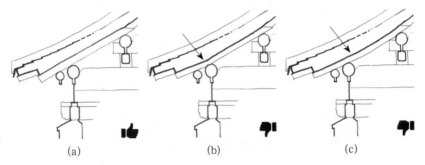

图 7-41 画檐椽时的常见错误
(a) 正确画法；
(b) 误将一根椽子画成折线；
(c) 误将椽子画成弧线

⚠ 误将檐椽画成弯曲或弯折的（图7-41b、c）。

2) 角梁详图可归入梁架／天花仰视测稿；
3) 剖面图中应"关窗关门"；
4) 在地面勾画测稿时，高处的梁架不易看清，这时不应勉强从事，可留待梯子或脚手架架好后补画；
5) 斗栱、门窗、槅扇、花罩、楼梯以及其他不易在剖面图中表达清楚的部位和构件，均需专门画出完整详图。

7.3.4 梁架／天花仰视图

1. 概述

梁架／天花仰视图是在柱头附近位置剖切，然后对剖切面以上部分采用镜像投影法（图7-42）得到的平面图（图7-43、图7-44）。镜面投影的结果是其方位与平面图完全一致，若藻井在明间偏后位置，则仰视图中也在明间偏后位置。天花／梁架仰视图一般反映了建筑的结构布置或天花形式（若有天花），所以也称**结构平面图**或**天花平面图**。

仰视图的剖切位置：对有斗栱的建筑一般从斗栱坐斗（栌斗）底面剖切，无斗栱则从檐柱柱头处的檐枋底皮处剖切（图7-45）。

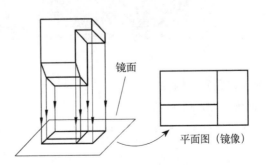

图 7-42 镜像投影法

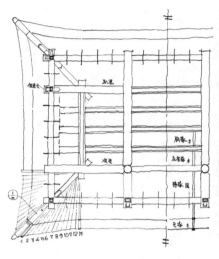

图 7-43 梁架仰视图(局部)测稿示例(左图)

图 7-44 梁架仰视图示例实景(右图)

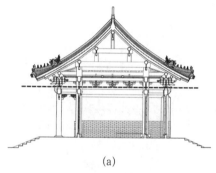
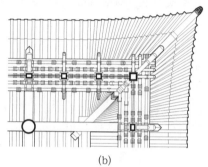

图 7-45 仰视图剖切位置示意
(a)剖切位置;
(b)仰视图(局部)

2. 详细绘制的内容

1)**角梁详图**:按仰视和 45°方向剖切绘制(图 7-46),应画清梁头、梁身及后尾露明部分的形态及其与檐檩、金檩的关系。不可见部分留白。

2)**翼角椽子的排列**,包括翼角椽数量,起止分布规律及其与角梁的关系,以及自身断面上的变化。例如,在明清官式做法中,翼角椽子后尾并非会聚到一点,而椽头露明的部分断面基本保持不变。

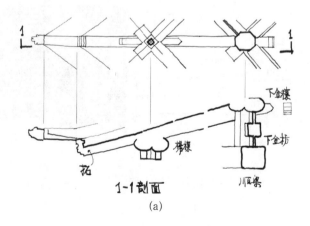

图 7-46 角梁详图示例
(a)角梁详图

图 7-46 角梁详图示例（续）
(b) 角梁实物照片，从梁头到梁尾

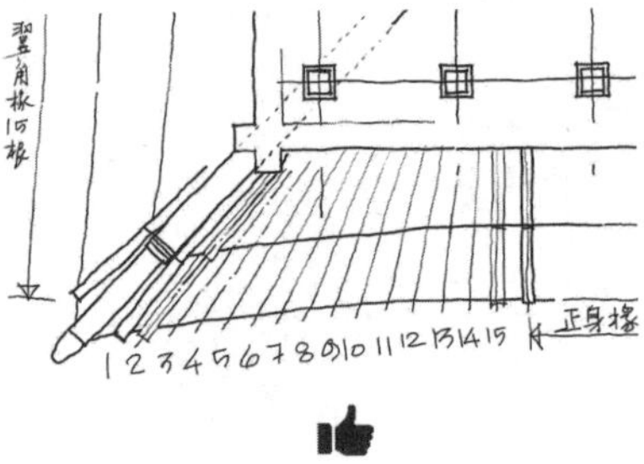

图 7-47 翼角部分的仰视图
(a) 正确画法；
(b) 误将椽子画成一头大一头小

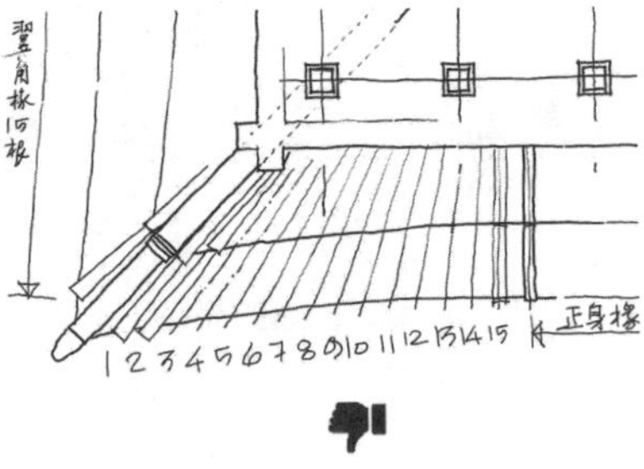

⚠ 误将明清官式建筑的翼角椽子的椽头部分画成"椽头大，椽肚小"（图 7-47b）。

3）用于抬升翼角椽的**衬头木**（枕头木、生头木，图 7-48）不应忽略。

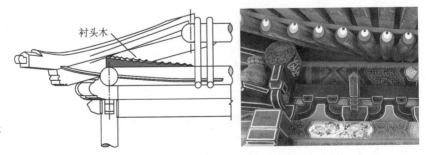

图 7-48 用于抬升翼角椽子的衬头木示例

4）**天花、藻井**：取典型单元和构造节点，用仰视图组合其他视图勾画详图。

3. 清点并注记数量的构件

1）天花的分格；
2）各步架椽子排列不一致时（如采用乱搭头做法），椽子的变化情况；
3）藻井中斗栱和其他重复性构件的数量。

7.3.5 屋顶平面图

1. 概述

屋顶平面的内容相对简明，可只画一个平面简图，然后从上面放大索引出各种细部即可（图7-49、图7-50）。瓦垄数的清点和注记归立面测稿。

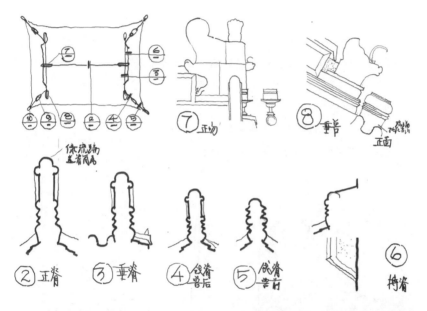

图 7-49 屋顶平面测稿（局部）示例

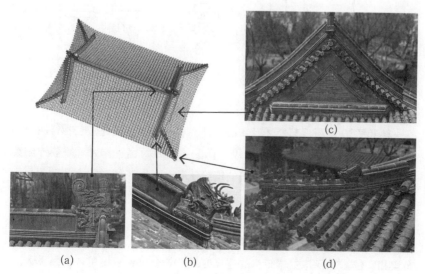

图 7-50 屋顶平面测稿示例实景
(a) 正脊和正吻；
(b) 垂脊和垂兽；
(c) 博脊和山花；
(d) 戗脊和戗兽

2. 详细绘制的内容

1）不同部位的屋面曲线、屋脊曲线；注意一定要交代清楚曲线的起点和终点（图7-51）；

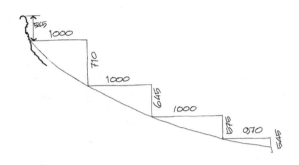

图7-51 屋面曲线测稿

2）不同屋脊交接的节点，如正脊与垂脊、垂脊与戗脊的交接处；

3）屋面转角处，例如歇山顶翼角，悬山顶垂脊端部；

4）不同屋脊的断面图；如断面有变化，则画全所有断面；例如清官式做法中的戗脊有兽前、兽后之分（图7-49）；

5）不同吻兽的简图，注意将吻座、兽座画全（图7-52）；

6）脊饰、勾头、滴水等其他瓦件。

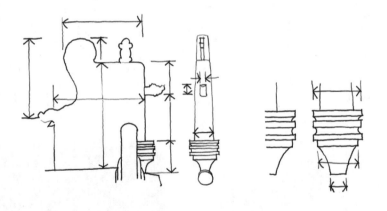

图7-52 正吻详图示例

7.3.6 详图

除第7.3.1—7.3.5节所述基本图纸外，成套的图纸里还应包括详图（参见第10.1.4节）。在测稿编绘阶段，详图的部分内容，作为"需要详细绘制的内容"已列入前述各类测稿的编绘任务。而有些相对独立的对象，则专门列入详图测稿的编绘任务，如斗栱、门窗、楼梯、室内隔断、固定陈设等。

需要强调的是，详图不仅要表达被测对象本身，还应表达被测对象的布置和定位，以及与主体结构的连接方式。复杂对象应使用多视图表达。

1. 斗栱详图

概述

斗栱是中国古建筑中形象最丰富、构造最复杂的对象之一，测稿编绘的任务具有挑战性（图 7-53）。首先应整体上调查斗栱的类型和分布，并画出其分布简图（图 7-54）。常见的有柱头科（柱头铺作）、平身科（补间铺作）、角科（转角铺作）和内檐隔架科等若干大类；根据细节不同，如相连构件、栱长、雕饰的变化等，又可以细分，恕不能一一详述。

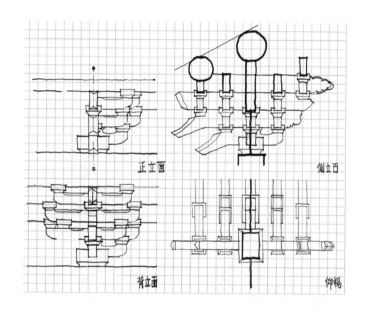

图 7-53 斗栱详图测稿（局部）示例

勾画斗栱时最好熟悉斗栱用"材"或"斗口"，以及权衡比例，循其规律勾画，效率可大大提高。观察、勾画时**宜从侧立面入手**，因为侧立面既形象鲜明，又层次清晰，容易把握；而正立面层次不清，仰视图不是典型形象，直接勾画均较为困难（图 7-53）。

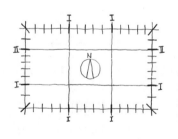

图 7-54 斗栱分类与分布简图示例
外檐斗栱 4 种：①—角科，位于轴网四角；②—平身科，位于轴线之间；③—柱头科Ⅰ、Ⅱ类，位于轴线交点

绘制斗栱时建议使用浅色坐标纸。如图 7-55 所示，本书以一组（攒/朵）斗栱的侧立面为例，给出其绘制步骤，供练习中参考，并揣摩其规律性。

斗栱侧立面画好后，则可按长对正、高平齐、宽相等的要求，对应画出仰视平面、正立面、背立面等其他视图（图 7-53）。注意，仰视图的剖切位置在坐斗（栌斗）斗底。

斗、栱、昂等各类构件，可进一步索引放大，并画出不同视图，以利于测量时注记尺寸（参见第 8.4 节）。斗栱上很多构件，需要实拓或摄影，应做好交叉索引。

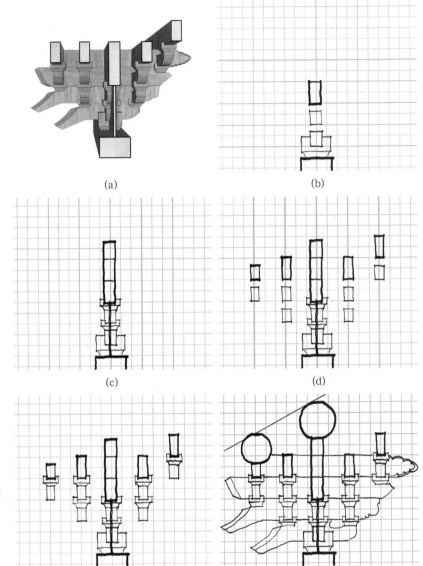

图 7-55 勾画斗栱侧立面步骤示例
(a) 被测对象；
(b) 设每 1 格为 1 斗口，材高假定 2 斗口，画出正心位置上的坐斗及栱、枋占位；
(c) 画全相应的小斗、垫板等；
(d) 出跳假定 3 斗口，画出里外出跳各栱、枋占位；
(e) 画全相应的小斗；
(f) 画出各层出跳构件及上方的檩，完成

2. 门窗详图

门窗详图不仅包括门扇、窗扇，而且包括门槛、抱框及与其相连的柱、枋、墙体等构部件，还应表示开启方向，交代门轴、上下门槛、五金等相关构件，应采用多视图表达（图 7-56）。

槅扇的槅心部分，可单独画成详图。槅心的图案一般可归纳出经纬网格构成的骨架，然后从一个角上开始画出若干单元即可（图 7-57）。

3. 其他详图

除以上部分涉及的细部详图外，还有诸如丹陛、楼梯、花罩、板壁、博古、彩画等许多建筑细部以及经幢、碑碣、塑像、佛龛、暖阁等附属文物，应根据具体情况单独画出详图，因篇幅所限，不再一一赘述。

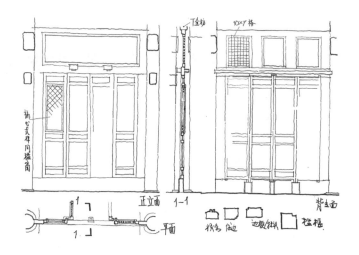

图 7-56 槅扇门详图测稿（局部）示例

⚠ 认为门窗详图就是门扇、窗扇的详图而忽略了其他部分。

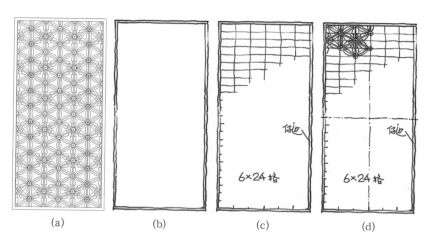

图 7-57 槅心立面画法步骤示意
(a) 三交六椀槅心；
(b) 先画出仔边；
(c) 归纳出经纬网格；
(d) 从一个角上开始画出若干单元

7.3.7 编制、填写表格

在测稿编制的同时，应该开始编制或者填写"建筑基本信息表""建筑控制性尺寸表"和"建筑构件表"等。这里用"编制"而不是简单"填写"，是因为除"基本信息表"外，控制性尺寸和建筑构件的内容是因建筑不同而各异的，无法统一，每张表基本都是独特的。这些表格在测量阶段之后的整理测稿阶段要基本完成。以上表格示例参见附录J。

填写表格，可以结合测稿图样，了解、熟悉建筑各部分构成和构件名称，有利于更深入理解建筑本身。

虚拟仿真实验视频

7.3.8 虚拟仿真实验

针对本章相关内容，本书设置了虚拟仿真实验，作为对初学者的编绘测稿基本技能的训练和考察，参见附录E。

第 8 章　建筑测绘（二）：
建筑测绘测量作业概述与手工测量

按古建筑测绘工作流程，初步测稿编绘之后，进入建筑测绘的测量阶段包括控制测量和建筑测量。实际操作之前，需要了解测量作业的基本要求、各级测绘的相关要求，以及制图依据的权衡与选择，以明确相应的测量对策。

第 4.3 节总结了建筑测绘典型的 3 种测量技术组合方式，均涉及手工测量，可以说，尽管测量技术不断革新，但在高质量的测绘中手工测量仍然不能缺席。本书又考虑到暂无条件使用新技术的读者，所以本章仍以相当篇幅介绍手工测量方法，并述及手工测量与其他技术的配合与衔接。

8.1　建筑测绘测量作业概述

如第 4.3 节所述，古建筑测绘往往需要综合利用各种测量技术，其典型的技术组合方式或称工作模式有 3 种：模式一三维激光扫描和 / 或摄影测量与手工测量；模式二常规地面测量仪器辅助下的手工测量；模式三手工测量为主，或辅以简单测量仪器。在测量作业中，无论采用哪种方式，都应符合下文中的技术要求。

8.1.1　建筑测绘测量作业基本要求

除遵循第 4.1 节关于安全第一、分级实施、理解优先、可追溯性等基本原则外，建筑测绘的测量作业还应遵守以下基本要求。

1. 根据具体需求确定级别和比例

应根据需求确定测绘精度和广度等级，用于建筑测绘的控制测量和碎部测量精度应符合表 4-3、表 4-5 的规定。在进行测量作业之前，应按表 4-2 的规定选择恰当的比例，并在测量精度上与所选比例相匹配。建筑测绘中一般将 1：50 作为平面、立面、剖面图最常用的比例。

2. 从整体到局部，先控制后碎部

这是一条重要的测量学原则，目的为了限制误差的传播，使不同局部采集的数据能够统一成整体。体现在作业顺序上，就是先控制测量，后碎部测量,参见第 2.2 节。

另一方面,由于建筑在设计建造时又遵循自身的空间框架(定位轴线和关键标高,参见第 7.2.1 节),这一原则在建筑测量中又体现为细部尺寸服从于控制性尺寸,或者分尺寸服从于总尺寸。控制性尺寸是指构成建筑的空间框架、整体轮廓和结构大小的尺寸,如定位轴线、关键性标高、轮廓尺寸等(图 8-1)。意识到控制性尺寸和细部尺寸的区别,对点云的利用以及手工测量与点云的配合也具有重要意义(参见第 8.3.7 节)。

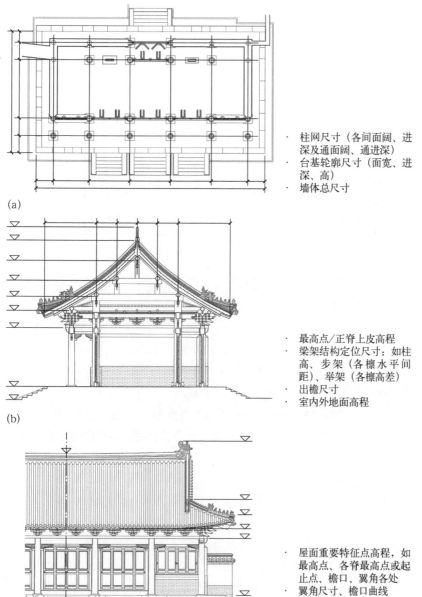

· 柱网尺寸(各间面阔、进深及通面阔、通进深)
· 台基轮廓尺寸(面宽、进深、高)
· 墙体总尺寸

(a)

· 最高点/正脊上皮高程
· 梁架结构定位尺寸:如柱高、步架(各檩水平间距)、举架(各檩高差)
· 出檐尺寸
· 室内外地面高程

(b)

· 屋面重要特征点高程,如最高点、各脊最高点或起止点、檐口、翼角各处
· 翼角尺寸、檐口曲线
· 檐口高程
· 柱头高程

(c)

图 8-1 建筑上重要控制性尺寸示例
(a) 平面图;
(b) 横剖面图;
(c) 正立面图(局部)

根据《规程》要求，采用手工测量时，反映建筑轮廓和结构的重要控制性尺寸应至少测量 2 次，2 次测量值的较差应符合表 4-3 关于通尺寸或结构性构件尺寸的规定。取 2 次测量的平均数作为最终结果。

3. 方正、对称、平整等不能主观假定

建筑各部位、构件是否对称、方正或平面是否平整，不能仅凭肉眼观察就主观认定，而应当用数据验证。

4. 充分注意一些特定情况

测量应充分注意某些建筑构部件在空间形态上的微妙变化或者断面形式、尺寸的改变，尤其是这些变化反映了特定时代、地域或者建造者个性特征时。例如，柱的收分、侧脚及生起，翼角起翘，地面泛水（坡度变化），墙体收分，屋脊生起等，是不能忽略的，应测量其尺寸上的差异（图 8-2）。

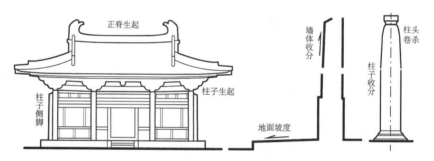

图 8-2 测量中应充分注意的一些特定情况示例

8.1.2 各级测绘的测量要求

1. 全面测绘

除限于客观条件无法探测者外，应测量所有重要建筑构部件。测量的数据应符合全面测绘的图纸深度要求（参见第 10.1.4 节），精度上应符合一级要求。平面、立面、剖面图的比例不宜小于 1∶50，体量较大的建筑可适当缩小比例，但不应小于 1∶100。

对于大量性重复构部件应根据形态特征和尺寸进行分类，若同类构部件数量不足 5 个，应全部测量；数量大于 5 个时，则测量的数量不应少于 5 个。

2. 典型测绘

测量的数据应符合典型测绘的图纸深度要求（参见第 10.1.4 节）。样本测量精度应符合二级要求。平面、立面、剖面图的比例以 1∶50 为宜，不宜小于 1∶100。

在对建筑构部件按形态特征和尺寸进行分类、根据具体需求进行历史分期的前提下，测量范围应覆盖所有不同历史时期、不同类别的构部件。对重复部分至少应选择 1 个 / 组典型样本测量，条件允许时宜多测几组。典型样本的选取应科学合理（参见第 8.1.3 节中 3.选择典型构部件的原则）；

选取的依据和具体位置应在测稿上图示或说明（且最终应体现在项目技术报告和成果图纸上）。

3. 简略测绘

测量的数据应符合简略测绘的图纸深度要求（参见第 10.1.4 节）。样本测量精度应符合三级要求。平面、立面、剖面图的比例不宜大于 1∶100。

参照典型测绘选取典型样本测量，依据项目需求可缩减测量部位的类型覆盖。

8.1.3 制图尺寸依据与测量对策

测量内容和要求实际跟最终要表达内容和深度直接相关，例如需要在测量前就要确定制图比例。同样，对最终图纸的制图尺寸依据等情况，也应事先分析和确定，这就涉及样本尺寸和现状尺寸的概念。

1. 样本尺寸和现状尺寸

第 4.2 节提到，典型测绘对应抽样调查中的典型抽样，因而对应提出了"样本尺寸"的概念；与之相对的则是来自全面测绘的"现状尺寸"。所谓现状尺寸指对象本身的尺寸，即不考虑可能的规律性而得到的差异化的测量值。样本尺寸则指考虑对象的规律性、忽略其微小差异而选取的典型样本的测量值。其中"典型样本"就是典型构部件。关于现状尺寸和样本尺寸的进一步解释，参见第 10.1 节。

2. 制图尺寸依据选择与测量对策

原则上说，全面测绘总体上用现状尺寸制图，典型测绘总体上用样本尺寸作图，但并不意味着两者完全泾渭分明，实际两者在局部上可能互相包含。面对保存状态不同、情况繁简不一的古建筑，需要综合考虑更多因素。在按现状尺寸和按样本尺寸制图之间进行选择时，宜综合考虑具体需求、对相关形制特征及规律的把握程度、技术条件、现状与样本尺寸之间的差异程度、图纸比例、重复性对象的数量等因素。表 8-1 列举了上述影响因素和制图建议，据此可制订相应的测量对策，作为实施测量时的参考。需要强调的是，表中所列各选项之间可能存在矛盾，需要根据测绘项目的需求和目的，综合权衡取舍。

表 8-1 针对样本尺寸和现状尺寸的测量对策

影响因素	制图建议	测绘级别	测量对策
具体需求	若需详细表达差异和变形情况，提供详细信息索引，宜按现状尺寸制图	典型测绘	不宜采用典型测绘
		全面测绘	测量数据要尽量全面覆盖，宜优先采用三维激光扫描或摄影测量技术，补充必要的手工测量

续表

影响因素	制图建议	测绘级别	测量对策
对相关形制特征及规律的把握程度	若对相关规律缺乏深入理解，不宜按样本尺寸制图	典型测绘	应深入理解和分析建筑设计和建造逻辑和规律性，并确认典型样本；若短时难以深入研究，不宜采用典型测绘
		全面测绘	除全面采集数据外，也应深入理解分析建筑
数据采集技术条件	若采用三维激光扫描技术、摄影测量技术能生成点云、正射影像的，可考虑用影像或图表表达变形，图纸可按样本尺寸制图；若受采集手段限制，获取数据不足，不建议按现状尺寸制图	典型测绘	积极通过现场观察分析、必要的手工测量，结合点云数据综合分析确定典型样本；若受采集数据技术条件所限，则更应积极在通过现场观察分析和有限数据确定典型样本
		全面测绘	全面采集数据
现状与样本尺寸之间的差异程度	若现状各部分差异较大，变形严重，情况复杂，难以确定典型样本时，宜按现状尺寸制图	典型测绘	若出现在建筑整体，不宜采用典型测绘；若出现在局部，应通过现状分析、查阅档案、走访知情者等方式尽量探求其旧貌，找到处于正常状态的部分进行测量；对无法确定的，局部按现状尺寸制图，测量时应采集足够详细的数据；若存在后期不当干预、拆改，对其中文物价值不高的内容，如安装的现代门窗，可降低图纸深度和相应测量要求
		全面测绘	全面采集数据，同时应分析破坏原因和机理，并通过现状分析、查阅档案、走访知情者等方式尽量探求其旧貌；若存在后期不当干预、拆改，对其中文物价值不高的内容，如安装的现代门窗，可降低图纸深度和相应测量要求
图纸比例	有关变形和差异较小，在比例较小的图样上难以表达时，可按样本尺寸制图	典型测绘	典型测绘：相关变形可通过在典型测绘图上标注；测量时可只针对典型样本
		全面测绘	全面测绘：变形可通过详图表达，测量时应采集足够详细的数据
重复性对象的数量	当重复性对象超过5个时，重复的部分可按样本尺寸制图	典型测绘	可只测量典型样本
		全面测绘	制图要求针对全面测绘提出，无论如何需要全面采集数据

注：简略测绘根据情况可参照典型测绘的测量策略。

3. 选择典型构部件的原则

典型构部件的选择和对样本尺寸的测量，对典型测绘来说至关重要，甚至决定了测绘成果的质量高低与成败，因此应注意遵循以下原则。

1) **构部件分类精细化**：在对建筑构部件按功能、形态和规格进行分类、并根据需要进行历史分期的前提下，典型构部件应覆盖所有不同历史时期、不同类别的构部件；分类不宜过于粗略；古建筑经多次修缮后，某些局部或构件可能会变动或更换，后换构件与旧有构件可能存在差异；勘测时应仔细观察，将新旧构件归入不同类型，分别确定其典型构件加以测量；

2) **排除变形干扰**：典型构部件选取时，应尽量排除变形的干扰，寻找最接近健康状态的构部件；

3) **典型构部件的同一性**：测量时应注意典型构部件或部位的同一性，测量一组结构或某一构部件时，仅限于这组结构内或针对这一组构部件进行测量，切忌随意测量不同位置的构部件，"拼凑"成完整的尺寸；

4) **尽量增加样本**：属于同类的重复性构部件或者结构中许多有相互关系的尺寸，宜多测量几个（组），样本越多，分析结果越接近真实情况；按全面测绘的要求，数量多于 5 个时，样本不宜少于 5 个；

5) **把握差异性和规律性**：若初判为同类构部件的部分在勘测中发现尺寸有明显差异，且有一定规律时，应考虑是否为特殊的构造做法和特征，深入研究或许能发现新的时代或地域特征；例如，一些古建筑的梁栿采用自然弯曲的圆木稍作加工而成，所以即使地位相同的梁栿，其体形和尺寸也均不相同，应逐一测量；否则就有违其本身的形制特征。

样本选取的依据和具体位置应在测稿里随图注明，并最终体现在项目技术报告和测绘图中。

8.2 控制测量

建筑测绘的控制测量部分，可以单独进行，也可以与总图的控制测量合并进行，只是需要提高图根控制测量的精度指标，使其符合表 4-3、表 4-5 的要求。其技术方法与总图控制测量相同，可参见第 6.1 节，本章不再赘述。由于建筑测量需要更多的图根点，因此可以基于总图控制测量成果加密图根点。

控制测量的成果，可用于建筑重要特征点（碎部点）坐标测量和高程测量（参见第 8.4 节）、三维激光扫描和摄影测量（参见第 9 章）；也可以建立用于手工测量的基准，如水平基线、方格网和水准标志点、标志线等。

8.3 手工测量基本操作

8.3.1 手工测量的特点：用测距解决问题

手工测量主要利用 50m 卷尺、5m 小钢尺、手持测距仪等工具进行距离测量和简易高程测量，通过直角坐标法或距离交会法进行平面定位，必要时辅以水平尺、垂球、角尺、竹竿等工具。第 2.4 节介绍了 4 种平面位置的测定方法，即直角坐标法、距离交会法、极坐标法和角度交会法

(图 2-26~图 2-29)，其中后两种因涉及角度测量，因而手工测量无法采用。同样，高程测量也是使用测距工具用简易方法完成的（图 8-10~图 8-13）。因此，手工测量的特点是几乎所有测量问题都转化为测距问题。

8.3.2 连续读数法则

古建筑测量中，常常会测量诸如一排柱子的柱距和通长尺寸，须弥座各层线脚的高度和总高度等一组部件的分尺寸和总尺寸。若分别测量各段分尺寸和总尺寸（图 8-3a），理论上说，分尺寸之和应与直接测量的总尺寸相等。由于误差的存在，两者通常不等，这就需要本着"分尺寸服从总尺寸"的原则进行平差（参见第 2.6 节）。但是，为提高效率同时避免误差积累，在实际操作中，往往用钢尺将分尺寸和总尺寸一起测量，连续读数（图 8-3b）。这也是一种可行的平差方式。

这就是手工测量的"连续读数法则"：在可能的情况下，同一方向上的成组数据应一次性连续读数。同理，测量中凡能直接测量的长度应直接测量，均不允许分段叠加。

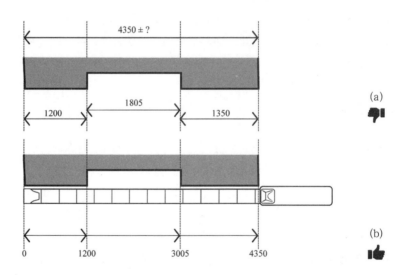

图 8-3 连续读数示意
(a) 分段读数；
(b) 连续读数

8.3.3 尺寸注记格式与测量进程表达

1. 尺寸注记的基本格式

针对连续读数的特点，在记录测量数据时形成了一套习惯的数据注记方式（图 8-3b），与一般建筑图的尺寸标注格式有很多不同：

1）尺寸起止点采用箭头，表示测量时的起点及连续读数过程中各测量点位置；起点处的箭头与其他箭头相反，若起点即卷尺零刻度则写"0"，否则应写出相应数字；

2）数字应注记在尺寸界线处，表示该点读数，而不是相邻起止点间的长度。

需要强调的是，这种注记方式不仅记录了数据，而且包含了测量过程的信息，在相关数据整理发生混乱、矛盾时，有利于回忆测量情景，找到错误原因。

2. 测量方式和过程的符号表达

正因为这种注记方式包含了测量过程信息，所以可以借助这些尺寸线、箭头符号来表示测量起止点、顺序和过程，不管是否注写数字。如图 8-4（a）所示，表示屋脊断面竖向尺寸的测量方式，是从脊的根部向上读数，依次得到各转折特征点的读数，最后测出脊的总高。实际操作过程如图 8-4（b）所示。

本书中的插图均用这种线段和箭头组合的符号，表示手工测量的起止点、顺序和过程。

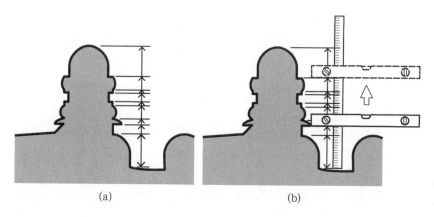

图 8-4 测量方式和过程符号表达示例：屋脊断面竖向尺寸的测量

3. 尺寸注记的其他要求

注记在笔迹颜色、单位和文字方向等方面的要求包括：

1）注记用笔宜与图线颜色不同；

2）除高程单位用米外，尺寸单位一律用毫米，书写时省略单位；

3）关联性尺寸宜沿线或集中注记，不宜分写各处，更不应跨页注记。避免因随意注记而造成漏量、漏记，影响工作效率和成果质量；

4）文字方向宜随尺寸线走向写成向上或向左。

4. 注记的简化

可以对一些构件的断面或形体尺寸进行简化注记，本书对此约定如下：

1）梁、枋等构件的断面尺寸：厚 × 高（图 8-5a）；

2）按制图标准要求，对确认为圆形断面的构件注记直径，在数字前写 Φ（图 8-5b）；注记薄板厚度时在厚度数字前加"t"；

3）瓜柱（蜀柱）类：看面（宽）× 垂直面（厚）× 高（图 8-5b、c）；

4）柁墩、角背、替木、驼峰等构件：长 × 高 × 厚；

以上要求同样适用于正式图纸。

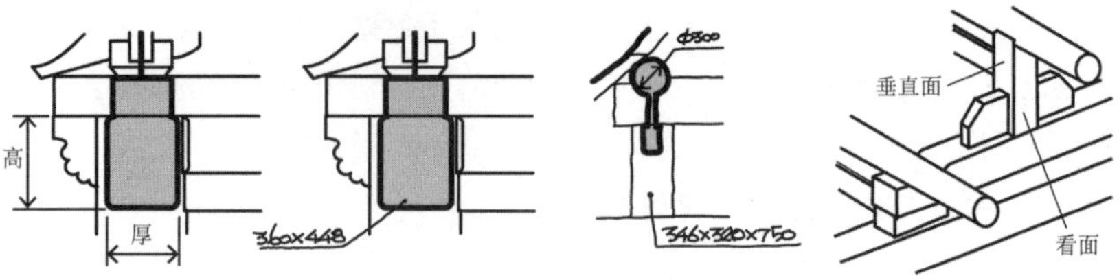

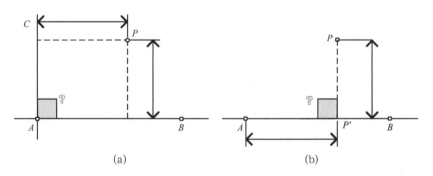

图 8-5 构件断面及形体尺寸简化注记示例

8.3.4 测量方法的具体运用

除理解前文提到的测量基本原理和方法，还需要明白这些方法具体运用时的关键问题和注意事项。

1. 利用直角坐标法

直角坐标法的原理和方法参见第 2.4 节中图 2-26。如图 8-6 所示，无论使用（a）、（b）中的哪种方法，都需要验证两条直线的正交状态：（a）需要验证 $\angle CAB$ 是否为直角，（b）需要验证 $\angle PP'A$ 是否为直角。在只能测距的条件下，传统上是借助勾股定理逆定理来确认的，即只要三角形三边的测量长度符合勾股数的关系，则可验证相应的正交关系。据研究，这种方法可以追溯到古埃及时代（图 8-7）。在室内布局允许的情况下，这种方法也可以用来验证房间是否方正（图 8-8）。

图 8-6 直接坐标法中（a）的应用场景仍以图 8-8 为例，若房间经验证是方正的，则可测量室内的特征点到前后檐墙和左右山墙的垂直距离，以此确定这些特征点相对于墙体的平面位置。而（b）的应用场景比较少见，每次需确定垂足的精确位置，所以多数情况下还是用距离交会法比较方便。

图 8-6 利用直角坐标法时需要验证两条直线是否正交
(a) 验证 $\angle CAB$ 是否为直角；
(b) 验证 $\angle PP'A$ 是否为直角

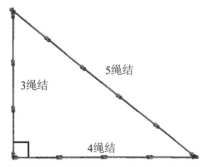
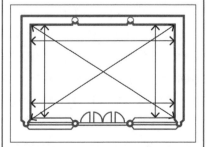

图 8-7 古埃及用绳结验证直角的方法（左图）

图 8-8 用对角线法验证房间是否方正（右图）

2. 利用距离交会法

无方便的正交直线作为参照时，最常用的方法是距离交会法。其原理参阅第 2.4 节中图 2-27。如图 8-9 所示，欲测量某建筑的平面，先用细线建立了复杂的正交控制网（图中粗虚线），然后把网格节点和一些中间点当作已知点（控制点），用距离交会的方法，测定建筑平面上的墙体、壁柱、束柱、门窗等特征物的位置，从而得到完整的建筑平面图。此类方法在总图测量中同样也可以运用，参见第 6.2.2 节。

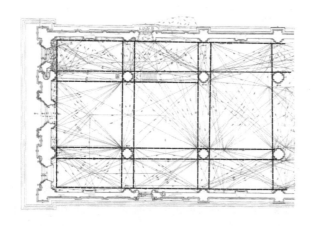

图 8-9 距离交会法测量平面示例

3. 利用简易方法测量高程

1）直接测量垂直距离

在一般建筑的尺度范围内，若两点或一系列点均位于同一条铅垂线上，则测量其高差的最简便方法是用卷尺直接测量它们之间的垂线距离（图 8-10）。但是，在建筑不同部位测得的高度数据，高程基准并不统一，测量时可先在地面点上划记号作临时标志，然后用水准仪测出这些标志点的高程，再按高差计算待测点的高程值。

2）借助水平尺间接测量垂直距离

很多情况下，一组待测点并不在同一铅垂线上，此时，可借助水平尺实现测量部位的延伸（图 8-11）。水平尺是一种带有水准器的直尺，借助水准器，可使水准尺尺身水平、铅垂或 45°倾斜状态。在古建筑细部测量中，可利用水平尺构成临时水平或铅垂标志线，测量各细部点间的位置关系。多数水平尺的底面，也就是没有"气泡"的长边，专门做了加强处理，是一道"硬边"，建立标志线的时候应注意使用硬边。有些型号的水平尺将水准器移至侧面中间，两个长边都是硬边，均可放心使用。

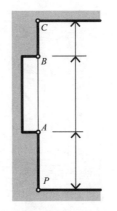

从地面点 P 拉钢尺至顶棚上的点 C（或者从 C 到 P），分别读出各点刻度，即可得到各点与点 P 的高差

图 8-10 直接测量垂直距离

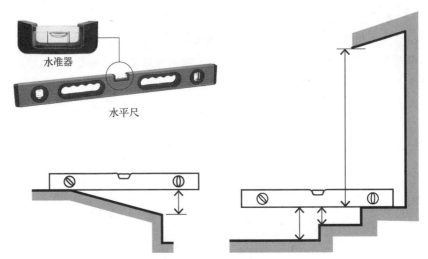

图 8-11 借助水平尺测量高程

3）借助激光标线仪

激光标线仪是一种能够提供水平或铅直激光面的仪器（图 8-12a）。在测量区域安置激光标线仪后，在墙面、地面等表面与激光面相交处就能显示出清晰的红线，可用作水准测量的标志线。利用激光标线仪提供的激光水平面，配合钢尺进行简易高程测量（图 8-12b）。一般激光标线仪小巧轻便，可自动安平，并附多种支架，操作简单、灵活，常用于室内装修工程中的测量。多数还可通过上下激光束将高处特征点的平面位置投射到地面上。其局限在于室外光线较强时不便使用。

4）借助水准测量软管

将水注入底部互相连通的容器，容器不同位置的液面总是保持在同一水平面上，称为连通器原理。这一原理可以用于辅助进行高程测量，也体现了"水准"一词的本义。国外有专门的水准测量软管（Water Level），长约几米到几十米不等，两端装上带有刻度的玻璃管，将水注入，固定其中一端于水准标志线上，使其液面与标志线平齐，适当移动另一端，

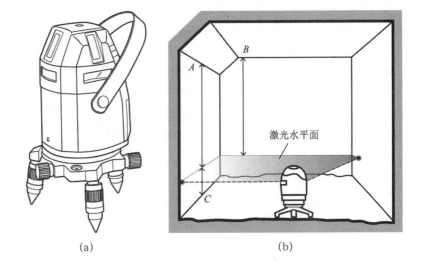

图 8-12 利用激光标线仪测量高程
(a) 激光标线仪；
(b) 激光标线仪测量原理

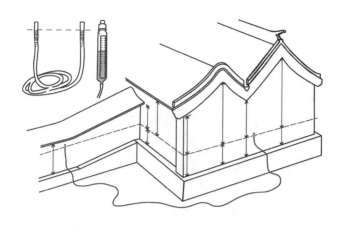

图 8-13 借助水准测量软管测量高程

测量特征点至移动端液面的垂直距离,即可得到其与水准标志线的高差(图 8-13)。实际操作中,这种专用软管可以用简单的透明软管代替。

8.3.5 基本操作与要求

1. 工具选用

手工测量常用工具,参见第 4.3 节,这里说明一下部分工具选用的经验。

1)一般测量通面阔、梁架高度等较大尺寸时宜使用 30m 或 50m 钢卷尺。如果采用皮卷尺,则应与钢尺进行比长,也就是找出皮尺拉紧后其名义长度与实际长度的关系,必要时将所有皮尺测量值按比例进行尺长改正。不应使用质量低劣、伸缩性较大或不均匀的皮卷尺。细节尺寸、细小尺寸多使用小钢尺、钢角尺、钢直尺,较为灵活方便,一般选用 5m 小钢尺最为适合;

2)角尺、水平尺作为辅助工具,使用频率很高。以小组为单位,测量时均应准备多个:水平尺至少准备 1m 和 60cm 两种规格;角尺至少准备 500mm、300mm 两种规格各两支。多数角尺和水平尺产品都有刻度,可部分替代小钢尺测量细节尺寸;

3)手持激光测距仪较为适合测量高远、不易到达的位置,但对连续读数的操作模式并不友好,测量细小尺寸就更不方便,所以利用率并不高;

4)激光标线仪可更方便提供临时的基准面和标志线,提高工作效率,但目前产品多适用于室内,室外强光环境下激光线不易辨识,效果不佳。

2. 基本操作

1)分工与配合

测量由 2 或 3 人配合进行。一般来说,测稿编绘者作为记录员,是测量的主导者。当测量较大尺寸时,由前、后尺手操作,后尺手将卷尺的零点固定在起测点上,前尺手拉尺前行并读数,同时向记录员报数(图 8-14)。情况较复杂时可适当增加辅助人员;当测量较小尺寸时,由一人持小钢尺测量,并向记录人报数即可。

2）读数与回报

记录人应边记录边出声回报，以减少听错、记错的概率，同时回报也是向对方发出"我已记下，继续读数"的信号（图8-14）。

图8-14 测量时的分工与配合

3）计量单位与读数精细度

测距读数时应统一以毫米为单位，只报数字，不报单位，以免记录时产生混乱。读数应统一读到1mm；即使最小刻度大于1mm，也要估读到1mm。

4）间接求算

不能直接量取时，可用间接方法求算，但应测取构件的同一位置（图8-15）。

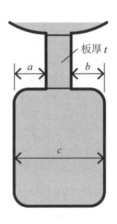

$t=c-a-b$

图中垫板厚度 t 无法直接测量，可通过测量 a、b、c 求得。

图8-15 间接测量示例

3. 尺面要严格水平或铅垂吗？

在测量水平距离时，尺面要严格摆放水平吗？在测量竖向高差时，尺面要严格处于铅垂状态吗？这类问题经常困扰初学者，有些初学者由于过度要求尺面的状态，大大影响了工作效率。如图8-16所示，欲测量 A、B 两点距离（理解为水平或者竖向距离均可），尺头固定在 A 点，拉开尺面后尺子可能在 B 点左右晃动（图8-16a），只要这个偏离幅度不大，实际用肉眼很难看出读数的差异（图8-16b）。参考相关测量规范对图根点钢尺测距的要求，当倾斜度超过1.5%时，才需要进行倾斜改正。这意味着，测量1m的长度时，实际允许左右偏移的范围可达15mm，如果距离更远，则容许偏移的范围更大。因此，这种要求是比较宽松的，**尺面水平或者铅垂状态只需要目估**就可以把握。只有用眼难以判断的时候，才需要用水平尺校准。

另一个容易引起困惑的问题，是多个工具组合使用的场景。组合中，有的工具提供水平或铅垂标志线，有的用于量测读数。如上所述，前者显然应严格保持水平或铅垂，而后者状态仅需目估，不必过于纠结。如图8-17所示，测量一组水平距离时，直尺用于读数，摆放时可稍放松，而水平尺则应严格保持铅垂状态。简而言之，**标线应谨慎，量数可放松**。

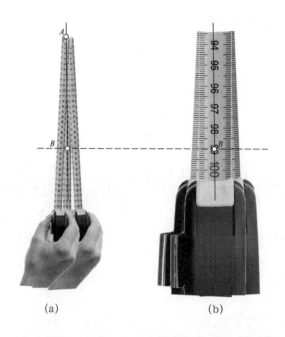

图8-16 尺面状态与测量结果分析
(a) 测量 AB 的距离；
(b) B 点处放大图显示左右晃动后读数差异很小

图8-17 多尺组合使用示例
图中正在测量水平距离，因此水平尺要严格铅垂，而直尺的水平状态不必过于纠结

> ❶ 用钢尺测量高处待测点到地面高差的技巧：①尽量沿着基本竖直的构部件进行测量，如墙面、柱子、门窗抱框等。②远离上述位置，需目估尺带的铅垂状态时，将尺头固定在高处待测点，让钢尺自然下垂，即可得到大致位置；当在地面上拉紧尺带时，可从两个互相垂直的方向观察，让尺带跟远处的铅垂线（如柱、墙角、门窗等处）基本平行即可。

8.3.6 曲线、异形轮廓及雕刻纹样测量

中国古建筑往往包含许多曲线形式，如屋面曲线、屋脊曲线、山花轮廓，以及券门、券洞等。这些尺度较大的曲线形式，可采用定点连线方法求得。另有一些相对较小的构件，采用雕、塑或类似方法制作，轮廓复杂或者纹样丰富，习惯称为**艺术构件**。如瓦顶上的吻兽、脊饰，梁架斗栱中的麻叶云头、菊花头、昂、驼峰、雀替以及其他带木雕、砖雕、石雕的构件等。这些纹样或者轮廓需要特殊的方法测量。

1. 定点连线

所谓定点连线，就是测定曲线起止点及中间若干特征点的位置，然后利用这些点得到一条近似的曲线。屋面、屋脊和檐口曲线，山花轮廓，券洞等均可采用此法（图8-18）。

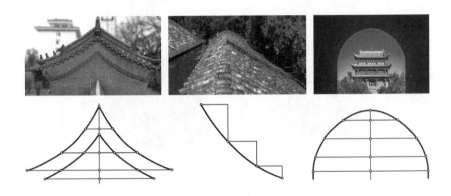

图8-18 曲线的测量

券门、券洞的拱腹线多为规则曲线，往往是几段弧线的组合，因此在测量时应注意其具体形式。常见的有半圆券、双心券、锅底券（抛物线券）、扁券等形式。在定点连线测得其曲线后，应根据相应拱券的特点，推算各段弧线其圆心和半径（图8-19~图8-21）。

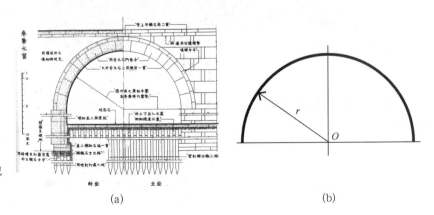

图8-19 半圆券
(a) 宋《营造法式》中记载的一种半圆拱桥；
(b) 半圆券图解

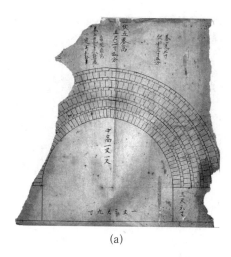
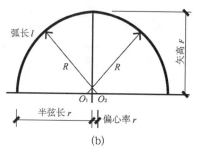

$F=1.1r$
$a=0.105r$
$R=r+a=1.105r\approx 1.11r$
$L=3.27r\approx 3.3r$

(a)　　　　　　　　　(b)

图 8-20　双心券
(a) 样式雷画样中的双心砖券（国家图书馆藏），图中两圆心处圆规的扎孔清晰可辨；
(b) 双心券图解与公式，双心券明永乐以后北方官式做法中最为常见

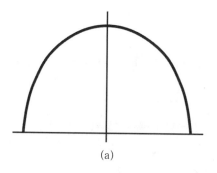
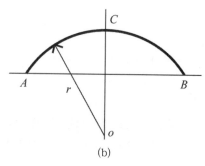

(a)　　　　　　　　　(b)

图 8-21　锅底券和扁券
(a) 锅底券图解（抛物线）；
(b) 扁券图解，锅底券常见于窑洞民居；扁券晚清、民国后受西方影响渐多

⚠ 误将双心券当作半圆券测量，造成偏差。实际上北方明清建筑上很少见到半圆券。

2. 拓样

对于异形轮廓或雕刻较浅的纹样，特别是无法正直拍摄的对象，宜采用一种快速简便的记录方法——实拓。可以利用拓样量测数据或者描画，效率和精度都很高。请注意应当测定所拓构件本身的定位尺寸及其与相邻部位的交接关系。同时，在测稿上可只画出被拓对象的轮廓，并与拓样做好交叉索引。

传统的拓样技术相当复杂，本书推荐的是一种简易方法，主要工具是宣纸和碳式复写纸（俗称蓝印纸、印蓝纸），条件受限时可用旧报纸和尘土替代。

拓制步骤如下：

1）将宣纸铺在所拓构件表面，必要时可用胶带纸粘牢固定；

2）大致按纹路走向，用手摸索着把纸按压在构件表面，使之"服帖"；

3）取复写纸揉成小团，按轮廓或纹样走向在宣纸表面上轻擦，扪拓取样（图 8-22）；

图 8-22　利用宣纸和复写纸拓样（左图）

图 8-23　在拓样上将轮廓描画清楚（右图）

> ▲拓样最后阶段为图省事，省略最后确认、描画步骤，事后发现局部模糊，无法辨认。
>
> ▲拓样完成后为图省事，省略文字注记，事后无法确认拓样取自哪个构件。

4）拓完后对照实物确认纹样细节是否清晰完整，模糊之处应当场参照实物用软铅笔或马克笔描画清楚（图 8-23）；

5）在拓样旁边注记拓样编号、构件名称和位置、拓样者姓名、拓样日期，宜注写拓样被索引的测稿页，使拓样与测稿能交叉索引。

3. 简易摄影测量（单片摄影纠正）

对于带浅浮雕（如吻兽、脊饰上的雕花）或面积大、数量多（如照壁砖雕）的艺术构件，一般采用可"简易摄影测量"的方法。这是利用单张照片进行透视纠正后得到带比例的影像，然后再根据影像描绘成图，这种方法称为"单片影像纠正"（Rectified Photography）。如果建筑立面整体比较"平面化"，也可以用于整体立面的测量制图，在欧美国家已行之多年。这种方法的操作包括摄影、轮廓尺寸测量和制图等环节。

1）摄影

摄影器材选用数码相机及三脚架等辅助器材。要求做到：

（1）宜配置专业单反数码相机，使用长焦镜头，拍摄时力图使透视变形减少到最小；

（2）尽量采用正直摄影，即相机光轴与所拍摄的平面尽可能垂直；如果现场条件不允许，也只能在一个方向上有所倾斜。

2）测量

测量对象的控制性轮廓尺寸，如最宽、最高、最厚尺寸；大型建筑立面一般要测量至少 4 个控制点的坐标。此步骤不能省略，因为照片只能提供被测对象各部分相对的比例关系，若无绝对尺寸，无法得到各部分真实尺寸。

3）制图

现场拍摄、测量工作完成后，在计算机上利用图像处理软件如 Photoshop 进行镜头校正和透视纠正，得到比例恰当的纠正影像，既可作

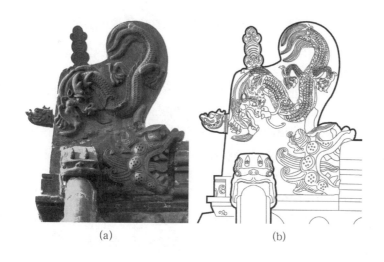

图 8-24 用简易摄影测量绘制的正吻图样
(a) 纠正后的影像；
(b) 二维图样

为图像资料存档，也可依此画成矢量线划图（图 8-24）。

当测量面积较大的部位如丹陛（御路石）时，可利用细线按合理尺寸编织成经纬网格，然后逐格拍摄、描绘即可（图 8-25）。

8.3.7 手工测量与其他技术的配合与衔接

如前所述，需要将手工测量与其他技术配合、衔接起来，取长补短，综合利用。对应前文中提到的 3 种常见技术组合方式，下文中的第 2、3 条适用于模式 3；第 3、4 条适用于模式 2；第 5 条适用于模式 1。

1. 手工测量的优势和局限

手工测量的优势，首先是机动灵活，直截了当。测量仪器获取数据时需要安置在固定的站点，距离不能离对象过近，并且要求视线贯通，对位置较高、结构复杂的构部件或细部因部件之间容易互相遮挡，测量操作十分繁琐。而手工测量就不受这个局限，只要是能够到达的部位，可以机动灵活、直截了当地获取相应的数据。其次，测量构件断面、

(a)

(b) (c)

图 8-25 利用经纬网格进行单片影像纠正
(a) 分格拍摄；
(b) 影像拼合；
(c) 描绘成图

细小尺寸用手工测量更精确，因为用钢尺直接测量细小尺寸是单纯的测距，而且起止点清晰，容易把控。钢尺本身的测距精度是可以用于校准仪器的，精度上没有任何问题。

手工测量的局限首先在于它只能测距，不能测角，测量高程上的微妙变化也不方便。要想获取较高的点位精度，需要运用距离交会法反复操作，现场施测、后期整理数据工作量都很大。其次，手工测量受到可达性制约，对有些无法攀登的高空特征物，只能望尘莫及。这反而是激光扫描或摄影测量的用武之地。

2．与平板仪配合

平板仪的测距部分本身是采用钢尺测距完成的，平板仪可用于测定建筑的平面轮廓和控制性尺寸，再用手工测量细部，配合完成平面图。因平板仪现在使用较少，具体内容本书从略。

3．与水准仪配合

在手工测量时，不能随意假定地面平整而忽略有意义的高差；高程的问题交给水准仪解决更好。水准仪价格低廉，操作简单，常用来测量地面或高处的特征点高程，包括但不限于：

1）测量台基上关键特征点（参见第 8.4 节中图 8-28）和其他碎部点高程；

2）利用垂吊钢尺法测量高处特征点的高程（原理参见第 2.4 节中图 2-31，应用参见图 8-32）；

3）使用钢尺测量高处不同特征点高度时，统一高程基准（图 8-32）。

4．与全站仪配合

利用全站仪坐标法（参见第 2.4 节）可以快速、方便地测得地面、高处特征点的三维坐标，内容包括但不限于：

1）台基、墙体、结构的轮廓性特征点坐标，由此得到较完善的平面控制性尺寸；

2）屋面轮廓性特征点坐标；

3）屋面曲线轮廓性特征点坐标；

4）翼角轮廓性特征点坐标。

测量时，根据情况可使用棱镜、反光片或免棱镜多种方式。当测量建筑凸出的转角特征点时，目标处可用小型标靶卡延伸，以改善反射，保证测距精度。

5．与点云数据的衔接：大处点云，小处靠人

点云数据来自激光扫描或摄影测量，这种批量式采集的海量数据，比较全面覆盖一座建筑的各个部位，但仍然存在未能覆盖的盲区，并产生飞点等缺陷（参见第 7.1 节）。例如，出于成本原因，建筑高处很多构件顶面和一些装修细节，很多情况下不容易采集到，一些构件或部位就需要用手工测量进行补充。

因此，实践中常常采用"大处点云，小处靠人"的做法，也就是说，建筑的控制性尺寸（轮廓性尺寸、定位轴线、关键性标高等），通过点云提取、统计归纳和解算；而主要结构构件的完整断面、装饰构件的细小尺寸则需要用手工测量补充完善或者复核，两者互为补充，取得较为完整的数据，以满足最终制图或建模的要求。利用点云制图的内容参见第 10 章。

8.4 手工测量各单元工作要点

为配合工作模式Ⅰ的操作方式，本节特意将控制性尺寸与细部测量分开讲述。有条件使用点云数据的读者，可以适当跳过控制性尺寸测量部分，重点学习细部尺寸的测量。

8.4.1 测稿编绘的延续

本章虽以"测量"为标题，但这一阶段不只是测量操作，实质也是测稿编绘的延续。这不仅是因为只有测量并注记尺寸后才能完成测稿，而且在测量过程中，特别是触及细节、反复比较后，还需要对测稿上可能出现的错误进行更正，对缺漏之处进行补绘。因而，测量过程仍然是一个持续观察、分析建筑的过程，需要不断强化探索发现的意识。

与上一阶段相同，仍然要随时留意建筑物中可能存在的题记、碑刻或其他标记。这些往往是反映建成或重修年代，以及建筑材料来源、工匠姓名以及其他历史信息的第一手宝贵资料。本阶段应当认真抄录、拓样或拍照。有条件的，还应及时采访当地了解被测对象的故老和工匠，厘清相关演变和建筑构件术语等。

> ⚠进入测量阶段，除遵守安全守则和注意事项外，应随时注意可能的安全隐患。例如，在工作面上发现露明的电线应断电后操作；注意不要破坏文物安防、防雷、监测等防护设施；若发现结构构件可能存在安全问题，应立刻停止测量，撤出危险区域。

8.4.2 工作面

手持初步测稿开始测量之时，就涉及从何入手、如何合理安排工序的问题。虽然测稿是按平面、立面、剖面等视图分开绘制的，但测量却不宜按视图内容进行。因为建筑形体和空间是三维的，在同一个位置往往能够测量到不同方向的尺寸，以视图割裂其内在关系，要么造成重复劳动，要么就会遗漏数据。

按常规经验，一般按"工作面"排定工作单元。所谓"工作面"就是观察、测量时能够到达的"表面"，自下而上大体分为"地面""架上""屋面"三个工作面（图 8-26）。其中"架上"一层稍微复杂，位于地

图 8-26 三个工作面示意图

面和屋面之间的"半空",可能包括脚手架上、梯子上或者天花上多种情况。而坡屋面比较倾斜,尤其南方古建筑屋面比较轻薄,必要时均应另搭脚手架及其他辅助攀爬设施。如果所测为楼房,则可形成"地面—架上—楼面—架上……屋面"等工作面,依此类推。

当然,这些工作面仅仅是原则上的划分,正常情况下宜从地面、架上到屋面的顺序自下而上进行测量,但实际操作中往往因为脚手架、梯子和仪器调配等问题而打乱顺序,需要灵活变通,因地制宜,注意衔接。按工作面划分单元的意义在于能够针对上述情况,明确任务,抓住重点,避免无谓延长工时,产生工序、进度上的混乱。

以下将按地面、架上、屋面三个工作面的顺序,结合示例分别讲解其控制性尺寸和细部尺寸的手工测量操作。

8.4.3 控制性尺寸测量:地面

1. 主要任务

在地面上,控制性尺寸测量的主要任务包括但不限于:

1) 柱网尺寸,包括各间面阔、进深及通面阔、通进深等(图 8-27);
2) 台基轮廓尺寸,包括台基通面阔、通进深、高度等(图 8-27);
3) 墙体总尺寸(图 8-27);
4) 台基、地面重要特征点高程(图 8-28)。

2. 测量要求与技巧

1) 台基总尺寸和柱网尺寸

以矩形平面建筑为例,在可行的情况下周圈檐柱柱距都要测量,尽可能测量矩形平面的对角线,以确认是否方正。

测量之前,应先将找到待测柱子的中心线(点),用粉笔标出,选用 30 或 50m 钢尺配合角尺沿面宽或进深方向进行测量,按连续读数法(图 8-3)

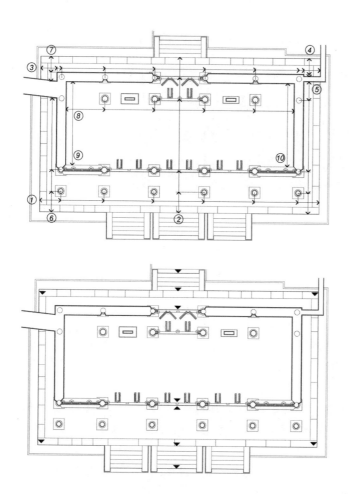

图 8-27 台基总尺寸、柱网尺寸、墙体总尺寸测量示例
(图注：图中圈内数字代表操作步骤的序号，其位置接近每次测量的起点；每一组数据宜往返各测1次。)

图 8-28 台基、地面重要高程点示例
图中黑色三角代表需要测量高程的特征点

测得通面阔、通进深及台基总尺寸数据，以及各间面阔、进深等定位尺寸数据。①

2）柱中位置的确定

首先应当认识到，并不是每根柱子都能找到柱中，一时难以确定的应测量其相关特征点，如与柱子相交接的门窗槛框、柱础、墙体、铺地砖等。

确定柱中大致有以下几种情况：

（1）柱础十分规整且柱根与柱础中心一致时，可用柱础中线代替柱中线进行测量；一旦发现柱子和柱础存在偏差，则不应勉强；

（2）柱根完全露明时，可结合柱径的测量确定柱中（参见第 8.4.6 节图 8-39a~c），取柱径值的 1/2 即可得到柱中点 M；

（3）如果柱身一部分隐入墙内或安装了门窗，决不能简单根据露明部分确定柱中，可按下列方法确定：

①柱子两侧完全对称时可大致按露明部分中点确定柱中；

②柱子包砌于墙内但留有透风眼时，可先按透风眼大致确定柱中（图 8-29）；所测数据如能与相关数据校核一致时，可采用；若无法校核时，应在图上特别注明，待有条件直接测量时再进行修正。

① 柱网尺寸实际包括柱头平面的尺寸，有条件的可进行测量，但归入下一工作面的任务。

图 8-29 按透风眼大致确定柱中

(4) 柱身完全包在墙内时，做如下处理：

①如有金柱（内柱）与檐柱相对应时，可暂时根据金柱柱距推算；

②无金柱时，可测量柱头之间的中距，再结合已经取得的尺寸（如前檐各间面阔），并充分考虑柱子的侧脚和生起，经过分析研究后推定；凡凭推算得到的结果，应随图用文字注明，待有条件直接测量时再行修正；

③根本无从推算时，可只画墙，不画柱子；定位轴线暂按墙中线定，并随图用文字注明，待有条件直接测量时再行补测。

8.4.4 控制性尺寸测量：架上

1. 主要任务

在脚手架、梯子或天花内，控制性尺寸测量的主要任务包括但不限于：

1）柱网的柱头平面；

2）梁架结构定位尺寸：如柱高；各檩位置，并得到步架（相邻各檩水平距）和举架（相邻各檩高差）尺寸；各梁的底皮高程（图 8-30～图 8-32）；

3）出檐尺寸（图 8-33）；

4）翼角尺寸，如翼角曲线、翼角椽及翘飞椽的规律和尺寸，角梁水平投影尺寸等（图 8-34）。

2. 测量要求与技巧

> ⚠️💡 上脚手架/梯子操作之前应系牢保险绳（带），戴好安全帽，杜绝安全事故；带好测稿和所有需要的工具，避免上下反复传送。
>
> ⚠️ 梁架部分的测量相当一部分是在天花以上进行的，应当注意：①充分注意各种危险因素，严禁直接踩踏天花板或支条，只能踩踏专门铺设的架板（跳板）或经过安全评估的天花梁或帽儿梁；②进入未经清扫的天花应佩戴防尘口罩；③夏季工作时注意防暑，应随身携带毛巾和足够饮用水，以免出汗过多造成脱水。

1）柱头平面

如有条件周圈设脚手架，应测量柱头平面。其要求与地面柱网测量类同，应周圈四面全量，以便核对。注意事项如下：

(1) 柱头部分十分规整、易于找中时，直接按柱中测量；

(2) 可以利用斗栱的坐斗或头翘中点为标志，测量柱网尺寸；

(3) 如平板枋完整规矩，可测其全长，作为校核面阔尺寸的参考；

(4) 正常情况下同一开间的柱头柱距不应大于柱底柱距。如有异常，应仔细观察，分析原因，通过复测加以修正；

(5) 应加减因梁架走闪拔榫而造成的误差尺寸。

2) 各檩位置

凹曲屋面是中国古代木构建筑的最显著的特征之一，而屋面曲线则取决于各桁檩的位置（图 8-1），包括其平面位置和高程，进而可以得到各檩水平间距（步架）和竖向高差（举架）。因此，需要掌握如何用手工测量方式测定空中特征点的平面位置和高程。

(1) 水平位置、间距

各桁檩的水平间距未必均等，应逐一测量其平面位置。如图 8-30 所示，测量时可借助垂球或激光标线仪将各桁檩对应的枋的中心位置垂直投影到相应的水平面上。

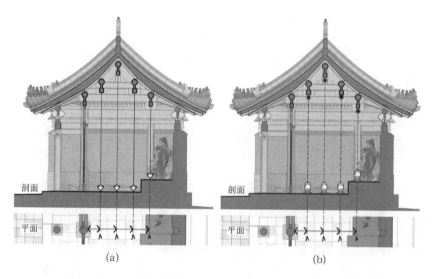

图 8-30 测量檩的水平距离（步架）示意图
(a) 借助垂球；
(b) 借助激光标线仪

使用垂球时，细线上端直接接触特征点，下端悬挂垂球，缓缓使其尽量接近地面，待逐渐稳定后，用粉笔按垂球尖端所指位置在地面上画 V 字形标记，尽量使 V 字尖端与垂球尖端对正（图 8-30、图 8-31）。画完标记后，应重新静置垂球，确认两尖端是否真正对齐，未对齐应重画标记。需要注意的是，若在室外遇大风致使无法稳定垂球时，不允许勉强作业。垂球大小的选用与高度相关，高度越大，垂球应当越重。

借助激光标线仪时，则可利用上下激光束定位，操作简便，精度更高，且仅在地面上操作，无需登高（图 8-30b）。

图 8-31 使用垂球时在地面标画标志点

> ⚠ 主观认为各桁（檩）的水平间距是均等的，可从总尺寸上均分得到，因而放弃测量。

（2）高程

测量各桁（檩）的高程时，如图 8-32（a）所示，宜从檩下皮直接测量到地面，得到高差，并在地面上做好标记；然后用水准仪或激光标线仪利用高程控制点或水准标志线测出地面各对应点的高程（图 8-32b），加上刚才量取的高差，即为各檩下皮的高程。或者从檩下皮垂吊钢尺，直接用水准仪或激光标线仪读数（图 8-32c、图 8-32d），算出各檩下皮高程（参见第 2.2 节中图 2-12）。

若在天花以上测量梁架，钢尺无法垂吊到地面时，可分段测量。在靠近上人孔处选取某一方便的位置作为高程控制点，通过上人孔用垂吊钢尺

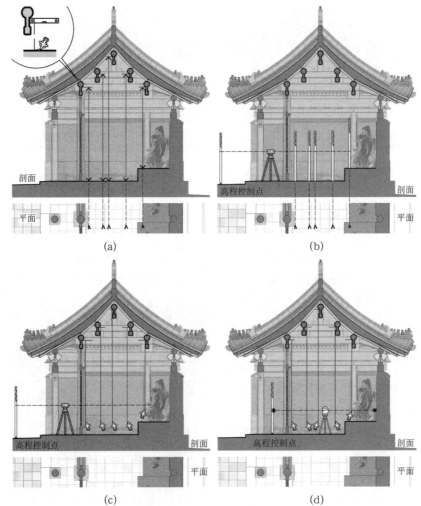

图 8-32 测量桁檩高程示意图
(a) 用钢尺测量檩下皮与地面高差并标记地面点；
(b) 用水准仪测量地面对应点高程；
(c) 用水准仪和垂吊钢尺测量檩下皮高程；
(d) 用激光标线仪和垂吊钢尺测量檩下皮高程

法测得该点高程,再以此为基准,测量天花以上各特征点。在天花以上作业时,宜使用激光标线仪,更为方便。

(3) 梁底皮高程

参照檩底皮高程的测量方法(图 8-32),测出各梁底皮的高程。

(4) 出檐

如图 8-33 所示,出檐部分测量任务包括檐口特征点的高程及其平面位置,方法同桁檩位置的测定。

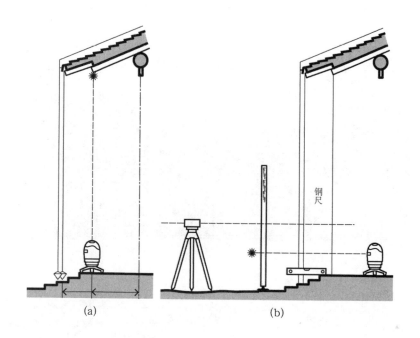

图 8-33 檐口特征点测量示例
(a) 平面位置;
(b) 高程

> 💡 在没有梯子、脚手架和激光标线仪的情况下,借助竹竿也可以将出檐的测量完全变成地面操作。只要设法将卷尺尺环和垂球的细线固定竹竿端头,通过支挑竹竿使尺头或细线接触到特征点即可,此法相当于用竹竿延长了人的手臂。

(5) 翼角起翘

翼角起翘的竖向翘起(翘)和水平伸出(冲),取决于角梁(老角梁、仔角梁、隐角梁等组合)的倾斜变化和出挑尺寸,也反映在翼角各椽头的平面和竖向位置的变化。因此,按以下要求从椽子和角梁上选择特征点,并垂直投影到地面上:

①如图 8-34 (a) 所示,从翼角的椽头取至少 5 组特征点,包括两端(1、13)和中间的椽子(7),以及适当位置"插入"的椽子(4、10),每组包含对应的飞椽(翘飞椽)和檐椽(翼角椽);

②如图 8-34 (b、c) 所示,从各层角梁的端头、交接处和转折处取特征点。

测量时,一般选取状况良好的典型翼角,以角梁为中心取其中一侧按逐一测量各特征点的平面位置和高程;对称的另一侧仍需测量以校核是否对称,可相应减少特征点,一旦发现明显不对称者,所有相对应的特征点都需测量。

特征点投射到地面后,其平面位置宜用距离交会法测定:沿台基边缘两个方向合适位置设两点,测出它们与台基角点之间的距离,作为已知点(图 8-34d),然后从这些点出发,测得翼角特征点的平面位置(图 8-34e)。

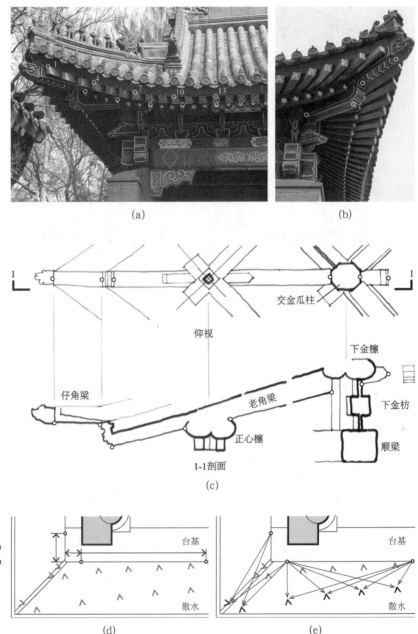

图 8-34 测量翼角特征点示意图
(a) 椽子上的 5 组特征点;
(b) 角梁外檐部分的特征点;
(c) 角梁上所有重要特征点;
(d) 沿台基边缘确定 3 个已知点,V 字标记尖端是特征点在地面上的投影;
(e) 利用 3 个已知点测定各特征点的平面位置

8.4.5 控制性尺寸测量：屋面

1. 主要任务

在屋面上，关于控制性尺寸测量的主要任务包括但不限于：

1) 屋面的平面总尺寸（图 8-35）；
2) 屋面曲线和屋脊曲线（图 8-36）；
3) 重要特征点坐标，包括反映屋面曲线、檐口曲线、屋脊曲线、翼角起翘的特征点，各屋脊的起止点、转折点、交接点（图 8-37）。

2. 测量要求与技巧

1) 屋面总尺寸

如图 8-35a 所示，测量屋面最大平面轮廓尺寸，也可以将四角特征点投射到地面测量。测量正脊总长度；测量歇山屋面两垂脊距离、同侧两戗脊后尾距离、博脊长度，以及山面正身瓦垄总宽度（图 8-35b）等。除四角特征点可直接投射到地面测定其平面位置外，其余尺寸严格说并不能作为屋脊的定位尺寸（除非假定它们处于对称位置），因此还需要测量相关特征点的坐标（详后）。

图 8-35 屋面总尺寸和重要尺寸示例
(a) 屋顶俯视；
(b) 屋顶山面

2）屋面曲线和屋脊曲线

如图 8-36（a）所示，从正脊开始，利用水平尺和垂球沿筒瓦测得屋面曲线上的一系列特征点的水平位置和高差，用定点连线的方法即可还原出这条曲线。测量时应注意：

（1）宜往返各测 1 次，按高程测量要求进行平差（参见第 6 章）；

（2）应当交代清楚曲线起止点的定位尺寸；

（3）带翼角的屋面，应选择一垄不在起翘范围内的瓦垄进行测量；

（4）由于各点位置是分段测得，故应与其他方法量取的数据进行校核：水平总尺寸与柱网及上檐处尺寸校核，起止点高差要与仪器测得的高程校核。

此法也适于垂脊、戗脊等的屋脊曲线（图 8-36b）。如正脊存在生起，可在正脊两端拉细线，量取正脊中点与细线的高差（图 8-36c）。

以上各类曲线，有条件的应当用全站仪测量特征点坐标。

3）重要特征点坐标

由屋面曲线手工测量过程可知，获取各类屋脊、各种曲线相关的特征点空间位置，用纯手工测距方式非常麻烦，操作稍有差错，精度难以保

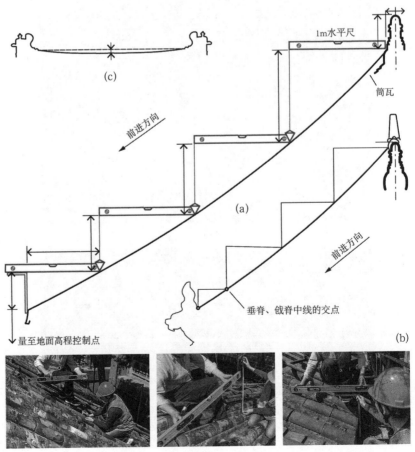

图 8-36 屋面曲线和屋脊曲线的测量示意图
(a) 屋面曲线测量；
(b) 垂脊曲线测量；
(c) 正脊曲线测量；
(d) 测量操作

图 8-37 屋面重要特征点示例
(a) 屋顶正面特征点；
(b) 屋顶山面特征点

证，尤其对重檐屋顶和楼房更是如此。因此推荐借助全站仪完成相关特征点坐标的测量（图 8-37）。请注意，所有特征点（碎部点）的坐标测量应基于控制测量成果。

8.4.6 细部测量：地面

1. 主要任务

在地面上，细部尺寸测量的主要任务包括但不限于：

1) 台基与地面细部，如柱础、铺地、阶条石、台帮、踏跺、散水，以及附属文物如碑刻等（图 8-38）；

2) 室内外地面高差的变化（图 8-38b）；

3) 柱子细部，如柱径、侧脚、收分等（图 8-39、图 8-42）；

4) 墙体细部尺寸，如墙厚、墙体与柱子或门窗的交接部分（如柱门、透气眼）、墙的分段高度等（图 8-45、图 8-46）；

5) 门窗尺寸，如槛框、门扇、门轴、槛等；

6) 栏杆、栏板；

7) 周边道路及与其他建筑交接关系等。

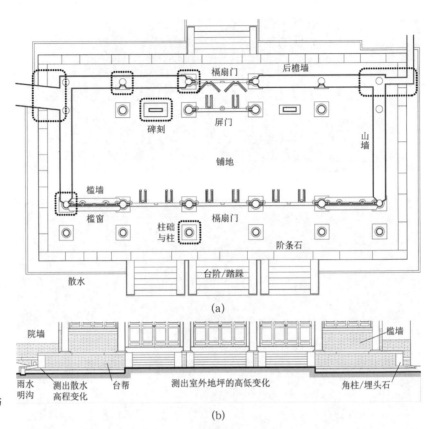

图 8-38 台基细部节点与室外地坪变化示意图

2. 测量要求与技巧

1) 圆柱柱径

一般情况下,木柱的柱径从柱根到柱头是逐渐收小的,因此,柱径的测量至少应包括柱底柱径和柱头柱径。若柱子轮廓变化微妙,应在中间选择更多的点测量柱径。注意:平面图上的柱子断面习惯上按柱底直径画,而不是剖切位置的柱径。

根据具体条件,可采用以下几种方法:

(1) 柱根露明时,用两把角尺组成临时卡尺进行测量(图 8-39a);柱径较大时,可将水平尺和角尺组合成卡尺(图 8-39b);

(2) 两相邻柱子完全露明且柱径大致相等时,可利用细线在两柱间缠绕的办法测得柱径(图 8-39c);

(3) 柱子断面基本是正圆时,用皮尺量取周长推算(图 8-39d),此法主要用以校核直接测量的结果;

(4) 柱根不露明,如柱身与槛墙、槛窗抱框相连时,只能取窗台以上部分测量柱径,不方便用"卡尺"直接量取时,可按图 8-39(c) 所示间接量取。

2) 六角柱、八角柱断面

六角柱、八角柱应视为方形断面倒角后的结果,因而很有可能并非正六边形或正八边形,因此应用连续读数法测出总尺寸及倒角尺寸(图 8-40)。

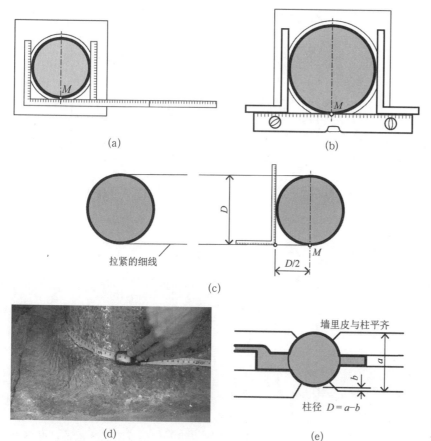

图 8-39 柱径测量方法示例

> ⚠ 未经测量就假定六角柱、八角柱断面为正六边形、正八边形，只测量一个边长就万事大吉。

3）柱高、生起、侧脚

与柱高相关的尺寸有二，一是柱子的自身长度，二是柱头的实际高程。前者直接从柱头量至柱根即可，后者则按一般高程测量原则和方法进行测量。如遇柱子因柱根朽烂而下沉，测得的柱高与对应位置其他柱高相差悬殊时，应综合分析研究，一般可取各类柱子的最大尺寸为准。

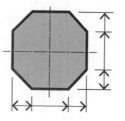

图 8-40 八角柱断面尺寸的测量示例

平柱与角柱之间的檐柱自平柱向角柱逐渐加高，使檐柱上皮成一缓和的曲线，这种做法称为生起（图 8-2）。正常情况下，如柱子无沉降走闪，生起尺寸可将相邻檐柱的柱高逐根相减求得。若柱子已下沉，应待其准确柱高测得后，再据此计算出柱生起的尺寸。

侧脚指外檐柱子柱头略向内倾斜的现象（图 8-2）。由于柱子本身除设计上需要倾斜外，还可能因年久失修而发生走闪、沉降的变形，因此侧

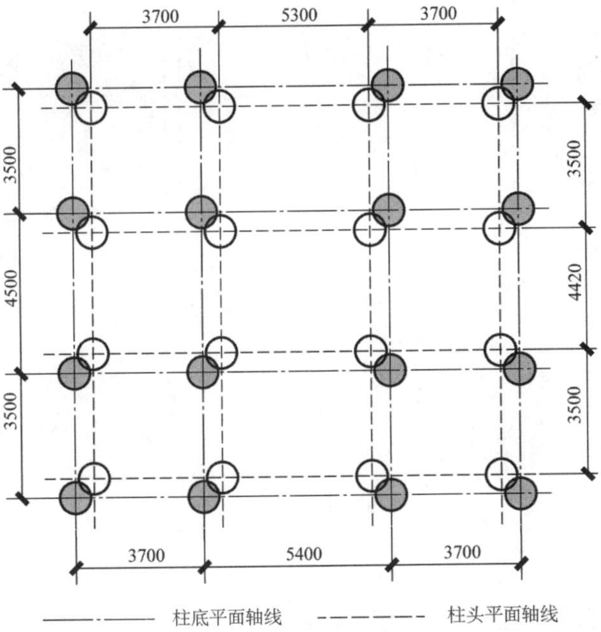

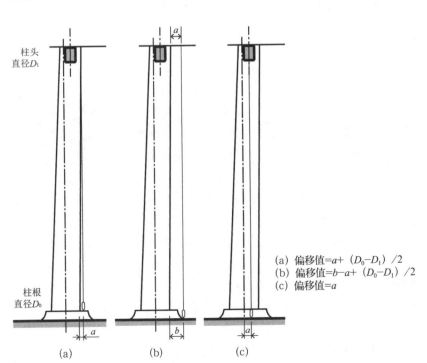

图 8-41 理想状态下通过柱头平面和柱底平面关系示意图

脚的确定较为复杂。最好的方法是用建筑物的柱头平面和柱根平面综合分析、比较推算（图 8-41）。

若用手工方式测量单根柱子的倾斜情况可以利用垂球。垂球细线上端的位置可有若干：图 8-42（a）柱头边缘；图 8-42（b）倾斜方向上的任意点；图 8-42（c）与柱头相连的额枋中线上。根据不同数据均可得出柱头相对柱底的偏移量（图 8-42）。关于古建筑变形测量参见第 12 章。

(a) 偏移值 $= a + (D_0 - D_1)/2$
(b) 偏移值 $= b - a + (D_0 - D_1)/2$
(c) 偏移值 $= a$

图 8-42 测量单根柱子倾斜示例

4) 柱础

鼓镜（圆形部分）的直径可通过测量其与柱径之差来确定，但前提是鼓镜与柱子较规整且圆心重合；否则，可依据础方尺寸间接求得（图 8-43a、b）。柱础高度则辅以水平尺测得（图 8-43c）。如柱础体形较复杂或有莲瓣等各种雕饰时，可利用实拓或摄影测量。

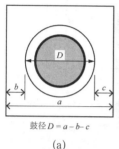  

鼓径 $D = a - b - c$

(a)　　　　　　　　(b)　　　　　　　　(c)

图 8-43　柱础测量示例
(a) 通过础方尺寸推算鼓镜的直径；
(b) 测量鼓镜外缘与础方边缘的距离；
(c) 测量柱础高度

5) 墙厚

墙厚在古建筑中往往不是一个数字，而是包括墙体下碱厚度、上身厚度、收分尺寸（参见第 8.4.7 节），以及墙体里外皮与轴线的关系（里外包金）等一组数据。很多情况下，通过墙上的门窗洞口可直接测得墙体厚度，辅以水平尺或角尺（图 8-44）。

但很多情况下，无洞口可利用的墙体就无法直接测得墙厚，要采用间接方法。如图 8-45 所示，欲测量山墙厚度，可以利用室内外共同特征线，如柱础边缘，测出其与内外皮距离之差即为墙厚。两山山墙厚度测得后，可进一步利用里外皮总尺寸进一步校核。

如具备条件，最好用全站仪测量墙内外皮特征点的坐标，求算出墙厚。

6) 墙与柱交接处

测定墙体转折及柱子露明部分的细部尺寸，进而可以通过柱径推算里包金或外包金尺寸。如图 8-46 所示，采用距离交会法，更简便易行。

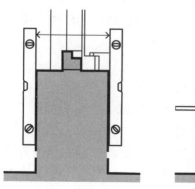 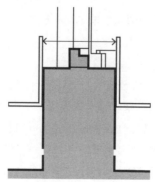

图 8-44　通过门窗洞口测量墙厚示例

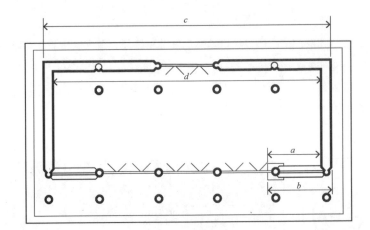

图 8-45 墙厚的间接测量示例
山墙墙厚 =b-a，并可通过两山墙内、外皮总尺寸之差 c-d 校核

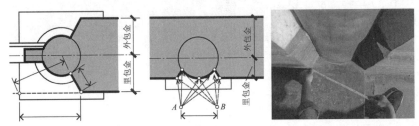

图 8-46 墙柱节点测量示例
图注：图中墙体剖切在下碱位置

7）地面

对室内、台明和散水范围内及相接甬路上的各式铺地砖和地面石活，除测量本身尺寸外，还应找清规律，测出关键砖石的定位尺寸，必要时还要摄影记录。

> ⚠ 与按一定规格烧制的砖不同，同类石材的尺寸也会不同，如阶条石的宽基本一致，但长度一般都不相同，应逐一测量。

8）室外踏跺/台阶

台阶应当分别测量每步踏跺的宽、高尺寸，不能假定每步尺寸相同。如图 8-47（a~d）所示，台阶较小时，采用多尺组合以连续读数法测出所有踏步的总宽、总高，以及每步踏跺的宽和高；台阶较大时，可分段测量，再测量出所有踏步的总高和总宽，用总尺寸校核分尺寸（图 8-47e、f）。

8.4.7 细部测量：架上

1. 主要任务

在脚手架、梯子或天花上，细部尺寸测量的主要任务包括但不限于：

1) 各柱柱头直径和卷杀（如有）；
2) 测量大木节点各梁、枋、檩、椽的断面尺寸和交接关系（图 8-48~图 8-50）；歇山、悬山出梢部分的细部；

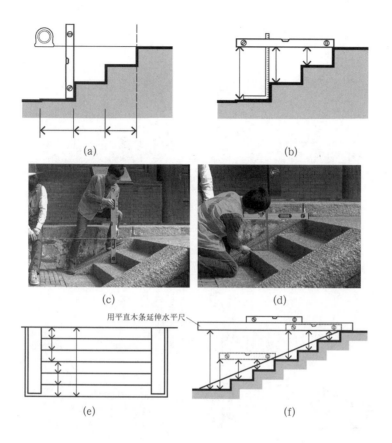

图 8-47 踏跺的测量示例
(a)(c) 测量踏步宽；
(b)(d) 测量踏步高；
(e) 较大台阶测量踏步宽及总宽；
(f) 较大台阶测量踏步高及总高

3）角梁尺寸（图 8-53）；

4）斗栱尺寸（图 8-54～图 8-58）；

5）檐口细部（图 8-60）；

6）墙体的上部尺寸和墙体收分（图 8-59）；

7）屋面部分的檐口、翼角瓦件细部尺寸（图 8-60）；

8）门窗上半部分、天花等装修部位的尺寸。

> ⚠ 梁架部分的测量相当一部分是在天花以上进行的，应当注意：①充分注意各种危险因素，严禁直接踩踏天花板或支条，只能踩踏经过安全评估的天花梁或帽儿梁等处；②进入未经清扫的天花应佩戴防尘口罩；③夏季工作时注意防暑，应随身携带毛巾和饮用水，以免出汗过多造成脱水。

2. 测量要求与技巧

在架上、梯上工作时毕竟不如地面上活动自如，因此测量工序应适当考虑实际可行性。

1）大木节点与构件断面

大木部分以间为单位、相同标高的檩为基准选取节点作为工作单元进行测量，可逐层推进，保持条理清晰（图 8-48）。如图 8-49、图 8-50 所

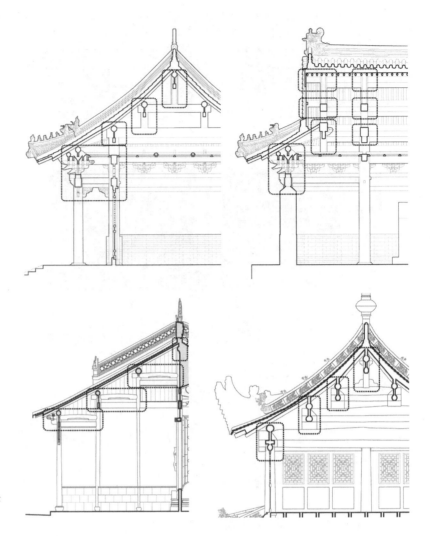

图 8-48 大木梁架节点示意图

示,以某个金檩节点为例,其中各结构构件如檩、梁、枋、垫板等是成组测量的,分解成多组水平尺寸和竖向尺寸,这样不仅可以得到构件的断面尺寸,也可以测得它们之间的关系。

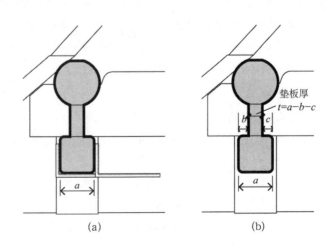

图 8-49 金檩节点檩、垫板和枋的细部测量示例
水平尺寸:(a) 测量金枋断面宽;
(b) 间接测量垫板厚

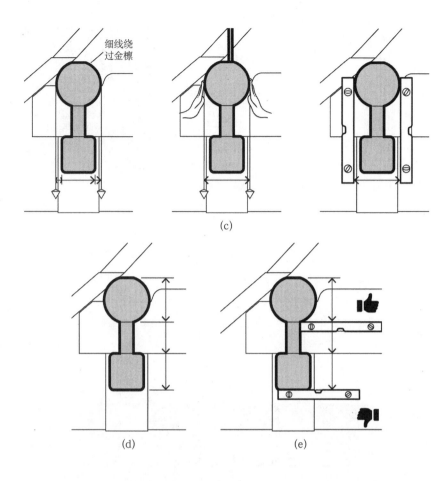

图 8-49 金檩节点檩、垫板和枋的细部测量示例（续）
(c) 测量檩左右径三种方法示例；
竖向尺寸：(d) 测量三构件的断面高；
(e) 用水平尺延伸构件下皮时应倒置，使用硬边

> ❶ 不要将桁或檩的断面想当然视作圆形，应分别测量其上下径和左右径（图 8-49）。一般来说，左右径大于上下径，这是因为檩子上、下有构件相叠时，需将上、下皮或至少将下皮做成平面，形成所谓"金盘"，也有的檩子断面本身就不规整或者根本不是圆形。
>
> 💡 测量檩径时所用垂球可用其他重物代替，如钥匙串、小钢尺等。

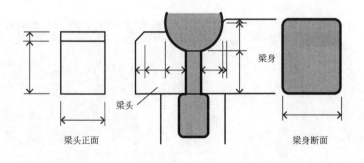

图 8-50 金檩节点梁头、梁身及其与檩的关系测量示例

> ❶ 梁头与梁身相比，断面常常变窄、变矮，应单独测量（图 8-50），不能沿用梁身尺寸。

图 8-51 常态下无法直接测量的尺寸示例
(a) 脊檩上皮处空间狭小，上下径难以测量；
(b) 正心、挑檐桁之间存在一个封闭区域，正心檩无法测得左右径；
(c) 挑檐桁在转角处相互出头，可直接测量断面

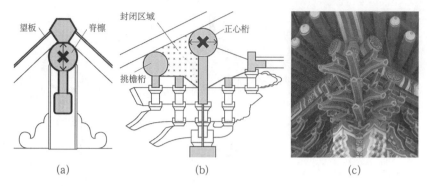

常态下限于空间狭小或互相遮挡或区域封闭等客观因素，有些尺寸无法获取，如脊檩的上下径一般难以直接测量（图 8-51a），斗栱以上的正心桁上下径无法测量（图 8-51b）；挑檐桁断面则可通过出头部分量取（图 8-51c）。

构件的断面应尽量测出其倒角尺寸（图 8-52）。有些倒角特别是圆角很难判断或断面极不规整，可用软硬适中的金属丝取样，再将曲线描画在纸上。

图 8-52 梁枋断面倒角（滚楞）测量示例

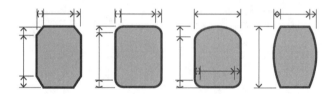

2）角梁

各层角梁的断面尺寸，应在头、腹、尾不同的部位上分别测量，尤其是角梁存在变截面的情况时（图 8-53）。梁头、梁尾如有复杂的轮廓或纹样应测量其轮廓尺寸并拓样或摄影。角梁上如有风铎、垂头等应单独测量，并测定其定位尺寸。

图 8-53 角梁细部测量示例
(a) 最上一层角梁为弧腹形变截面角梁（嘉峪关光化楼）；
(b) 老角梁头拓样

3) 斗栱测量

斗栱看似复杂，其实规律性较强。把握这些规律，测量工作就能事半功倍。以清官式做法为例，斗口是斗栱的基本模数，所以首先要测定斗口的尺寸。一般从平身科斗栱量取若干不同位置的斗口，按"少数服从多数"，即众数和中位数确定斗口数值（图 8-54a）。然后从竖向和水平的宽、深三个方向量取斗栱构件的定位或轮廓尺寸以及细部尺寸。所谓定位或轮廓尺寸包括材高、拽架、栱长等。

(1) **材高：** 竖向上则应先测出斗栱的总高，然后用连续读数法测出相应翘（昂）、耍头的高度。综合分析这些高度可确定材高（图 8-54b）；

(2) **拽架/出跳：** 利用水平尺或小钢尺读出每一跳的出跳尺寸，可统一测量各跳栱的外皮间距，代替中一中间距（图 8-54c）；

(3) **栱长：** 逐一测量瓜栱、万栱、厢栱的长度。如果可能应测量栱的全长，但一般情况下只能分别测出栱的左、右长度，再加上斗口尺寸定为栱长（图 8-54d）。

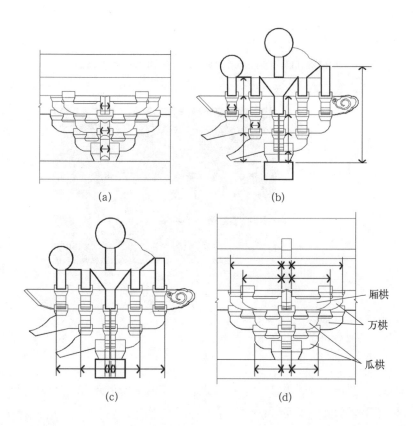

图 8-54 斗口、材高、拽架和栱长的测量示例
(a) 测量斗口；
(b) 测量材高；
(c) 测量拽架；
(d) 测量栱长；

测量坐斗和各类小斗的细部尺寸（图 8-55），并列表汇总（表 8-2）。

对轮廓较为复杂的栱、昂、耍头、云头等构件主要利用拓样测量（图 8-56）。但要注意，拓样只是反映了构件平面部分的轮廓和图案，对于

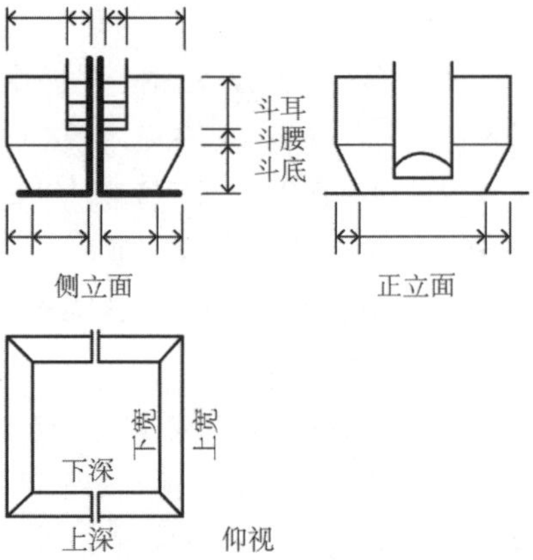

图 8-55 坐斗的细部测量示例

表 8-2 斗升构件尺寸表示例

斗升	正面斗口	上宽	下宽	侧面斗口	上深	下深	斗耳	斗腰	斗底	总高
坐斗										
×××										
×××										

注：小斗正面未必开口，此时正面斗口是指其承托的出跳构件的宽度。

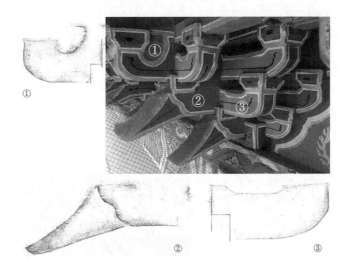

图 8-56 斗栱拓样示例
①丁头栱；
②二昂；
③瓜栱

蚂蚱头、麻叶头等"出锋"构件，应当分清可拓部分和不可拓部分，后者尺寸应现场测定（图 8-57）。

需要强调的是，在把握以上所谓规律性的同时，应当充分注意存在的差异性，如斗升的正面和侧面尺寸通常存在差异，很多做法中栱长、出跳尺寸并不一致（图 8-58）。因此，不允许简单用一侧栱的长度代替另一侧；所有出跳尺寸应逐一测量。

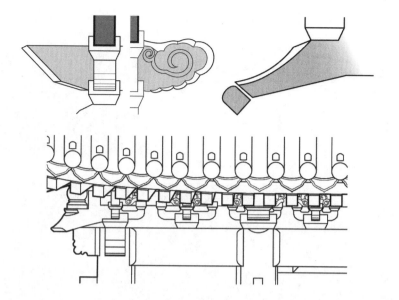

图 8-57 蚂蚱头、麻叶头和昂的可拓部分和不可拓部分
浅灰色部分为可拓部分

图 8-58 斗栱栱长变化示例

4）墙体收分

用水平尺靠在墙面上初步判断是否有收分，若有，则按图 8-59 所示利用垂球辅助测出倾斜数据。

5）檐口

古建筑檐口形式，包括最常见的架椽出挑的檐口（图 8-60b）和用叠涩做法砌筑的砖檐（图 8-60a、图 7-37）。测量时，将控制性尺寸测量确定的特征点作为已知点，利用水平尺、角尺和垂球辅助下测出相应的水平尺寸和竖向尺寸（图 8-60a~e）。檐口中其他细小尺寸，如椽径、沟头（瓦当/猫头）、滴水（滴子）、瓦口等可以直接取（图 8-60c），不再赘述。

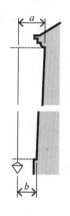

图 8-59 墙体收分的测量示例
墙外皮向内收 $a-b$

6）装修

门窗、天花、花罩等装修部分一般属于"平面化"的部件，因而用到的测量技术方法相对简单，往往按照连续读数法则在宽、高两个方向上测量一系列数据，再测量一些厚度即可。不过装修细节较多，工作比较繁琐，需要耐心细致。门窗槅心部分变化丰富，遇异形对象，应对其整体或图案单元进行拓样或简易摄影测量。需要注意的是，装修常有分格的情况，因总尺寸上长宽比不可能都是理想数字，所以一些分格看似方格，实际上都是长宽不等的矩形，测量和绘图时不要受此迷惑。

8.4.8 细部测量：屋面

1. 主要任务

在屋面上，细部尺寸测量的主要任务包括但不限于：

1）各屋脊、天沟断面尺寸（图 8-61、图 8-62）；

2）吻兽轮廓尺寸（包括吻座详细尺寸，图 8-63）；

图 8-60 檐口节点的细部测量示例
(a) 由砖檐构成的檐口；
(b) 由椽子构成的檐口；
(c) 测量瓦口木；
(d) 测量檐口竖向尺寸；
(e) 测量檐口水平尺寸

3）山花细部尺寸；

4）其他瓦件的细部尺寸；

5）与其他建筑屋面的交接关系。

2. 测量要求与技巧

1）脊的断面

如图 7-48、图 7-49 所示，各种屋脊的主要由一层层线脚组成的。线脚在古建筑须弥座、砖檐、柱础、门窗框架等处也都十分常见，因此这里小结一下线脚的测量问题。

（1）专用工具：国外有一种木工工具叫作轮廓仪或线脚梳（Contour/Profile Gauge），像一把双面的梳子，细密的梳齿可垂直于手柄方向活动，靠到线脚上就能形成其断面的形状，进而可描画到纸上；对象尺度较小时，用起来较为方便；

（2）常规方法：用角尺、水平尺和垂球等配合小钢尺进行测量；以正脊为例，如图 8-61 所示，要点是设立铅垂和水平两条基准线，然后分别测得相应的水平或竖向距离即可。注意屋脊的总厚度不要漏掉。

其他注意事项还包括：

（1）倾斜的屋脊，其剖切方向是垂直于屋脊本身，而不是铅直方向（图 8-62），因此需沿法线方向测量；

（2）测量垂脊时，应连带测出内外瓦垄和排山勾滴的细部尺寸（图 8-62）；

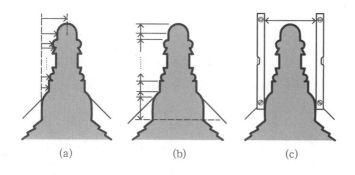

图 8-61 正脊测量示意图
(a) 水平距离；
(b) 竖向距离；
(c) 测量屋脊总厚度

> 当线脚比较细小时，可将钢直尺附着到水平尺上用以延伸尺头，方便探入线脚内。普通水平尺可用胶带粘牢，具有磁吸功能的水平尺可直接吸附在一起（图 8-62b、c）。
>
> 水平尺和角尺也能附着在一起，做成更大的角尺（图 8-62e）。

图 8-62 屋脊、吻兽测量示例
(a) 测量水平尺寸；
(b) 将钢直尺吸附到水平尺上；
(c) 测量竖向尺寸；
(d) 测量屋脊总厚；
(e) 测量吻兽的总厚度；
(f) 测量吻兽的总宽度

(3) 屋脊断面有变化的，应分别测量，如戗脊的兽前和兽后两部分（图 8-63）。

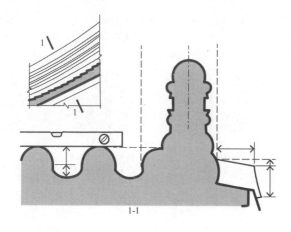

图 8-63 屋脊断面的测量

2) 吻兽的定位尺寸和轮廓尺寸

以正吻为例,如图 8-64 所示,除测出正吻的最大轮廓尺寸外,还应测出其定位尺寸,这些尺寸反映了正吻和垂脊的平面和竖向的定位关系。另外,所有吻兽都应单独测出其吻座或兽座的尺寸,以及其他附件的尺寸。

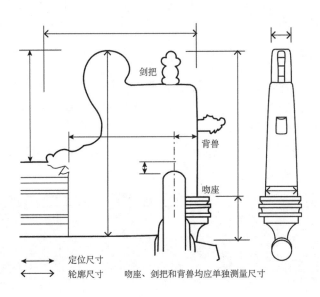

图 8-64 正吻定位尺寸和轮廓尺寸的测量

8.4.9 虚拟仿真实验

针对本章相关内容,本书提供了虚拟仿真实验,作为对初学者的手工测量基本技能的训练和考察,参见附录 E。

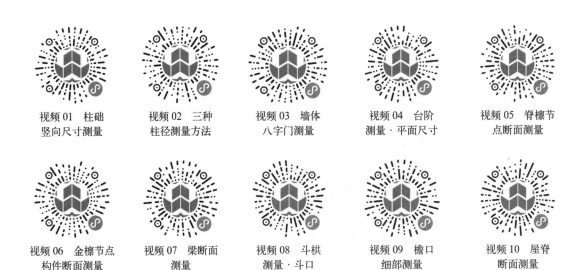

第 9 章 建筑测绘（三）：三维激光扫描与摄影测量技术应用

如第 3、4 章所述，三维激光扫描技术发展的和摄影测量技术的突破是 20 世纪末以来测量技术的重要进展，改变了古建筑测绘的基本面貌，产生了上述两种技术与手工测量结合的工作模式。第 8 章重点讲述了手工测量的方法和应用，本章则讲述这两种新技术的具体应用。实践中，两者具有极强的互补性，将两种技术相结合，可以相得益彰、事半功倍。

从理想的测绘时序安排上说，三维激光扫描和摄影测量的作业应先于手工测量，有利于提高手工测量的针对性和效率，避免两种作业方式在人员活动和脚手架遮挡等细节上相互冲突和干扰。

9.1 三维激光扫描应用

9.1.1 应用场景

1. 建筑测绘

相比于摄影测量，三维激光扫描依靠主动发射激光工作，不受外界光环境限制，可以在比较黑暗的环境中工作，这对古建筑天花以上木构架的数据采集至关重要。另外，三维激光扫描能实时直接获取数据，内业计算占用时间少，也是其优点。

对单层、低层建筑来说，三维激光扫描基本上可以胜任古建筑室外和室内绝大多数部位的基本数据采集。在保证安全的前提下，将其置于天花之上和坡屋面上进行扫描，更能发挥其优势。因此，对于工作模式一来说，三维激光扫描技术是提供被测对象整体基本数据的主力军。

2. 总图测绘

对一处古建筑组群来说，可以围绕整个场地和建筑物、构筑物布设控制网，在采集各建筑、构筑物数据的同时完成总图测绘的碎部测量，从而为总图测绘提供基础数据（参见第 6.2 节）。

9.1.2 基本要求和注意事项

1) 遵循"先控制，后碎部"的基本测量原则，布设完善的扫描控制网，然后进行分区域扫描。

2）应根据建筑的特点，结合所选用的扫描仪参数，优化扫描测量技术设计，包括扫描控制测量方案、扫描站参数、拼接方式、检核方式、精度评定方法及后续的信息提取、绘图技术路线等。

3）用于扫描拼接的控制网，当分级加密布设时，最末一级控制网精度应不低于选定等级之图根控制测量精度。

4）扫描采样点间隔不应大于设计的测量精度指标。

5）为保证扫描测量精度，扫描采样有效范围应小于所用扫描仪标称扫描范围的60%。

6）相邻扫描站的拼接点应构成最优图形，包围扫描有效区域，且不少于3个。

7）当站间采用未知标靶点作为公共点进行拼接时，应构成闭合环或附合在已有控制点上，且闭合或附合路线总扫描站数不应大于4站。

8）站间拼接误差或闭合差应小于设定中误差的2倍。

9）内业利用切片绘制二维线划图时，切片厚度不应大于设定中误差的2倍。

10）每个扫描站应有完善的记录，包括扫描站编号、仪器型号、天气状况、扫描分辨率设置、扫描区域、拼接控制点、标靶点等内容。测量过程记录应与测量数据一同保存，制作副本并以可靠方式存档。

9.1.3 应用案例

下面以无锡寄畅园三维激光扫描测绘项目为案例，进一步说明三维激光扫描用于古建筑测绘的具体工作流程。

1. 寄畅园基本概况

全国重点文物保护单位寄畅园坐落在江苏无锡市西郊惠山东麓，始建于明正德年间（1506—1521年），是江南私家园林的典型代表，为历代造园家所推崇。全园由建筑、山石、水体、植被组成，占地面积约16.9亩（约1.127hm^2），建筑面积约1138m^2。寄畅园北部主要由山石、植被和水体组成，间布古建筑如嘉树堂、知鱼槛、郁盘等；南部为建筑区，包括凤谷行窝、秉礼堂、含贞斋、邻梵阁、卧云堂、先月榭、凌虚阁、寒碧亭等（图9-1、图9-2）。

2. 项目基本要求

项目基本目标是为寄畅园历史研究、监测、科学干预与合理利用提供基本数据支撑。也就是通常所说的为"建立科学记录档案"的测绘。

项目拟采用传统精密测量技术进行控制测量，在此基础上利用三维激光扫描技术对寄畅园古建筑及附属文物进行扫描测绘。除隐蔽部位以及构件相互遮挡严重的部位外，尽可能完整采集所有建筑空间数据，配合数字图片，最终实现寄畅园遗产地现状相对完整、精细的记录。三维激光扫描

1—扉门
2—凤谷行窝
3—秉礼堂
4—邻梵阁
5—含贞斋
6—卧云堂
7—先月榭
8—介如峰碑亭
9—镜池
10—凌虚阁
11—郁盘
12—知鱼槛
13—七星桥
14—寒碧亭
15—清御
16—大石山房
17—嘉树堂
18—梅亭
19—八音涧

图 9-1 寄畅园总平面布局

(a)

(b)

(c)

的成果应包括：表达古建筑室内外空间的完整点云模型、建筑各立面、各榀梁架剖面、室内装修陈设立面及重要细部纹样的正射影像图。

图 9-2 寄畅园建筑
(a) 知鱼槛；
(b) 先月榭；
(c) 寄畅园入口扉门

为达到上述目标，开展了以下工作：

1) 在寄畅园区域及各古建筑室内、外布设平面及高程控制点；
2) 利用精密测量方法完成平面及高程控制网的测量；

3）基于已有控制资料，完成寄畅园测绘控制网与通用控制网的联测；

4）根据扫描需要布设拼接标靶，并利用相邻控制点测定拼接点坐标，实现扫描精度控制；

5）按照需求设扫描站，并逐站完成各扫描部位的精细扫描，同时采集扫描对象的纹理信息；

6）利用点云处理软件完成各扫描站扫描点云的去噪；

7）基于拼接点坐标，完成各部分点云拼接，实现点云相对定向与绝对定向，生成点云模型；

8）基于点云数据，制作各古建筑及附属文物的平面、立面、剖面、细部大样正射影像图；

9）后续，补充必要的手工测量，完成了全部测绘图。

3．精度设计

项目依据测绘目标、要求，本着经济、合理、储备的原则，按《规程》（项目实施时为征求意见稿）要求，确定了各项工作的精度控制指标。其中，总图测绘精度指标，见表9-1；对于单体建筑测量精度，项目中采用图上 0.1mm 作为测量点的点位中误差容许值（依据此精度指标，如果古建筑单体平面、立面、剖面图采用 1∶50 或 1∶20 绘图比例尺绘制，则点位中误差分别为 ±5mm 及 ±2mm）。

表 9-1 寄畅园总图测绘精度指标

（单位：mm）

内容	精度指标	
控制测量	图根点点位中误差	图根点高程中误差
	±20	±10
细部测量	图根点点位中误差	图根点高程中误差
	±60	±30

4．扫描测绘实施过程

1）控制测量

（1）测量坐标系

由于寄畅园周围没有适宜、可用的控制点资料，故测绘中采用假定平面直角坐标及假定高程系统作为本次测量的测量坐标系。

（2）控制点布设

如图 9-3 所示，在扫描测绘区域共布设控制点 30 个，控制点兼作平面及高程控制点，共同构成本项目测绘控制网。30个控制点及已知点（K_1、K_2）共构成 1 条闭合导线（闭合水准路线）及若干条附合导线（附合水准路线）及若干支导线（支水准路线）。相邻导线（或水准路线）间以主导线（主水准路线）作为次级导线（次级水准路线）的起算数据。

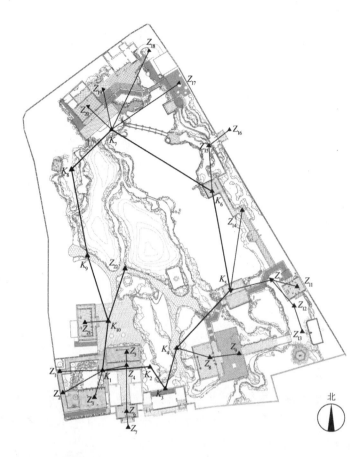

图 9-3 控制点位置及控制网构成

(3) 控制测量

精密导线测量： 主导线及支各导线采用徕卡 TS30 全站仪进行测量，测量前对仪器进行全方位检视、检校，测量时严格对中、整平。为满足前述的精度标准，精密导线测量依据表 9-2 的规定执行。其中：精密导线边长测量往返各测两个测回，每测回间重新瞄准目标进行读数，读数互差小于 0.5mm、往返测平均值互差小于 1mm 时，取均值作为测量值；水平角测量采用测回法观测，每个角度观测两测回，符合指标要求后取平均值作为角度观测值。寄畅园导线控制测量成果，见表 9-3。

表 9-2 导线测量主要技术要求

指标序号	指标	控制值
1	导线长度控制值	4km
2	平均边长	0.5km
3	测角中误差	5″
4	测距相对误差	1/30 000
5	测回数	2 个
6	方位角闭合差	$10\sqrt{n}$ ″
7	相对闭合差	1/15 000

表 9-3 寄畅园主导线（网）控制测量成果表

(单位：m)

测量日期	2015-××-××					
测量成果	点号	X 坐标	Y 坐标	点号	X 坐标	Y 坐标
	K_1	117.093 5	100.000 1	K_6	66.238 4	162.240 6
	K_2	100.000 0	100.000 0	K_7	99.587 8	187.503 3
	K_3	93.411 6	88.943 7	K_8	121.326 7	178.307 3
	K_4	86.213 3	106.016 7	K_9	118.799 3	144.130 3
	K_5	64.373 6	122.838 8	K_{10}	111.510 4	119.190 6
成果精度评价	导线形式	闭合导线				
	测站数	10				
	等级标准	一级				
	容许值	≤ 1/350 00				
	测量值	1/450 00				
	精度评价	达到预设标准				

精密水准测量： 依据前述精度设计，高程控制测量采用四等精密水准测量标准施测。网形为闭合与附合水准路线混合网，所用仪器为天宝 DiNi 03 精密数字水准仪，条形码尺自动读数记录。施测前对仪器设备进行检校，施测中注意整平、避免逆光、控制前后视距、视线高度等指标，各项控制指标，见表 9-4，经平差后各控制点高程成果，见表 9-5。

2) 拼接点测量

基于布设的图根级控制点按照极坐标法测量拼接点三维坐标。拼接点标靶分为两类：一类为墙上固定纸质标靶拼接点，另一类为三脚架上金属移动标靶拼接点。标靶拼接点测量采用徕卡 TS30 全站仪，无反射测量模式。测量拼接点时，应在至少 2 个控制点上分别测量，各坐标分量均小于

表 9-4 四等水准测量主要技术要求

指标序号	指标	控制值
1	附合路线长度	≤ 15km
2	视线长度	≤ 80m
3	前后视较差	≤ 5m
4	前后视累积差	≤ 10m
5	观测方法	中丝读数
6	视线高度	三丝能读数
7	闭合差	$\pm 6\sqrt{n}$（n 为测站数）

表 9-5　寄畅园高程控制测量成果表

(单位：m)

测量日期	2015-××-××			
测量成果	点号	H	点号	H
	K_1	10.000 0	K_6	6.902 5
	K_2	9.520 0	K_7	6.896 2
	K_3	9.651 3	K_8	11.329 4
	K_4	8.969 4	K_9	9.652 3
	K_5	6.386 4	K_{10}	9.077 8
成果精度评价	水准网形式	混合网		
	测站数	10（主水准路线）		
	等级标准	国家四等		
	容许值	±26.83mm（主水准路线）		
	测量值	−0.6mm（主水准路线）		
	精度评价	达到预设标准		

3mm 时取其平均值作为拼接点坐标值用于扫描外业点云拼接。外业扫描共布设扫描拼接点 126 个，部分拼接点测量结果，见表 9-6。

表 9-6　拼接点测量成果

(单位：m)

点号	X 坐标	Y 坐标	高程
L_1	90.949 9	116.694 5	11.308 5
L_2	92.886 6	126.827 9	11.527 1
L_3	85.310 5	117.881 9	11.580 4
L_4	85.643 6	126.228 0	11.499 0
L_5	93.715 1	131.797 1	11.569 0
L_6	92.920 5	127.174 1	11.207 2
L_7	89.412 6	133.473 5	11.568 7
L_8	87.293 9	131.503 6	11.568 6
L_9	89.003 4	132.669 6	11.268 7
L_{10}	102.623 1	114.390 9	11.502 6

3）外业扫描测量

寄畅园组群三维激光扫描工作自 2015 年 10 月 28 日开始，至 2015 年 11 月 18 日结束，采集点云 422 站，三维激光扫描仪按照水平及竖向扫描步进角度（扫描分辨率）进行扫描时，扫描点按照扫描坐标值集合存储在扫描坐标系中，形成点云。扫描有效距离控制值为 25m，扫描分辨率为最高（25m 处点间距 5mm），扫描的同时利用扫描仪内置相机同步采集扫描点的颜色信息（RGB 值），得到具有自然色彩属性的彩色点云。

外业点云分为 64 组，利用拼接坐标点进行拼接（坐标转换），满足各平差后的拼接点位误差均小于 3mm 的预设精度后进行精度评定，精度评定报告见表 9-7。

表 9-7 扫描拼接报告

扫描建筑		寄畅园		扫描部位		秉礼堂室内	
扫描日期		2015-10-28		天气情况		晴 23℃	
测段名称		02		测站数		8	
拼接控制点	点号	X 坐标（m）		Y 坐标（m）		Z 坐标（m）	备注
	L_1	90.949 9		116.694 5		11.308 5	
	L_2	90.886 6		126.827 9		11.527 1	
	L_3	85.310 5		117.881 9		11.580 4	
	L_4	86.064 4		126.22 8		11.490 9	
拼接过程	拼接测站	拼接标靶球点号					
	S001—S002	Q_1	Q_3	Q_4	Q_6	Q_7	
	S002—S003	Q_1	Q_2	Q_3	Q_5		
	S003—S004	Q_3	Q_4	Q_6	Q_{10}		
	S004—S005	Q_2	Q_3	Q_4	Q_7	Q_9	
	S005—S006	Q_2	Q_6	Q_7	Q_{10}	Q_{11}	
	S006—S007	Q_3	Q_5	Q_6	Q_7	Q_{11}	
	S009—S008	Q_2	Q_4	Q_7	Q_9	Q_{10}	
拼接精度		拼接控制点		出现位置		点位误差（mm）	
	控制点	最大误差	L_4	S006		3.5	
		最小误差	L_1	S001		1.6	
	标靶点	最大误差	Sphere6	S001—S002		3.0	
		最小误差	Sphere3	S004—S003		0.6	

4）内业处理及成果输出

点云处理采用徕卡 Cyclone 软件，进行初步拼接、去噪、生成点云切片。后期使用 Geomagic 软件生成立面图、剖面图、详图等正射影像（图 9-4~ 图 9-6）。

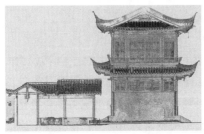
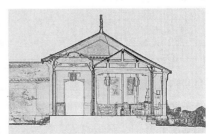

图 9-4 寄畅园古建筑立面正射影像（左图）

图 9-5 寄畅园古建筑剖面正射影像（右图）

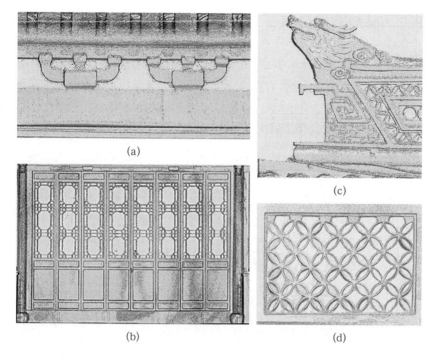

图 9-6 寄畅园古建筑细部点云
(a) 牌科（斗栱）；
(b) 长窗（槅扇）；
(c) 龙吻；
(d) 漏窗

5）二维线划图

基于点云数据成果后续进行手工测量补充完善，最终完成测绘图（图 9-7）。关于绘制建筑测绘图的具体操作和要求参见第 10 章。

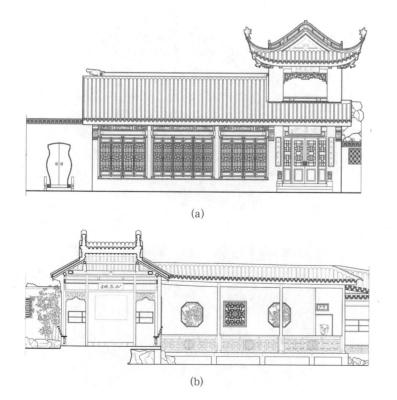

图 9-7 二维线划图（测绘图）
(a) 寄畅园邻梵阁立面图；
(b) 寄畅园知鱼槛剖面图

9.2 摄影测量应用

在实现技术突破和小型无人机普及之前,摄影测量硬件设备昂贵,在外业上对拍摄条件限制多,内业处理繁琐且专业性很强,因此在古建筑测绘领域中很少发挥作用。近十几年来,其应用门槛大为降低,拍摄条件放宽,加上无人机普及带来的空中优势,使摄影测量技术在适用性上脱胎换骨,因而得到迅速推广。

9.2.1 应用场景

1. 建筑测绘

如果说三维激光扫描在建筑测绘方面是面上数据采集的主力军,摄影测量就是某些"重点部位"采集的特种兵。这些部位包括但不限于以下内容:

1) 高处的建筑部位,如屋面(图9-8);
2) 高大建筑的外立面,如塔、多层楼阁等(图9-9、图9-10);
3) 轮廓、纹样、色彩丰富复杂的装饰性艺术构件,如装饰性柱础、须弥座、御路石、花板、槅心、藻井、吻兽、脊饰以及其他各种木雕、砖雕、石雕、泥塑等(图9-11~图9-14、参见第9.2.3节中图9-25);

图9-8 摄影测量生成的屋面点云
(测绘对象:北京市景山公园寿皇殿;摄影测量:李哲)

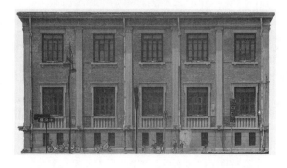

图9-9 摄影测量生成的建筑立面
(测绘对象:天津市意风区渤海商品交易所大楼)

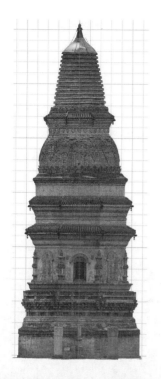

图 9-10 摄影测量生成的建筑立面（左图）
（测绘对象：天津市蓟州区白塔；摄影测量：李哲）

图 9-11 摄影测量生成的御路石模型（右图）
（测绘对象：河北省遵化市清东陵定陵）

图 9-12 摄影测量生成的建筑立面（局部），彩画和装饰纹样（左图）
（测绘对象：辽宁省北镇市北镇庙大殿；摄影测量：北京华创同行科技有限公司）

图 9-13 摄影测量生成的藻井模型（右图）
（摄影测量：何蓓洁）

图 9-14 摄影测量生成的戗脊小跑模型
［测绘对象：山东曲阜市孔庙奎文阁（修缮过程中的记录）；摄影测量：王曦、张云峰］

4）壁画、彩画等需要精确采集并记录纹理和色彩的对象。

尤其对后两类对象来说，摄影测量几乎是目前技术条件下最佳记录和存档方式。

2．总图测绘及其他

采用无人机倾斜摄影测量，可以采集总图碎部数据，生成正射影像，支持总图测绘（参见第6.2节中图6-9，以及图9-15）。这一技术当然也可以胜任更大尺度、更小比例的测绘，常用于历史街区、大规模建筑组群、考古遗址（图9-16）和线性遗产如长城（图9-17）、大运河等。

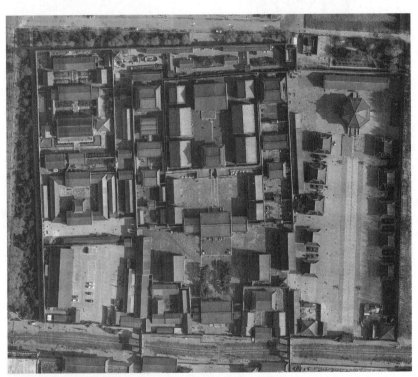

图 9-15 摄影测量生成的总图正射影像
（测量对象：沈阳故宫）

图 9-16 摄影测量制作的建筑遗址模型（局部）
（测量对象：北京圆明园如园遗址；摄影测量：北京华创同行科技有限公司）

图 9-17 摄影测量制作的长城模型（局部）
（摄影测量：李哲）

9.2.2 基本要求和注意事项

1）遵循"先控制，后碎部"的基本测量原则。可以在被测对象最大范围边界上选择或设定清晰的特征点并测量其相对关系作为控制条件。理想情况下，应布设完善的控制网，选择对象上清晰的特征点或设置协作目标作为控制点，测量其坐标；确保拍摄区域内的控制点不少于 4 个且构成良好图形。若与三维激光扫描数据拼接时，应使用统一的坐标系。

2）环绕被测对象进行拍摄，相邻像片重叠度不小于 60%；拍摄内容应包括被测对象转角部分且覆盖相邻的侧面，范围应包含对象的背景和环境；不允许出现无重叠的像片。另行拍摄反映对象整体的像片，用于对照检查。

3）拍摄过程中不允许变焦，禁用自动对焦；宜使用固定焦距相机，对焦固定在无穷大或取平均距离。

4）使用相机的最高分辨率和最大画幅，以得到最高质量的像片。

5）相机使用前宜进行检校，并出具报告。对色彩记录要求高的被测对象（如彩画、壁画等），拍摄时应使用标准色卡。

6）室外对象宜选择光线最佳时段拍摄，尽可能保持线光线一致；环境光线复杂、光比较大时应使用 HDR 包围曝光模式拍摄；建议对像片进行地理标记。

7）地面摄影时，使用三脚架和线缆/无线遥控设备拍摄，保持构图稳定，避免低于安全快门时成像模糊。

8）以 RAW 格式保存像片文件，不允许进行任何裁剪。

9）摄影测量的过程应有完善记录，包括项目和被测对象基本信息、拍摄时间和天气、控制测量数据、拍摄位置、相机参数、检校报告等内容。测量过程记录应与测量数据一同保存，制作副本并以可靠方式存档。

9.2.3 应用案例

以下以山东聊城山陕会馆清代狮形柱础为案例，进一步说明摄影测量的一般流程和操作。

1. 被测对象概况

山东聊城山陕会馆位于山东省聊城市城南，面朝京杭运河，为全国重点文物保护单位。会馆始建于清乾隆八年（1743年），是研究运河经济文化和跨地域文化交流的重要物证；遍布主要建筑周身的精美石雕、木雕、砖雕和彩绘，具有极高的艺术价值（图 9-18）。利用数字摄影测量技术对这些石雕、木雕、砖雕进行记录建档，是现有技术条件下最佳选择。

图 9-18　山陕会馆南献殿及其狮形柱础

2. 摄影工具和数据处理软件

摄影相机为佳能 6D 全画幅数码相机，镜头焦距 50mm，数据处理软件为 Agisoft Metashape Professional 及 3DF Zephyr PRO。

3. 坐标系统及控制测量方式

坐标系统为任意空间直角坐标系，模型尺寸控制利用不同位置（方位）放置的具有特殊标记、固定长度的钢制直角尺。

4. 相机检校

摄影前利用数字标准版对相机（镜头）进行检校，检校过程及检校结果如图 9-19 所示。

5. 摄影

利用校正过的相机和镜头围绕柱础进行拍照，得到柱础不同方位照片（图 9-20）。

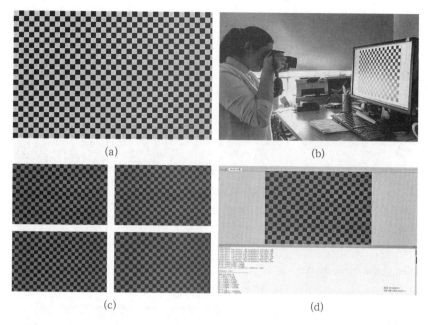

图 9-19 相机检校
(a) 步骤 1：调出数字标准版；
(b) 步骤 2：从不同方位对数字标准版拍照；
(c) 步骤 3：标准版不同方位照片；
(d) 步骤 4：得到相机检校参数

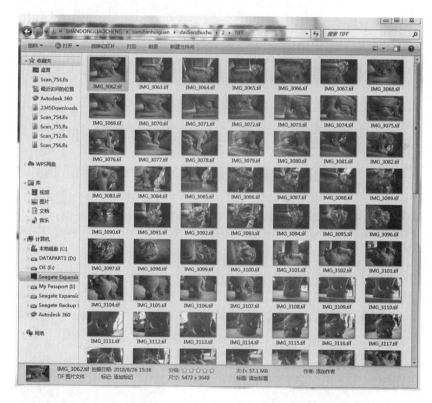

图 9-20 摄影像片

6. 像片预处理

对摄影像片预处理，如去噪、匀光等操作，便于图像识别和后续像点配对（图 9-21）。

图 9-21　像片预处理
(a) 原始像片；
(b) 处理后的像片

7. 模型相对定向

将处理后的像片及相机检校参数读入摄影测量数据处理软件 Agisoft Metashape Professional，对齐照片，生成稀疏点云（图 9-22）。

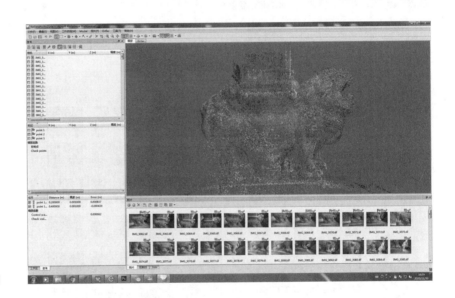

图 9-22　模型相对定向

8. 模型绝对定向

在相对定向得到的模型中添加定位点、定向点及模型比例（两定位点间的实际长度值），进行模型绝对定向并空三加密生成密集点云。本例输入钢制直角尺长度值对模型进行缩放，得到的密集点云（图 9-23）。

图 9-23　绝对定向及空三加密

9. 建立模型

根据生成的点云构建三角网，生成三角面模型（图9-24）。

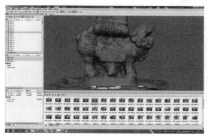 

图9-24 三角网生成三角面模型

10. 纹理映射

将像片中的颜色信息映射到建立起的三角面模型表面，生成自然材质模型，并可据此建立测绘对象的正射影像图（图9-25）。

图9-25 赋予模型真色彩生成正射影像图

第 10 章 建筑测绘（四）：数据处理与成果表达

数据采集、测量后，进入数据处理阶段，包括整理测稿、不同来源数据的整合，所有工作主要都需要指向成果表达，即制图或三维建模。因此，有必要先从具体的制图要求谈起，以便明确并协调工作目标。在整理测稿、数据处理和具体制图各环节，就会围绕这些目标确定原则、对策和具体的要求和处理方法与技巧。

10.1 建筑测绘制图要求

10.1.1 一般要求

建筑测绘图的要求也基本参照现行制图标准制定，但也有针对古建筑测绘特殊的要求。

1. 与制图标准相同的要求

大部分制图标准中的要求都应直接贯彻执行，主要包括：

1) 图样画法；注意：梁架/天花仰视图[①]应采用镜像投影画法（图7-42）；
2) 构造及配件图例、常用建筑材料图例；
3) 尺寸标注，包括长度、直径、半径、标高等内容（图10-1、图10-2）。

注意：标高标注指示不明时，应使用文字说明，古建筑测绘图中属于这种情况的很多（图10-3）。

2. 制图标准之外的要求

结合古建筑测绘具体情况，补充一些特殊要求。

1) 测绘级别声明

建筑测绘图首页应声明测绘的目的、采用的精度和广度级别、制图尺

---

① "仰视图"理解有两种，一种指自下方直接投影的"底面图"，一种是采用"镜像投影法"的得到的平面图，本文采用后一种理解，与古建筑测绘传统习惯一致。

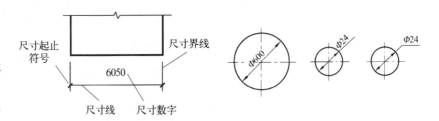

图 10-1　线性尺寸标注（左图）

图 10-2　直径标准（右图）

寸依据，以及其他必要的技术说明文字。

2）视图命名

按现行制图标准要求，同一种视图多个图的图名前应加编号以示区分。平面图应以楼层编号，包括地下二层平面图、地下一层平面图、首层平面图、二层平面图等。这项规定与古建筑测绘的习惯相同。

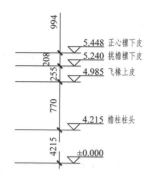

图 10-3 标高标注中使用文字说明示例

但是，立面图应以该图两端头的轴线号编号，剖面图或断面图应以剖切号编号，详图以索引号编号，剖面图剖切号宜由左至右、由下向上连续编排，这些要求与古建筑测绘传统习惯不同，在实际使用也不方便。① 为兼顾规范性和实用性，本书作如下折中和变通：

（1）立面图除用两端轴号编号外，仍可同时沿用传统按方位或者"正、背、侧"命名的方式，如：①～④正立面图；

（2）剖面图除用剖切号编号外，仍可同时沿用传统的"横剖""纵剖"或"明间剖面"的说法，如 1-1 明间剖面图，3-3 纵剖面图；

（3）剖面图剖切号仍可按习惯的明间、次间、稍间的横剖面图和纵剖面图顺序编号；

（4）详图除使用索引号编号外，仍可同时沿用传统说法，如⑨角科斗栱详图。

另外要注意的是，梁架/天花仰视图作为镜像投影法得到结构平面图或装修布置平面图，在图名后应注写"镜像"，如：梁架仰视图（镜像）。

3）未探明对象的表示

设计者绘制设计图是"正向"工作，设计者是"全知作者"。与此相反，测绘是一项"逆向"工作，测绘者只能是"半知作者"，不可能"全知全能"，很多对象因客观条件限制无法或很难探明，如隐蔽部分的构造层次、拥挤狭窄无法到达的部位等。因此不能对测绘图表达深度作"一刀切"的规定。测绘中未探明的对象，其形式、尺寸、材料组成宜采用留白形式表达，并注记"未探明"。大家当然可以根据已知尺寸和条件进行分析推测，但这些内容不应与实测内容和数据相混淆。

4）特殊的尺寸标注

标注木构件断面尺寸时采用引出线标注"宽×高"（图 10-4）。此处将建筑结构制图标准相关要求变通运用到建筑测绘图中。

平面图上的柱子，可用将相关数据分行集中标注，一般包括柱径、鼓径、础方、柱高等内容，也可酌情标出柱子的上、下径，柱底、柱高等内容（图 10-5）。

5）线宽组选择

由于古建筑一般细节复杂、层次细腻，选择适宜的线宽，通过图线的粗细变化，可使图面景深层次清晰，更富于表现力。根据现行制图标准，

① 例如，说一座七间大殿的正立面，含义非常明确，反而①～⑧立面图让人困惑。当然，若用轴号描述自由布局的游廊、亭榭等，或比传统习惯更为合理。

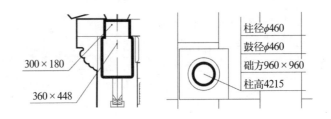

图 10-4 木构件断面尺寸标注示例（左图）

图 10-5 柱子的标注示例（右图）

应根据复杂程度与比例大小，先选定基本线宽 b，再选线宽组。以 1∶50 测绘图为例，本书建议基本线宽 b 为 1mm，相应的线宽组为：0.25mm、0.5mm、0.7mm、1.0mm。因比例尺较大，对象景深层次复杂的图样，本书建议在线宽组中可再插入 0.18mm 以及 0.35mm 两种线宽。采用其他比例时，可酌情选用相邻线宽组。关于各种线宽线型的具体运用，请参考附录 H。

10.1.2 现状尺寸和样本尺寸

第 4、8 两章，已经涉及样本尺寸和现状尺寸的概念，这里再进一步梳理这一对概念。

1. 意义和作用比较

每座建筑物理论上都有一套设计尺寸，但是由于施工误差、变形积累、历次干预、测量误差等因素，实测数据很难与理想的设计尺寸一致。对称的部位或者同类构件，其尺寸在理想状态下本应一致。例如，对称的开间，两缝地位相同的梁架，不同位置的平身科斗栱，同一规格的椽子、瓦垄等尺寸都是相同的，但实际测量的结果则互有差异。

这些反映对象差异性的尺寸就是现状尺寸，来自对被测对象的全面调查。而样本尺寸的概念则来自抽样调查中的典型样本，就是在把握对象规律性的前提下，选择样本数据推广至整体。

现状尺寸和样本尺寸都是基于现状采集，都能反映建筑物现状的整体和基本关系。但前者较为全面，具有生动性和具体性，整体偏差较小；后者由于是抽样，无法全面具体地反映每个对象，且不可避免存在一定的偏差。

但是，现状尺寸基于"坐标"的采集，只能反映采集时"此时此刻"的状态，一旦条件改变，如修缮干预或变形劣化，相应的现状尺寸就需要重新采集；而样本尺寸基于建造逻辑认知，具有一定的典型性、代表性，且有一定的时间超越性。

现状尺寸反映对象的差异性和个性。对有意义的细节差异进行解读，可以获取诸如制作工艺、病害机理、历史演变等方面的更多信息，从而有可能挖掘出更多的价值和规律；在具体施工中，后制构件的安装或补配，也只能依照现状尺寸，如主体修缮完成后安装门窗，只能依据现有洞口尺寸；在已经发生某些变形的部位中补配构件，只能依据现状"以歪就歪"等。而样本尺寸则需要把握差异性和规律性之间的界限，排除无意义的差异，力图揭示建筑物设计建造逻辑和规律性，包括初始建造和历次修缮、改建等，能更突出地反映其地域或时代等方面的形制特征，某种程度上还原或者接近理想的设计尺寸。但是两者之间尺度的拿捏和权衡是比较微妙的，取决于测绘者对建筑的认知和理解。

另外，在成本方面，按现状尺寸制图比按样本尺寸制图更加费时费力，要付出更多人力和时间成本；在对参与者的要求方面，获取现状尺寸主要依靠掌握更全面的测绘技术，而样本尺寸的确定则更加依赖参与者对建筑的理解，质量高低取决于对样本的选取。

2. 在样本尺寸和现状尺寸之间选择

测绘图若全部按现状尺寸进行绘制，是否能画出一套尺寸和关系都符合原物的图纸，还取决于技术条件、投入的经济成本和时间成本等因素。是否每次测绘、每个细节都有必要去不遗余力按现状尺寸制图呢？这就要在按样本尺寸制图和现状尺寸制图之间进行选择。

这种选择宜综合考虑多种因素。"综合考虑"是指要同时考虑所有的因素权衡利弊，而非单纯依赖某一种因素。另外，制图尺寸依据可用于总体，也可用于局部，可以因地制宜，灵活处置。但是无论怎样，所有制图依据应在技术报告或首页中明确说明。

需要综合考虑的因素包括以下几点。

1) 具体需求

若需详细表达变形情况，提供详细信息索引，宜按现状尺寸制图。这种需要详细索引的情形参见表4-8，比如解体式保护工程勘察和设计、文物建筑迁建工程勘察和设计，以及对重要建筑遗产的全面勘察和综合研究等。

2) 对相关形制特征及规律的把握程度

若对相关规律缺乏深入理解，不宜按样本尺寸制图。反之，有条件就按样本尺寸制图。

3) 与技术条件相匹配

若采用三维激光扫描或摄影测量这种批量采集数据的技术，能生成点云、正射影像的，可考虑用影像或图表表达变形，图纸仍可按样本尺寸制图；若受采集手段限制，获取数据不足，不具备完全按现状尺寸制图的可行性。

4) 现状与样本尺寸之间的差异程度

若现状各部分差异较大，或变形严重，情况复杂，难以确定典型样本时，宜按现状尺寸制图。如图10-6所示，这是因变形造成差异性太大而采用现状尺寸的典型例子。还有一种情况，就是某些对象从设计和建造逻辑上根本就不追求整齐划一，如木构架中的曲梁，这种情况也只能选择现状尺寸（图10-7）。

5) 图纸比例

有关变形和差异较小，在比例较小的图样上难以表达时，可按样本尺寸制图。关于比例与图纸深度的关系参见第4.2节，如果主要的变形程度，没有超出特定比例所能反映的深度，按样本尺寸制图足以满足要求。

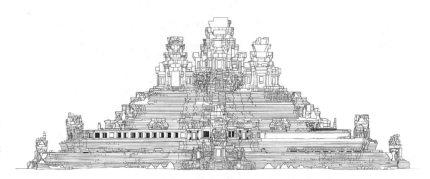

图10-6 按现状尺寸制图示例
（图注：柬埔寨吴哥古迹茶胶寺东立面图）

图10-7 按现状尺寸制图示例
（图注：中国甘肃省嘉峪关市柔远楼剖面图（局部），梁架中的曲梁即按现状尺寸绘制）

6）重复性对象的数量

当重复性对象超过5个时，重复的部分可按样本尺寸制图。例如古建筑正身檐口上大量重复的椽子、瓦垄（瓦当），即使在整体按现状尺寸制图的全面测绘体系，仍可按样本尺寸制图；而在翼角部位的椽子和瓦垄，则因为形态各异，空间位置不断变化，当然要画出各自差异，也不存在所谓"样本尺寸"。

3. 互补共存

由于测量技术进步，能够快速批量采集的三维激光扫描与数字摄影测量技术的普及，使数据存储和成果表达更多元化，选择面也更宽。既可以用现状尺寸生成正射影像或网格面模型，也可以根据点云用样本尺寸制作二维线划图或建筑信息模型。这样，让点云、模型或正射影像再现特定时刻差异化的状态，而让测绘图或建筑信息模型反映一般的、规律性的本质，两类成果相互补充，相得益彰。而在传统测量技术条件下，则可以将现状尺寸记录在测稿上，样本尺寸用于制图，同时汇总列表。测稿、数据表、测绘图同时存档，保证记录信息的完整性。

4. 处理样本尺寸

1）样本尺寸的属性、范围

若确定按样本尺寸制图，不论是全局还是局部，需要通过现场观察分析、在数据统计分析基础上，加入建筑学上对特征和规律性的把握，确定样本尺寸，统一相关联的尺寸。样本尺寸主要涉及的范围和对象举例如下：

（1）**对称的部位和构件：**如面阔或进深中的左右两次间、梢间、尽间的尺寸；尺寸相同各间安装的门窗，角梁左右的翼角椽子排列等；

（2）**梁架结构中的控制性尺寸：**如不同开间中各檩的水平距离和高差（步架、举架）、出檐尺寸等；

（3）**反映建筑物结构交接关系的尺寸：**如斗栱的间距（攒当）、门窗槛框的长度与所在开间的尺寸、相邻瓦垄的间距（蚰蜒当）等；

（4）**重复性的同类构件：**如斗栱用材的尺寸及各分件尺寸、地位相同的柱子的柱径以及筒瓦、板瓦、勾头、滴水等规格相同的瓦件。

2）关于样本尺寸的注意事项

第8.1节阐述了现场测量时确定典型构件的基本原则，相应地，对如何确定样本尺寸补充以下几点：

（1）**在差异性和规律性之间不断思考：**除曲梁之类的明显差异外，还涉及微妙的差异，例如，建筑经多次修缮后，相同地位的不同构件出现新旧差异时，应分入不同类型，分别确定其样本尺寸，不应无视新构件强行统一样本尺寸。在差异性和规律性之间进行权衡和把握时往往非常微妙，在两者之间的思考或博弈，应从现场一直贯穿到数据处理中来。

（2）**变形干扰的特殊情况：**在建筑存在某些特殊变形的情况下，例如，一建筑的局部因年久受压而倾斜，致使某些构件的高度或厚度收缩而变小，就会造成总尺寸小于分尺寸之和的现象，这时可将分尺寸之和暂定为总尺寸，并随图用文字注记缘由。

（3）**少数服从多数：**典型构件数量较多时，样本尺寸应取其尺寸数据的众数或中位数。

5. 注记典型构件位置和差异

按样本尺寸制图时，应随图绘制典型构件测量位置示意图（图10-8）；对重要的部件或构件，按样本尺寸制图后，凡图样与现状有较大差异时，应随图注记文字说明。

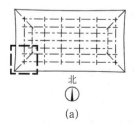
(a)

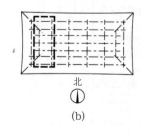
(b)

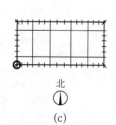
(c)

图10-8 典型测量位置表达方式示例
(a) 翼角测量位置；
(b) 梁架测量位置；
(c) 斗栱测量位置

10.1.3 简化画法

古建筑测绘图在以下情况下可采用简化画法：

1）对象细节尺寸差异较小而在规定比例下表达困难的。例如，1：50 比例下绘制古建筑檐口立面时，勾头筒瓦（瓦当）可按近似投影画为圆形，其定位高程以圆最高点为准；飞椽的细节可简略表达（图10-9）。若需详细表达瓦件和椽头差异，可另画详图。

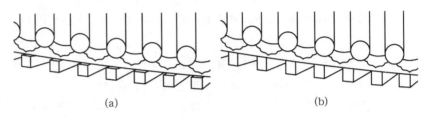

图10-9 古建筑翼角飞椽（翘飞椽）简化作图示例
(a) 简化前；
(b) 简化后

2）对象前后遮挡时，若被遮挡的对象轮廓易与前方对象轮廓混淆时，可不表达被遮挡的对象。例如，古建筑立面图中，檐柱遮挡金柱且金柱与檐柱柱径差异较小时，可不表达金柱。

3）按样本尺寸制图时，大量有规律排布的对象中，用于定位控制的对象应精确表示其位置，其他对象可按排布规律绘制。例如，绘制规则的砌体砌缝时，端部或转折部件应详细绘制，其他部位可简略表达砌筑层数及基本砌法。又如，立面图上表达瓦垄或椽头时，关键瓦垄或者椽头，应精确定位，其余瓦垄或椽头可以按规律均布排列。

10.1.4 各级测绘图深度要求

全面、典型和简略各级测绘图纸要求参见表10-1，在具体执行时可以参考执行。

表10-1 各级测绘图纸基本要求

事项	全面测绘	典型测绘	简略测绘	备注
制图尺寸依据	总体宜按现状尺寸制图，局部可按样本尺寸制图	总体宜按样本尺寸制图，局部可按现状尺寸制图	宜按样本尺寸制图	—
平面、立面、剖面图比例	不宜小于1：50，体量较大的建筑可适当缩小比例，但不应小于1：100	以1：50为宜，不宜小于1：100	不宜大于1：100	—
绘制哪些平面图？	应包括各层平面图、屋顶平面图 梁架结构或顶棚形式较为复杂时，应绘制结构或顶棚仰视图或俯视图 根据测绘具体需求及复杂程度，必要时可选择绘制局部放大平面图	要求同全面测绘	至少应包括底层平面图	—

续表

事项	全面测绘	典型测绘	简略测绘	备注
绘制哪些立面图？	应包括各个方向的立面视图 内部院落或立面图难以表达的局部，可在相关剖面图上表示，若剖面图未能表示完全时，宜单独绘出	应包括各个方向的立面视图，但差异小、左右对称的立面可简略 内部院落或立面图难以表达的局部，可在相关剖面图上表示，若剖面图未能表示完全时，宜单独绘出	有代表性的立面视图不宜少于2个 内部院落或立面图难以表达的局部，可在相关剖面图上表示	立面转折较复杂时可用展开立面图表示
绘制哪些剖面图？	原则上剖切位置应选择层高不同、层数不同、结构不同或内外部空间比较复杂，具有代表性的部件；建筑空间局部不同处以及平面、立面均表达不清的部件，宜绘制局部剖面 典型的古建筑宜绘制各间横剖面图和纵剖面图，必要时在同一个剖切位置的两个投射方向上都要绘制	剖面图剖视位置要求同左，但差异小、相互对称的剖面可简略或省略 在同一个剖切位置的两个投射方向上，只要对象差异小、相互对称，可只绘制其中一个方向的剖面图	剖面图剖视位置要求同左，有代表性的剖面图不宜少于1个	—
选绘详图的原则	同类节点只要存在有意义的差异，宜单独绘制详图	同类节点可只选择典型的部件或构件绘制详图	根据具体需求可不绘制详图或有选择地绘制所需详图	—

全面测绘与典型测绘的图面表达深度，原则上没有区别，仅在内容覆盖广度上有区别（表10-1）。简略测绘在内容和深度上相应降低，并与其选用比例（不宜大于1∶100）相匹配。以下按平面、立面、剖面图和详图的顺序，大致列举图纸表达的具体内容和深度要求，并可与附录H测绘图示例对照理解。

1．平面图深度要求

各类平面图表达应符合表10-2要求的内容，被测建筑中不存在的对象除外。

表10-2　平面图表达的内容和要求

表达对象	全面／典型测绘	简略测绘	备注
总体、定位轴线	柱网或承重墙定位轴线、轴线编号；总尺寸、轴线间尺寸等控制性尺寸和门窗洞口尺寸	柱网或承重墙定位轴线、轴线编号；总尺寸、轴线间尺寸等控制性尺寸	—
房间（由墙体、门窗及其他要素分隔的空间）	非承重墙、内外门窗位置及定位尺寸，门的开启方向，房间名称或编号注记	同左	平面图门窗的绘制在比例小于1∶50时，可以用图例形式表达；比例大于1∶50时，宜按投影绘制；比例为1∶50时，两种方式均可 若建筑由单一房间组成，且图名已反映房间名称，可不必另行注记

续表

表达对象	全面／典型测绘	简略测绘	备注
地面、楼面	柱础、楼地面铺装、阶条石、踏步、散水；建筑与相连的道路、院墙或其他建筑的交接关系及定位尺寸；地面的孔洞、竖井等位置、尺寸	柱础、阶条石、踏步、散水；建筑与相连的道路、院墙或其他建筑的交接关系	—
墙、柱	墙身厚度，柱与壁柱截面尺寸及其与轴线关系尺寸；以及墙体洞口的位置、尺寸与高程或高度等	墙身厚度，柱与壁柱截面尺寸及其与轴线关系尺寸	—
楼梯	楼梯位置和楼梯踏步、上下方向示意等	楼梯位置、踏步和楼梯上下方向示意等	—
附属物	主要附属文物、建筑设备和固定陈设的位置、尺寸及其名称注记	主要附属文物的位置及其名称注记	—
高程变化	室外地面高程、底层地面高程、各楼层高程、地下各层高程；底层或楼层内地面高程有变化时，标注各地坪高程	室外地面高程、底层地面高程、各楼层高程	—
屋顶平面图	应表达屋面构造部件的位置和尺寸，如瓦垄、女儿墙（宇墙）、檐口、屋脊（分水线）、天沟、坡度、坡向以及附属部件和构筑物；表述内容单一的屋面可缩小比例绘制	—	—
梁架仰视图	应表示主要的结构构件的位置和尺寸；顶棚仰视图应表示分格、龙骨、支条、天花板和其他装饰物位置和尺寸	—	—
符号、注记	底层平面图标注剖切线位置、编号及指北针或风玫瑰 节点构造详图索引号 图纸的名称、比例	同左	—

2. 立面图深度要求

立面图至少应表达表10-3要求的内容，被测建筑中不存在的对象除外。

表10-3 立面图表达的内容和要求

表达对象	全面／典型测绘	简略测绘	备注
定位轴线	两端轴线编号	两端轴线编号	用展开立面表示时应准确注明转角处的轴线编号

续表

表达对象	全面／典型测绘	简略测绘	备注
外轮廓及主要结构、构造部件	如台基、柱、梁枋、外墙、门窗、斗栱、栏板（杆）、屋顶、檐口、女墙（宇墙）、室外楼梯等 以上部位的细节，如墙体（砌体）分缝、粉刷分割线、线脚和其他装饰构件等 大量重复性构件宜注记数量，如椽子、瓦垄等	如台基、柱、梁枋、外墙、门窗、斗栱、栏板（杆）、屋顶、檐口、女墙（宇墙）、室外楼梯等 以上部位的细节	细节的表达深度，取决于比例，比例较小时可简化表达
关键高程	建筑的总高度、楼层位置辅助线、层数及高程，以及其他关键控制高程的标注，如屋脊、檐口、翼角、柱头高程等（图10-10、图10-11）	建筑的总高度、层数和高程，以及其他关键高程的标注，如正脊、檐口高程等	—
附属物	如匾额、楹联、碑刻等	—	—
符号、注记	可探明的情况下，注记各部分装饰用料名称、油饰彩画形式、色彩等内容 剖面图上无法表达的构造节点详图索引 图纸名称、比例	剖面图上无法表达的构造节点详图索引（如有详图） 图纸名称、比例	—

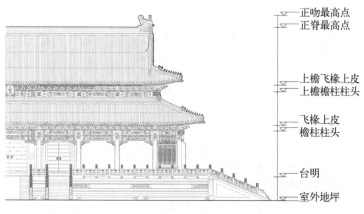

图10-10 清官式建筑立面图高程标注位置示例
（图片来源：故宫博物院测绘图）

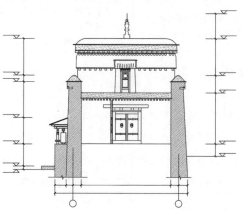

图10-11 藏式古建筑高程标注位置示例
（图片来源：中国文化遗产研究院测绘图）

3. 剖面图深度要求

剖面图至少表达应符合表 10-4 要求的内容，被测建筑中不存在的对象除外。

表 10-4 剖面图表达的内容和要求

表达对象	全面／典型测绘	简略测绘	备注
定位轴线	墙、柱、轴线和轴线编号	墙、柱、轴线和轴线编号	—
剖切到或可见的主要结构、构造部件	如室外地面、台基地面、底层地面、各层楼板、平台、雨篷、顶棚、梁架、屋顶、屋脊、檐口、女儿墙、门、窗、楼梯、台阶、坡道、栏板（栏杆）、散水、洞口等 以上内容的细节，如分缝、纹样、线脚及其他装饰构件等	如室外地面、台基地面、底层地面、各层楼板、平台、顶棚、梁架、屋顶、屋脊、檐口、女儿墙、门、窗、楼梯、台阶、坡道、散水、洞口等 以上内容的细节	细小部位的表达深度，取决于比例，比例较小时可简化表达
剖切到或可见的附属物	匾额、神像等主要固定陈设物	—	—
关键高程	室外地面、台基地面、室内地面、楼面、平台、雨篷、顶棚、檐口、屋脊、女儿墙顶、天窗、柱头及其他屋面特殊构件等的高程 决定屋面坡度或举折（举架）的结构部件的高程，如中各梁栿、各桁檩（槫）的高程（图 10-12）	室外地面、台基地面、室内地面、楼面顶棚、檐口、屋脊等处高程 决定屋面坡度或举折（举架）的结构部件的高程，如各梁栿、各桁檩（槫）的高程	—
重要水平尺寸	决定屋面坡度或举折（举架）的各桁檩（槫）的水平间距 出檐尺寸等	决定屋面坡度或举折（举架）的各桁檩（槫）的水平间距 出檐尺寸等	—
高度尺寸	外部尺寸：门、窗、洞口高度、层间高度、室内外高差、女儿墙高度、栏板（栏杆）高度、总高度 内部尺寸：隔断、内窗、洞口、平台、顶棚等	—	—
主要结构件尺寸	各梁栿、各桁檩（槫）等主要结构构件截面尺寸	—	—
符号、注记	节点构造详图索引号 图纸名称、比例	节点构造详图索引号（如有详图） 图纸名称、比例	—

4. 详图深度要求

在平面、立面、剖面图中不易表达的对象，如建筑物的某些部位、节点、细部或构、配件，需要用较大的比例单独、详细表达，这就需要绘制详图。详图内容取决于对象本身在结构、构造、功能和装饰上的意义和本身的文物价值，与测绘具体需求，以及对建筑理解和价值判断有关，也跟测量技术手段能够探测的精细程度有关。常态下无法完整探明的构造层次或无法到达的部位，本身或许非常重要，但若无数据也不可能"放大"绘制。

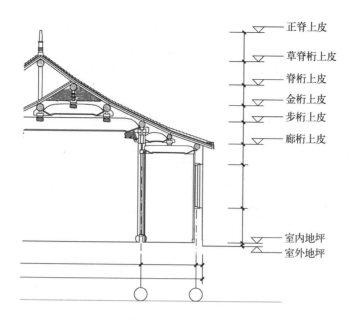

图 10-12 南方古建筑剖面图高程标注位置示例（图片来源：东南大学建筑学院测绘图）

综上，详图宜绘制符合表 10-5 要求的内容，被测建筑中不存在的或难以探明的对象除外。

表 10-5 详图的内容及要求

表达对象	详图内容	要求
空间定位和关系	所有详图	注明对象相关的轴线和轴线编号以及细部尺寸，表达布置和定位、相互的构造关系等 注写图纸名称、比例
结构性的构造节点	斗栱、檩间、翼角等	宜用多视图绘出与主体结构的连接方式；标注总体和细节尺寸，并注记用料材质、颜色等
重要的构造部件	楼梯、门窗、天花、藻井、隔断（花罩等）、栏板（杆）等	宜用多视图绘出与主体结构的连接方式；标注总体和细节尺寸，并注记用料材质、颜色等 门窗应表达开启位置、面积大小、开启方式，以及门扇或窗扇的构造细节
带雕饰纹样的构部件	瓦件、柱础、花板等	—
附属物	匾额、楹联、碑刻等	—

10.2 整理测稿

10.2.1 概述

测量过程中进一步编绘的测稿，应当清晰地表达出建筑的整体关系和有意义的细节，数据记录尽可能完整无误。由于初学者缺乏经验，难免出现遗漏和错误，甚至要经过多次反复才能达到要求。因此，测量获得的数据应在测量当天进行核对整理，及时发现问题以便进行针对性的复测、补测。也就是说，开始整理测稿的时间并不是等到测完所有数据，而是伴随着测量阶段的每一天。

在具体整理测稿过程中，需要完成诸多繁琐任务，主要包括：

1）图面整饰；
2）数据核查及处理；
3）整理建筑基本信息表、构件表等；
4）整理核对拓样和照片索引；
5）汇总、总结问题和发现；
6）整理编目和备份存档。

以上任务中，除整理编目和存档只能在最后阶段完成，其余事项并不严格分先后顺序，应根据测绘工作的每天进度和内容随时处理。

10.2.2　图面整饰

如前所述，测稿应具有一定的可读性，因此当出现图线含混不清或者投影有误，或者注记混乱等现象时，则应对图面进行必要的整饰，修正错误。若很难直接修改到满意的程度，则应进行局部或整体的重绘。整饰或重绘时应当注意如下：

1）整饰时不应对数据进行篡改；
2）重绘时应保留原稿，作为测稿附件保存，以便随时检核；
3）重绘时需重新誊抄数据，并保留原图注记内容；即原则上原文照录，不需要将测稿上的读数换算成具体尺寸；
4）整饰或重绘时可充分利用复印、剪贴的方法作为辅助手段。

10.2.3　数据核查与处理

古建筑测绘中的数据成果的整理，实际上包括两个方面，测量学上的处理和建筑学上的判断，经必要的改正和取舍，形成最后用于制图的一套数据。

1．测量学上的处理

直接量取或观测的原始数据在测量学上称为观测值，但在测量工作中尤其是控制测量中，测量的最终成果通常并不是直接使用观测值，而是经严密方法进行平差处理后的数据，即改正后的数值。由于手工碎部测量中，往往只进行必要观测，因此这种数据处理工作并不多。略举几例如下：

1）如建筑总尺寸和柱网尺寸往返测量时，若两次测量较差符合表 4-3 规定，取两次测量的平均值作为测量成果；

2）如某部位的总尺寸和分尺寸是各自独立测出的，则应计算总尺寸与分尺寸之和之间"闭合差"，当闭合差小于设定的容许值时，将闭合差按长度成正比反号分配到各分尺寸中去（参见第 2.6 节），也就是"分尺寸服从总尺寸"；闭合差超出容许值时则应复测（容许值参见表 4-3）；

3) 手工分段或间接测量的数据与仪器测量数据有差异时，处理方法相似，就是将仪器测量的数据视为"真值"，按"手工间接测量的数据服从仪器数据"处理；若两者之差超出容许值时应到现场复测。

2．建筑学上的判断和处理

建筑学上的处理是指根据建筑设计、建造的一般逻辑和规律，对所测数据进行核对和判断，并在必要时对数据进行取舍、改正。其中虽然有些方法是定性的，但也能在一定程度上保证数据的准确程度。由于建筑学上判断往往依据图形作出，因此这里的数据整理不仅是单纯数据计算，也包括将这些数据画成图形的过程，也就是测绘图的初步绘制。

1) 按照建造逻辑和规律查找疑点

以墙体为例，应注意判断建筑内外尺寸是否合理，两山墙外皮的距离应该大于两山墙内皮间的距离，而且两者之差（反映墙厚）应在合理范围内（图 10-13a）。又如，梁架上脊檩的高程应低于屋顶上正脊上皮的高程，两者之差也应在合理的范围内（图 10-13b）。再如，飞椽后尾应与檐椽会聚到某个合理的点，而不应与檐椽平行或发散（图 10-13c）。

2) 现状尺寸与样本尺寸数据处理

参见第 10.1 节。

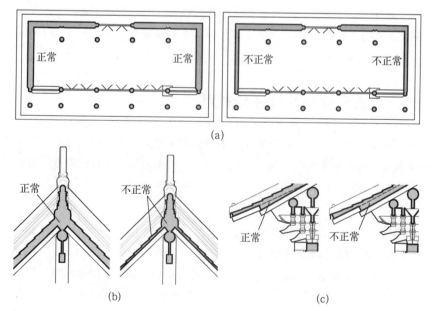

图 10-13 根据建造逻辑和规律查找疑点
(a) 墙厚的疑点；
(b) 脊部的疑点；
(c) 檐部的疑点

10.2.4 整理建筑信息表、构件表

在本阶段，要整理、补充、完善建筑基本信息表（古建筑测绘前期调查表）、控制性尺寸表、构件表，汇总测绘前期填写的前期踏勘评估

表、测绘现场安全评估表等。小组工作中，控制性尺寸表至为重要，应及时通报所有成员，在所有图纸、图表中应保持一致。以上表格示例参见附录C、附录J。

10.2.5 整理拓样和照片索引

如本书前文所述，拓样和相关的照片应视为测稿的一部分。其中拓样应汇总整理，与测稿共同存档；照片则应保存到规定的文件夹中。不管拓样还是照片都应有编号，并对应测稿上作好索引。本阶段应核查所有拓样和被索引的测稿，确认所有拓样和测稿已交叉索引；所有相关照片也在测稿上进行了索引，与测稿无直接关联的其他用于影像记录的照片不在统计之列。照片可取文件名作为编号，照片的存档方式参见第11章。

10.2.6 总结问题和发现

测稿宜在最后汇总测绘过程中遇到的特殊问题和新的发现，主要体现在对建筑规律性和差异性的认知，如特殊做法、特殊痕迹、重要残损状况、后期的改动，以及未解决问题和其他未尽事宜等。

10.2.7 整理编目与备份存档

每页测稿应复核标题栏内容，并整体排序，编制页码、目录，制作封面，最后装订成册。测稿宜按平面、剖面、立面、详图、拓样及其他附件的顺序排列。整理后的测稿应与拓样等附件一起制作副本，宜使用扫描仪采录为电子文件，分辨率不低于300dpi。正本和副本应以可靠方式以不同介质在不同地点存档。

10.3 点云数据的处理和利用

第9章详细介绍了三维激光扫描和摄影测量的数据采集，它们都可以得到某一坐标系下的点的集合，即点云。点云覆盖面大，数据量多，在本阶段，利用和处理好点云数据是一项非常重要的工作。

10.3.1 常用软件和文件格式

1. 常用软件与文件格式

与地面三维激光扫描设备相对应，各厂商基本都提供自有软件，如法如、徕卡、天宝的扫描仪就分别提供了Scene、Cylone和RealWorks，支持外业扫描和内业拼接、去噪、量测、剖切等编辑工作，形成各自的点云文件格式（表10-6），有的软件还有更高级的处理功能。读者需根据自己的设备学习使用相关软件。

在古建筑测绘中还常用到第三方点云处理软件，包括Autodesk

ReCap、Bentley Pointools 和 GeoMagic 等（表 10-6）。前两者是计算机辅助设计软件开发商的产品，后者是三维逆向工程的专业软件。它们不依赖于具体的厂商设备，可以独立处理已经拼接配准好的点云数据，除了具备基本的浏览观看、剖切、量测、动画漫游等功能外，有些软件还具备点云拼接、坐标转换、网格面封装建模等诸多实用功能。

同时，目前所有的计算机辅助软件和三维建模软件都基本上支持点云数据导入和显示，可以将点云数据当作外部参照插入图形或模型中，以便参照制图或建模。但是这些软件在点云显示和操作便利性上都不如专业点云软件，所以一些复杂的操作建议还是在专业点云软件中进行预处理，然后再导入制图建模软件。

表 10-6　古建筑测绘常用的点云处理软件和点云格式

软件	文件格式	备注
GeoMagic	.wrp	—
Bentley Pointools	.pod	—
Autodesk ReCap	.rcs	项目文件是 .rcp
Leica Cyclone	.imp	—
Faro Scene	.fls	—
Trimble RealWorks	.rwp	—
常见交换格式	.pts, .ptx, .obj, .xyz, .asc, .txt, .dxf, .cpe	—

2. 点云的属性数据与显示效果

点云数据中，除了点的坐标值即空间位置以外，还包含颜色信息、表面法向量等属性，这些数值对点云的显示有很大的影响，使用点云软件时需对此有基本了解。例如，点云采集时若没有拍摄对象影像，是不可能得到所谓"彩色点云"的。常见的属性及其对应的显示效果参见表 10-7。

表 10-7　与点云显示相关的属性数据

显示效果	指标	说明
	坐标值 x, y, z	点的平面坐标和高程值，表示点的空间位置；只按坐标值显示时很难辨别不同表面，适合制作切片观察断面轮廓，不适合整体浏览
	强度值 i	激光的回波强度；在点云没有色彩信息时可帮助识别不同的表面，此效果又称"伪彩色"；强度值与对象的表面材质、粗糙度、入射角方向，以及仪器的发射能量，激光波长有关

续表

显示效果	指标	说明
	色彩值 R, G, B	点的色彩信息，即对象的红、绿、蓝三原色的亮度值（0~255 之间的整数）；此效果让点云产生真实的色彩和质感，又称"真彩色"
	表面法向量 σ_x, σ_y, σ_z	这三个数值控制点云的灯光和晕染显示效果

10.3.2 点云利用的技术路线

1. 点云的处理和利用

在古建筑测绘实践中，利用点云处理软件或三维建模软件，大致有以下利用和处理方式：

1）虚拟量测：在点云上直接量测数据，如距离、角度、高程、直径等；

2）提取：在点云上提取点（如圆心、球心）、线（如直线、弧线、剖切线等）、几何表面（如平面、柱面、球面）或者 NURBS 曲面等；

3）切片：对点云进行剖切，得到剖面轮廓；

4）生成正射影像：将点云按平面、立面、剖面视图的表达需求，直接生成正射影像；

5）封装和纹理映射：将点云封装成网格面模型，进而进行纹理映射，制作三维实景模型，据此也可以得到所需正射影像（图 10-14）。在摄影测量软件中，这项工作一般可以直接解算，自动生成。

2. 常用技术路线

通过上述处理和利用，可以将点云制作成二维线划图、正射影像、网格面实景模型以及建筑信息模型等，常用的技术路线如图 10-15 所示。有几点需要说明或强调：

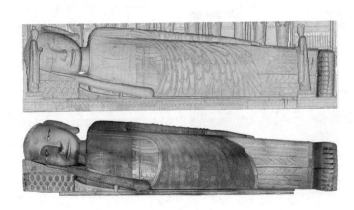

图 10-14 从点云到网格面模型
（图注：甘肃张掖大佛寺卧佛塑像）

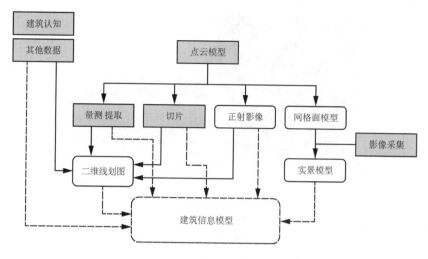

图 10-15 点云利用的基本路线
(图注：图中白色表示可作为成果交付的形式，深色表示技术手段或中间成果)

1) 点云不能代表一切，欲形成高质量成果，无论二维图纸或是建筑信息模型，对建筑本身的理解和认知都不可或缺，至少到目前为止，并不存在简单的"扫描成BIM"（Scan to BIM）的技术路线；

2) 对点云的利用可以多管齐下，灵活应对；从实际需求出发，对建筑中的不同性质的对象和局部，可将上述不同的利用方式配合起来，同时也不排斥其他必要的手段，如手工测量、影像记录等；

3) 基于网格面的实景模型，形象生动、逼真，更适用于建筑中的价值较高的雕塑、雕饰部位和壁画、彩绘等内容，但建筑知识含量较少，是一种"表象"的模型；而建筑信息模型则可以追求"形神兼备"，体现设计、建造逻辑，表达内在的关系和语义，其形象更为准确，可以理解为"表义"的模型。

10.3.3 利用点云进行二维制图的实用方法

上述技术路线中，网格面模型的封装和纹理映射，可以取得逼真、生动的视觉效果（图10-14），但往往需要进行点云优化、抽稀、补洞、图像配准等大量工作，比较费时费力。若重点表达建筑空间、结构和各单元、部位和构件组成，且以二维线划图为成果主导方向，则可绕过繁琐的三维建模，采用比较快捷实用的技术路线。

在此之前，按计算机辅助制图要求，还应确认点云坐标系（对应定位轴线）是否与图框边线平行（参见第10.4节）。若不平行，需要在专业点云处理软件中进行坐标转换，在此不再赘述。

1. 生成各视图的正射影像加以描绘

1) 制作合格、适用的正射影像

首先需要正确理解"正射影像"的含义。并不是经过纠正、形成"正投影"的影像就是正射影像。如图10-16所示，严格意义上的正射影像还需要标注尺寸、比例、坐标、标尺等。只有这些要素齐全，比例（分辨

图 10-16 正射影像示例：
嘉峪关关楼西立面

率）达到一定要求，才能导入 CAD 软件按设定的比例描绘。其中坐标和标尺（或以网格形式出现），用于"对齐"平面、立面、剖面不同视图，尺寸和比例用于缩放影像，精确制图。

其次，正像影像制作应精准"去噪"。由于点云只是点的集合，在模型中前后无法遮挡，因此应尽量清理对视图表达主题有干扰的点云，以免制图时造成前后重叠、混淆，产生对构件形态或空间状态的错误理解。

只有达到以上要求的，才是合格、适用，满足制图要求的正射影像。

2）影像描绘

以使用 AutoCAD 制图为例，影像文件导入后，在正确对齐、缩放的前提下就可以开始描绘了（相应技巧参见第 10.4 节）。与此同时，对一些局部或细节，仍可以针对性地利用点云量测、提取、切片等手段，以及查阅测稿、照片，处理拓样（参见第 10.4 节）等方式获取更多细节信息，弄清楚每个细部的关系和尺寸。

本书第 8.3 节提到，"大处点云，小处靠人"，也就是说，描绘时建筑的控制性尺寸、轮廓性尺寸、定位轴线、关键性高程，是通过点云或正射影像获取；而主要结构构件的完整断面、装饰构件的细小尺寸则需要用手工测量补充完善或者复核。

不同视图的点云正射影像，应当靠"坐标"，而不应靠建筑上的"特征点"对齐。正射影像提供的标尺或网格以及自身尺寸，是多视图互相参照描绘时，缩放、对齐的依据。

利用 AutoCAD 制图时，多视图可在同一"模型文件"中同时描绘，利用"布局"生成多张图纸，形成不同的"图纸文件"，相关规范和要求参见第 10.4 节。

2. 直接将点云导入 AutoCAD 中描绘

使用 AutoCAD（2018 以后的版本）中的"插入"选项卡、"参照"面板中的"附着"按钮，可以将点云文件作为外部参照导入，并进一步可进行平移、剖切、隐藏/显示，甚至几何提取的操作（此功能取决于点云原始格式）。AutoCAD 只能导入 .rcp 或 .rcs 格式，其他格式需要经过格式转换。建议在 ReCap 里进行转换，并进行去噪、剖切等操作后导入 AutoCAD。

对导入的点云进行剖切、量测、捕捉、提取的操作，并结合测稿、影像提供的信息，可将其描绘成二维线划图。这里仍然有如何确定具体尺寸和不同视图如何对齐的问题。与前述原则相同，按"大处点云，小处靠人"原则确定尺寸，靠"坐标"而不是建筑上的"特征点"对齐。为此，建议将点云按原始坐标导入，导入后主点云保持不动，即保留原始坐标不变，以此作为对齐的最根本依据。必要可以复制其副本，并根据需要进行前后、左右、上下平移，得到不同方向视图的"底图"；同时根据方向和底图位置不同，可定义多个用户坐标系（UCS），在不同坐标系里绘制不同的视图。同样，多视图可在同一"模型文件"中同时描绘，利用"布局"生成多张图纸。

以上两种方式，各有利弊。读者可根据实际情况选用。

10.4 计算机辅助制图

10.4.1 概述

20 世纪 90 年代以来，随着计算机技术的快速发展，建筑行业的计算机辅助设计、制图已十分普及，软硬件水平也越来越高。计算机辅助建筑设计相关的软件教学如 SketchUp 快速建模，AutoCAD 制图、BIM 建模、Rhino 参数化设计等业已成为高等建筑教育标准配置。古建筑测绘中的制图表达也早已步入电脑时代，建筑遗产的数字化、信息化皆以此为基础，其优越性无须多言。

1. 二维还是三维？图纸还是信息服务？

从当前文物保护工程实践来看，由于合规合法的成果交付方式，仍然是二维图纸，因此，绝大部分古建筑测绘图仍然是直接绘制二维线划图，用传统的平面、立面、剖面图加详图的方式可视化表达被测对象。

但是，正如第 1 章、第 4 章关于技术、成果多元化发展趋势的简述，建立三维模型，并进一步衍生为渲染、漫游动画、虚拟现实、增强现实等适于纸质媒介、视频、互联网、移动终端设备发布、传播的方式也越来越多，用于古建筑的研究分析、价值阐释、展示传播等领域。将 BIM 技术用于建筑遗产的 HBIM 技术发展也方兴未艾。将来图纸不再是唯一的交付手段或者测绘产品，而代之以古建筑的信息管理与展示的系统，用户可以在手机上方便地浏览、查阅模型和图纸，分析和分享这些信息。

面向当前的实践，本书仍然以介绍计算机二维制图为主，三维成果暂时只作简单介绍。

2. 正确理解计算机制图

从使用针管笔绘制墨线图到计算机制图不应理解为简单的"换笔"。比如，计算机制图的数据信息保存得更完整，但同时也要求这些信息系统有序，涉及文件存档、图层设置、协同设计、持续利用等一系列手工制图中较少考虑的标准化问题。测绘图的生命力本来就在于可重复利用性，故应遵从可追溯原则，规范制图，并在图纸和技术报告中交代必要的技术内容，向后期使用者提供最大方便。

> ⚠ 只关心图面效果，忽视图层设置等内在信息的条理性。

10.4.2 制图软件

除主力 CAD 软件外，还需要配套其他软件。实际工作中常用软件包括：

1）CAD 软件：Autodesk AutoCAD；

2）图像处理软件：Adobe Photoshop，用于预处理拓样、数字照片、正射影像等；

3）点云浏览处理软件：Autodesk ReCap、GeoMagic、Bentley Pointools、Faro Scene、Leica Cyclone、Trimble RealWorks 等，用于对点云进行编辑、处理，生成正射影像或者将点云适当优化，以便作为外部参照引用到 CAD 绘图软件中使用。

10.4.3 计算机辅助制图要求

无论用何种手段制图，测绘图都应满足第 10.1 节提到的基本"制图要求"。针对计算机辅助制图，并结合《房屋建筑制图统一标准》GB/T 50001—2017 有关规定和古建筑测绘实践经验、制图习惯，对相关要求简述如下。

1. 文件保存和命名

现行制图标准将计算机辅助制图文件分为图库文件、工程模型文件和工程图纸文件。不要混淆工程图纸文件和工程模型文件的概念。例如，利用 AutoCAD 制图时，多张视图可在同一"模型文件"中协同绘制，利用布局和图纸空间生成多张图纸，形成不同的"图纸文件"。又如，利用 Revit 创建的建筑信息模型文件，也可以生成一整套工程图纸。工程模型文件命名规则参见《房屋建筑制图统一标准》GB/T 50001—2017，这里直接举例说明工程图纸的编号和工程图纸文件命名格式。

1）工程图纸编号

编号的格式要求如图 10-17 所示。

例如，山东聊城山陕会馆春秋阁测绘图编号：

首层平面图：A-101，二层平面图：A-102；正立面图：A-201；背立面图：A-202。

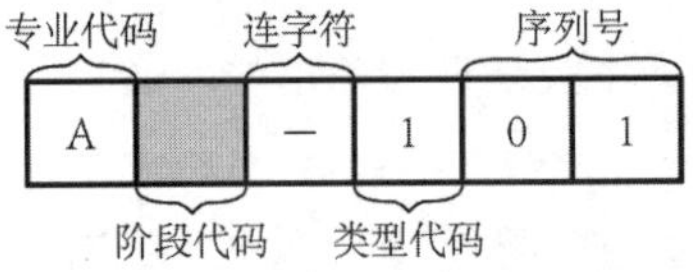

其中，A 是建筑专业代码（参见附录 F 表 F-3）；类型代码 1 是平面图，2 是立面图（参见附录 F 表 F-4）。

图 10-17 工程图纸编号格式
（图注：灰色部分表示可选项；资料来源：《房屋建筑制图统一标准》GB/T 50001—2017）

2）工程图纸文件命名

现行制图标准规定：工程图纸文件与纸质工程图纸应一一对应，且与工程图纸编号协调一致。换句话说，每张打印出来的图纸对应一个图纸文件，不应将多张图纸保存在同一图纸文件里。工程图纸文件命名格式，如图 10-18 所示。

图 10-18　工程图纸文件命名格式
（图注：灰色部分表示可选项；资料来源：《房屋建筑制图统一标准》GB/T 50001—2017）

例如，山东聊城山陕会馆春秋阁测绘工程图纸文件命名：
202001-01-A-101- 聊城山陕会馆春秋阁首层平面 .pdf
202001-01-A-201- 聊城山陕会馆春秋阁正立面 .pdf

其中，202001 是工程代码即山陕会馆测绘项目的编号，01 是春秋阁子项代码，A-101、A-201 是图纸编号，中文部分是用户自编的说明的文字或代码。

2. 图层设置

同一个测绘项目里，所有制图文件的图层设置应当一致，图线应严格按图层放置，保证协同工作，以及方便日后图纸重复利用。如果在图层设置上各自为政，互相引用文件的时候，将是"灾难性"后果。

1）图层设置思路

将图层分为实体、轮廓、辅助、注释等 4 大类。

参考现行制图标准，结合古建筑测绘图习惯和需求，本书附录 F 表 F-2 推荐了一套古建筑常用图层名称，是按古建筑的部位、构件类型设置若干实体图层。此外还应设置轮廓、辅助、注释等必要的图层。

建筑制图中，一般要求加粗轮廓线以刻画对象的景深层次。古建筑的轮廓线常常跨越不同材质和构部件，为此可专设轮廓图层。加粗的轮廓线仅起到修饰作用，可以重复画在实体图层上，利用"线宽"（Weight 或者多段线的 Width）或"颜色"设置打印图线的粗细。需要强调，在这种情况下，不能用轮廓线代替实体图层上的图线（图 10-19）。由于轮廓线仅起到修饰作用，所以特殊的复杂局部可以加以简化。

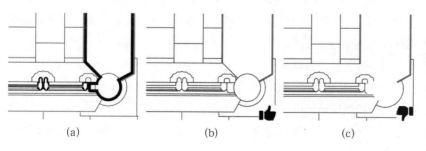

图 10-19　轮廓线只起到修饰作用
(a) 轮廓图层打开；
(b) 正确：关闭轮廓图层时，实体层图线仍然完整；
(c) 错误：关闭轮廓图层时，实体层图线不完整

> ⚠ 误用轮廓线图层代替实体层，当关闭轮廓线图层时图线不完整（图 10-19）。

辅助层和注释层用于轴线、轴号、辅助线、图例、图框与标题栏、尺寸标注等内容。

以上图层设置可根据需要增删，但应符合图层命名格式要求。

2) 图层命名格式

如图 10-20 所示，是现行制图标准规定的图层命名格式，由 2~5 个数据字段（代码）组成，前 2 个是必备字段，后 3 个是可选字段。

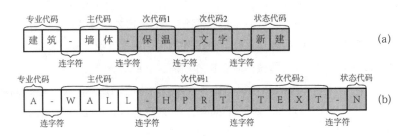

图 10-20 图层命名格式
灰色部分表示可选项；
(a) 汉字图层命名格式；
(b) 英文图层命名格式
(资料来源：《房屋建筑制图统一标准》GB/T 50001—2017)

3. 计算机辅助制图规则

1) 绘制比例与打印比例

计算机辅助制图一般采用 1∶1 比例足尺绘制图样，也就是按照以毫米为单位的实际尺寸绘制。前文反复提到的测量和制图所确定的"比例"，是指打印成纸质图纸的比例。这一比例应注写在图名后，并且作为判断图纸深度和打印成图的依据。制图时宜采用适当的比例书写图样及说明中文字，使之打印成图后符合制图标准关于文字字高等相关规定。

2) 方向、指北针、坐标系与原点

如图 10-21 所示，计算机辅助制图时，宜选择世界坐标系或用户定义坐标系；坐标原点的选择，宜使绘制的图样位于横向坐标轴的上方和纵向坐标轴的右侧并紧邻坐标原点。绘制正交平面图时，宜使定位轴线与图框边线平行。制图标准还规定"平面图与总平面图的方向宜保持一致"，"指北针应指向绘图区的顶部"，这些规定与中国古建筑组群平面布局特点可能存在冲突，可以灵活掌握。①

3) 图样排列

如图 10-22 所示，计算机辅助制图的布局宜按照自下而上、自左至右的顺序排列图样，宜先布置主要图样，再布置次要图样；表格、图纸说明宜布置在绘图区的右侧。

4. 初学者注意事项

针对计算机制图中初学者常见问题，本书另特别提出要求如下。

1) 图线精确定位

计算机制图中往往因疏忽，如捕捉、正交状态异常时，偶尔会出现个

---

① 如东西朝向的配殿或厢房如按上北下南绘制平面，构图略显异样，不合传统绘图和读图习惯，且制图标准能愿动词用"宜"字，为推荐性条款，具有一定灵活性。

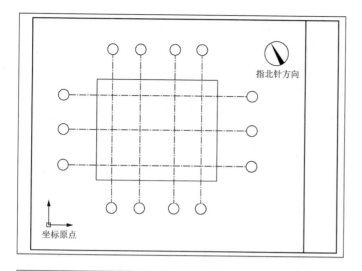

图 10-21 计算机辅助制图方向、指北针、坐标系和原点示意图
(资料来源：摹自《房屋建筑制图统一标准》GB/T 50001—2017，有改动)

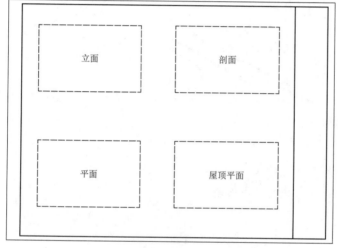

图 10-22 图纸布局与图样排列示意图

别数据的失误，其中图线定位的微差（如两点间距离本应是 450，但实际画成了 450.003），非常不容易察觉。应细心操作，尽量避免。

2）线宽变化

线条粗细使用得当，富于变化，可提高图面的空间景深层次感和表现力，具体要求参见本章第 10.1 节和附录 H 中的范图。

3）图纸要素齐全

图中应有定位轴线和编号，尺寸标注完整无误，格式正确。其他应有的要素要齐全，如图框、标题栏、图名、比例、说明文字，以及平面图中的指北针、剖切符号等完整无误。

4）文件大小控制

用计算机辅助制图时，应随时清理模型或图纸文件的冗余内容，提交的正式文件不宜含有冗余的内容和字节。

此外，用计算机辅助制图还存在如何协同设计（工作）的问题，属于更高的要求，在此不再赘述。

10.4.4 AutoCAD 绘制测绘图常用技巧

1. 利用样板工作

扩展名为 .dwt 的样板文件（Template）是一张底图，保存公用设置和图形。可将古建筑测绘制图中常用设置，保存在一个样板文件中。内容可包括图层、尺寸样式、字体样式、单位和精度、作图界限、线型和其他必要的系统变量（如将 Mirrtext 设为 0 时，文字在镜像时将保持文字方向）。

2. 曲线绘制

一般情况下，一些简单的曲线可简化为弧线（Arc），转折变化较复杂时用多段线（Polyline）绘制（图10-23、图10-24）。AutoCAD 中有两种椭圆：真椭圆和多段线拟合的椭圆（图10-25）。应根据实际情况选用。

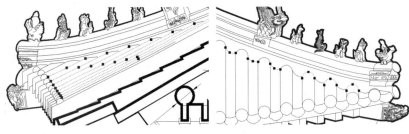

图 10-23 简单曲线用弧线（Arc）

图 10-24 较复杂的曲线用多段线（Polyline）

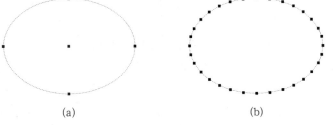

图 10-25 AutoCAD 中两种椭圆
(a) 真椭圆；
(b) 用多段线拟合的椭圆

(a)　　　　　　　　　　(b)

3. 块

在 AutoCAD 中，利用块（Block）绘制重复的部分有许多优越性，便于统一编辑，节省存储空间，简化操作，并可附带属性。AutoCAD 除提供了定义块、插入块的命令外，还提供了与块相关的编辑命令。如果因为不了解这些命令，遇到需要修改的块引用就只会分解（炸开）它，这就失去了块的优越性。

与块相关的操作应掌握块的在位编辑（Refedit 命令）、块的剪裁（Xclip 命令，图 10-26）、块的属性定义和编辑等。

另外，块的命名也不能过于简单随意，否则极易造成重名，当多个文件相互参照时，就会引起冲突（图 10-27）。

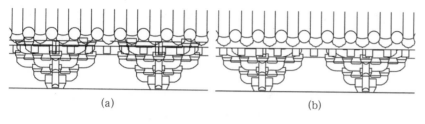

图 10-26 块剪裁的效果示例
图中斗栱为块参照：
(a) 未做剪裁；
(b) 剪裁后

▲将斗栱作为块插入后，为处理檐椽的遮挡效果去分解块，并用 trim 命令修剪，失去了块的优越性。

▲定义块时命名过于简单随意，重名机会大，文件相互参照时会引发冲突（图 10-27）。

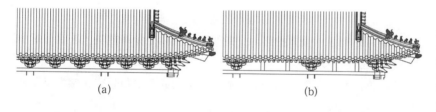

图 10-27 块重名的后果示例
(a) 文件 a 中平身科斗栱定义为块，命名为"1"；
(b) 文件 b 中也有名为"1"的块，图形为小短柱，此时若 a 插入 b 则产生冲突，斗栱替换成短柱

4. 控制文件大小

作图过程中应注意减少文件大小，以提高计算机工作效率，并减少出错的概率。控制文件大小的技巧主要方式包括：

1) 充分利用块；
2) 经常使用清理命令 Purge 清除废弃的图元和样式等。

10.4.5 纹样描画

纹样描画的图像来源于拓样、非数字照片和数字照片。除数字照片外，其他两种形式都需经过扫描，转换成光栅图像格式。所有图像文件一般都需进行预处理后，才能插入 AutoCAD 进行描画。

1. 图像预处理

1) 图像扫描

拓样、传统照片一般可扫描成 RGB 模式，300dpi 以上，根据需要存为 TIF、PNG、JPG 等格式。

2) 拼接

当拓样尺寸超过 A4 幅面时而又没有 A3 或更大的扫描仪时，可画好标志线，分两次或多次扫描，然后在 Photoshop 中加以拼接。

3）透视变形纠正

按第 6 章提到的简易摄影测量方法，需要纠正轻微透视变形的照片，可利用 Photoshop 较新版本中的"透视变形"编辑功能实现。

注意：经预处理后的图像文件应作为成果提交并存档。

> ▲不经预处理就直接插入 AutoCAD 中描画成矢量线划图，一旦画成矢量图，就很难像光栅图像一样方便地拉伸、矫正变形，所以结果往往欲速则不达。

2. 在 AutoCAD 中描画

上述预处理的图像文件均属光栅图像，可在 AutoCAD 中作为外部参照插入，并作为底图，将纹样描画成矢量线划图。在描绘之前，应将图像摆正、并按测量得到的真实尺寸缩放到正确大小。

> ▲不经摆平、缩放就直接描画成矢量线划图，一旦画成矢量图，若出现尺寸上的偏差就很难再改正编辑了。

处理妥当后，可用多段线描画成线划图。描绘时要注意：

1）意在笔先，整体把握；先定曲线的整体走向和趋势，若细节有出入，可再进行局部微调；

2）善于概括形象，结构形态准确传神；并不是每处变化都需要画成线条，应善于取舍概括；

3）尽量减少多段线顶点的数量。

10.5　制图流程

理解制图要求、确定制图尺寸依据、整理好数据并熟悉了相关软件后，可以进入具体的制图工作。开始绘制初稿，经过校验—补测—修正的若干循环，直至完成图纸。

10.5.1　绘制初稿

1. 制图顺序安排原则

面对繁复的制图任务，想要安排好作业先后次序，需要理解以下原则：

1）从整体到局部，先骨架后细节；若控制性尺寸有误，细节画得再好也可能不得不返工；

2）先木构，后瓦作；结构决定表皮，立面图中的瓦顶尤其是翼角部分较复杂，若先画瓦顶，一旦发现木构部分尺寸有误，往往需要返工；

3）相关的视图宜大致同步绘制，切勿将一张图画到"完美"再画另一张。在这张图上不易察觉的错误，在另一张图里可能会立刻暴露；

4）充分理解制图要求：磨刀不误砍柴工，只有充分理解制图要求，掌握并灵活运用有关技巧，才能减少反复，提高效率。

2. 初稿绘制步骤

原则上，起稿可按"平面—剖面—立面"的先后次序进行。若控制性尺寸已统一核对、汇总，多人配合制图时，也可灵活掌握。需要强调的是，"起稿"的次序，不是指全过程次序，不是把平面画到尽善尽美才开始画剖面，而是将平面图的"骨架"大致完成，就开始绘制剖面，以此类推。关联视图应协同绘制，避免出现偏差又不能及时察觉。

制图过程中，如在图形中参照他人文件，则应先检查其总尺寸、轴线定位尺寸、关键高程等重要尺寸是否与数据表一致才能使用，否则一个人的小错误可能传播到每张图纸。

▲机械地将一张图画完，而不关心关联的视图，往往造成不易察觉的偏差。
▲在引用他人图样前不作任何核查，直接使用，往往造成错误的不断传播。

对单张图纸来说，以 AutoCAD 绘制剖面图为例，作图步骤大致如下：
在模型空间里：
1）绘制轴线、地面；
2）绘制柱、檩、梁枋（注意：檩的位置确定了举架，应先画，确认无误后再画梁架）；
3）绘制椽望，如斗栱已画好可插入斗栱；
4）绘制墙体、门窗等，大致完成图纸内容。
在图纸空间里：
5）设置好布局和图框（图纸标题栏）；
6）编辑、调整轮廓线线宽；
7）标注尺寸和必要的文字说明；
8）填写标题栏，完成图纸。

步骤 2）大致完成时，即可提供团队成员参照。最好采用外部参照，能及时反映最新修改。

10.5.2 校验和补测

初稿完成后，进入校验阶段，包括图面检查和现场核对。①

1. 图面检查

依据古建筑基本规律，对照测稿、照片、点云数据（如有）进行图面校验，检查是否存在矛盾、可疑、遗漏之处，包括但不限于：
1）各视图投影关系是否正确、是否一致，尤其多人分工制图时，小组成员应互相校对。

① 在教学组织中，全部初稿完成后，应由指导教师组织系统的检查核对工作。

2) 按照建造逻辑和规律查找疑点（参见第10.2节，图10-13）。但应注意，由于建筑做法上在不同地区、不同时代甚至在不同师承流派中都可能有很大差异，并不存在一套僵死的、人人都遵循的所谓"法式"，根据图面检查到的一些问题只是疑点，一切以实物为准。

3) 各种符号、尺寸标注、文字注记是否完整、正确等；线宽是否粗细合理、层次分明。

2. 现场核对

在整理测稿数据、绘制初稿过程中，必要时应当随时与实物核对；图面检查完成后，进入现场核对。核对工作亦应从大处入手，同样遵循从整体到局部的原则。重点观察实物的比例关系和对位关系在图上反映得是否得当。对图面查出疑点的部分，进行有针对性的核查，或排除疑点，或确认错误。

3. 补测和复测

为提高效率，如果不是极为关键的数据，可等到错漏的部分积累到一定程度后，进行集中补测或复测。补测和复测的部分应单独编绘测稿，不允许直接涂改以前的测稿，以利于相互参照比对，同时保证测绘过程记录的真实性。

10.5.3 修正、补绘图纸

根据校验检查结果，修改、补绘图纸上的错漏之处，并对照图纸深度要求和制图标准进一步完善所有要素。

10.5.4 完成图纸

重复前述校验、补测、修正的各个步骤，直到修正发现的所有错误，完成图纸绘制。

10.6 技术总结和调查报告

10.6.1 测绘技术报告

测绘项目技术报告包括但不限于以下内容。

1. 项目概况

包括测绘时间、项目来源、目的，以及被测对象的基本情况，包括地理区位、历史沿革、建筑形式、风格特征、年代等内容。

2. 测绘要求

包括测绘任务、成果内容、形式、规格和技术要求。

3. 项目实施

包括实际工作过程，采用的技术标准、精度级别、广度级别、作业方法、仪器设备、软件系统、质量管理措施以及组织管理等内容。

4. 成果说明

包括成果实际达到的技术质量指标、限于现场条件未能测量的部位，明确说明二维线划图的制图依据、所用软件及版本、计算机辅助制图文件命名规则及图层命名规则等。

5．成果清单

包括成果的内容、形式、规格、数量等。

10.6.2 古建筑调查报告

古建筑调查报告包括但不限于以下内容。

1．项目概况

包括测绘调查时间、项目来源、目的，以及委托方、受托方等内容。

2．建筑概况

包括建筑（群）地理区位、名称（文物保护单位规范名称、别称、俗称等）、年代、保护级别、建筑面积、保护范围和使用情况等。

3．历史沿革概述

包括建筑始建背景和缘由、营修历程（策划、选址、规划设计、初建、改扩建、破坏、重修等历史过程）、相关联的历史事件和人物、后期的保护和干预史等。

4．建筑基本描述

包括建筑组群的选址、环境、布局、景观等；单体建筑的平面布局、空间构成、结构方式、外观形态，以及各个部分的基本组成和特点，包括台基、大木、墙体、屋顶、装修、陈设等。

5．文字符号和痕迹

包括发现的文字或符号，如题记、碑刻、铭文、构件上的题款或标记，乃至壁画中的落款等；发现的各类痕迹，如建造加工痕迹、使用痕迹、人为破坏痕迹等。

6．形制特征和风格分析

基于上述描述，考虑规律性、差异性（多样性），以及地域、时代和文化上的关联性，提炼建筑在规制、选址、规划设计、做法上的特殊之处，总结其特有的艺术风格。

7．特殊发现

基于上述内容，重点描述项目实施过程中的特殊发现（如有）。

8．文物价值阐述

基于上述内容，从历史、艺术/美学、科学/技术、社会和文化等方面，总结古建筑的各项价值。

9．总结

对建筑整体特色和价值进行简要总结。

10．附件

根据需要增加附录文件，如相关档案文献、研究文献汇总、题记、碑刻、楹联。

第 11 章 摄影记录

从传统、狭义的概念上讲，摄影记录不属测绘技术范畴，具有一定的独立性，可以单独满足文物科学记录档案在影像方面的需求。但是，古建筑测绘与摄影又密不可分：摄影为测绘内业提供必需的形象、纹理和色彩信息，配合草图拍摄的照片被归入测稿的有机组成（参见第 7.1 节），而摄影测量更完全基于影像数据（参见第 3.3 节），摄影还承担着记录测绘活动的部分任务。因此，从广义上说，摄影记录又是测绘工作的有机组成。

从事摄影记录工作，应树立正确观念，掌握基本技术，提高建筑认知，规范保存文件，达到摄影记录的基本要求。

11.1 基本要求

当今世界已经进入人人摄影的时代，用照片记录工作、学习、生活，随时随地分享，已成为人们的日常。但是进入古建筑测绘的专业领域，还是要梳理一下关于摄影和记录的基本观念，理解其基本要求。实践中需要用心经营、反复磨炼、积累经验才能得心应手。

1. 基本要求

古建筑或者建筑遗产摄影记录的基本要求是：清晰、完整、准确、有序。

1）从摄影技术上讲，画面清晰，曝光准确，对比适中，透视关系和色彩还原准确；

2）从内容上说，对古建筑理解透彻，画面意图明确，记录信息完整全面，足以反映古建筑组群环境、建筑整体和各部分特征及其相互关系，支撑古建筑测绘工作；

3）摄影成果文件保存规范有序，方便检索利用。

从实用角度通俗理解，就是照片几乎没有技术瑕疵，内容上能很好地满足测绘研究人员的后期需要，急人所急，拍人所想，即使没到过现场的人看了也能感同身受。

2. 摄影记录与艺术摄影的差别

从基本要求出发，可以进一步理解摄影记录的概念，辨析摄影记录与艺术摄影的差别。

如图 11-1（a）所示，该建筑摄影作品明暗对比度大，强调图底关系，产生了某种艺术效果，却并不符合摄影记录的基本要求。同角度、同时段拍摄的记录性照片应当如图 11-1（b）所示，才更符合清晰、完整、准确的基本要求。相较而言，摄影记录的照片包含了更多的建筑信息，如果对古建筑认知不足，就容易视而不见。可以说，摄影记录水平的高下最终取决于对古建筑的认知。

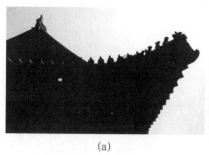
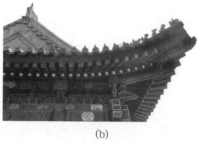

图 11-1 两类摄影作品比较
(a) 艺术性摄影；
(b) 记录性摄影
（测绘对象：天津蓟州鲁班殿翼角）

11.2 摄影记录的认知和技能

为了达到古建筑测绘摄影记录清晰、全面、准确、有序的基本要求，应从认知古建筑、理解测绘需求、摄影技能等方面做好准备，这也是做好摄影记录的必由之路。

11.2.1 认知与理解

1. 认知理解古建筑

在进入现场之前即应开始对古建筑及周边环境信息的展开阅读和分析研究，对其历史背景、基本构成、形制特征和遗产价值等形成初步认知。文献研究及实物调查是两个基本方法。

1) **文献研究**：参见第 5.1 节，不再赘述；

2) **现场踏勘**：拍摄之前，深入观察、了解、分析古建筑现状，综合文献研究的认知要点，制订拍摄计划；建议分两次完成：第一次迅速巡察所有空间，建立总体印象；第二次地毯式踏勘，辅以草图、笔记，用便携设备预拍等手段，初拟拍摄方案，确定拍摄最佳时段、位置、方向和所需器材；

3) **逐渐深入**：对一处古建筑（群）的理解，是一个逐渐深入、反复琢磨的过程；因此，在后续拍摄和整理过程中，随时观察、对照和分析，不断深化对被测对象的认知，并相应调整拍摄内容和重点；积极与其他测绘人员交流、讨论，避免产生认知上的偏差或盲区。

2. 理解测绘需求和特点

做好摄影工作，还需要了解、学习古建筑测绘工作流程，对作业目标、特点和影像方面的各种具体需求有基本理解；了解测绘日程安排，在关键时间节点预先安排组织摄影记录。

11.2.2 摄影基本知识和技能

本书的目标读者是接受古建筑测绘训练的学生和从业人员，摄影技术上并不要求达到专业摄影师的水准。实践中，专业摄影师会参与古建筑的摄影记录，但大部分工作还是由普通的测绘调查人员承担的。摄影的基本原理和概念略见于第 3.3 节，限于篇幅和体例，其详细内容无法展开，请另行学习专门教程。本书更侧重于记录内容的讨论（参见第 11.3 节）和实用经验的简要提示，旨在让读者树立摄影记录的观念，通过实践提高水平，满足摄影记录的基本要求。

1. 技术要点

以下经验总结和要求仅针对拍摄古建筑提出，不包括摄影测量（参见第 9.2 节）、测绘活动记录等其他目的的拍摄。

1）器材选用和测试校准

宜使用单反相机、微单相机或有手动调节功能的高端卡片相机，并配备存储卡、三脚架、闪光灯、摄影灯、人字梯、脚手架等辅助器材，正式拍摄不宜使用手机；有条件的可配备超高三脚架、无人机、全景相机、全景云台等。

各类设备在使用前应进行测试，如恢复相机常用设置，校准日期时间，开启地理标记功能、升级软件到最新版本，检查各种附件（电池、充电器、存储卡、线缆、连接件、转换头等）是否齐全、正常，登高器材是否安全可靠等，保证摄影工作安全、顺利，照片元数据准确。

> ⚠ 跳过设备测试、检查步骤，造成现场工作无法继续。典型如缺少云台快装板造成三脚架无法使用；未装存储卡造成相机无法正常工作。
> ⚠ 相机日期设定不正确，造成拍摄的照片元数据错误。

2）小光圈获得大景深

尽量使用小光圈以获得较大景深，减小焦外信息损失，一般选 F8~F11。也就是说，要让拍摄主体的前后景都尽量保持清晰，表达好整体关系，最大限度采集信息（图 11-2）。大多数情况下，采用光圈优先模式拍摄，固定光圈设定。

3）保持相机稳定

使用小光圈时，需要降低快门速度才能正常曝光，对相机的稳定性有较高要求。因此，条件允许时尽量使用三脚架拍摄，不仅防止低于安全快门造成的成像模糊，还可从容构图，使表达内容更严谨、细腻，意图更

(a) (b)

图 11-2 不同景深比较
(a) 景深大，前后关系都很清晰，信息损失小；
(b) 景深小，只有远处墙面附近清晰，信息损失大

加清晰。使用三脚架时，宜配合线缆/无线遥控设备拍摄，通常采用线控电缆、专用的手机应用或电脑软件实现。

不方便使用三脚架的场合可手持拍摄，采用相对较高的感光度(ISO)，一般选择ISO100~400，提高快门速度至安全快门以上。手持拍摄时双手稳定握持相机，取景窗靠紧眼眶，尽量将两肘和头部找到稳定的依靠，形成对相机的三角形支撑。光线严重不足时，不允许手持拍摄。

4）光线

原则上，室外拍摄应选择光线柔和的最佳时段（一般上午9—10时或下午3—4时）。室内光线不足时应使用闪光灯和摄影灯补光。建筑摄影常常遇到环境光比较大（明暗对比强烈）的场合，建议使用RAW格式拍摄，并采用HDR包围曝光，通过后期处理获得更好效果。

5）焦距选择

广角镜头存在镜头畸变和过大的透视变形，导致被摄物边缘形象扭曲；标准镜头或长焦镜头则透视变形小，更接近正投影形象。因此，摄影记录尽可能使用标准镜头或长焦镜头，获得接近真实比例的影像；广角画面视野宽阔，适合于在视距不足时记录对象的整体关系。最佳焦段一般为35~85mm，除拍摄全景照片外，不使用鱼眼镜头。

6）色彩

白平衡是校准色温的参数，对色彩还原影响很大。一般可使用自动白平衡设置，但遇到光源复杂的场合，宜使用灰卡校准白平衡，并使用RAW格式拍摄，最大限度保存色彩信息。项目对色彩和纹理有较高要求时，如拍摄彩画、壁画等对象，应使用标准色卡。

7) 原始图像文件（RAW）

上文多次提到"RAW 格式"，其含义是未经处理的"原始图像文件"，指从数码相机的图像传感器直接得到的原始图像数据和元数据。与常用的 JPEG 格式拍摄的照片相比，图像信息损失极小，在色彩、明暗等方面有更宽的调整范围，从而能得到更细腻的画质。它又俗称"数字底片"，类似于传统摄影的底片角色，不能作为图像直接使用，而是一组包含所有信息的图像数据，只有在转换成可视格式（如 TIFF 或 JPEG）之后才能显示出来，可使用 Lightroom、Photoshop 等软件进行后期处理。

从最大限度保存信息的这个摄影记录初衷理解，用 RAW 格式拍摄显然是最佳选择。采用 RAW 格式时，宜"向右曝光"，也就是在正常曝光基础上增加一档左右，可有效减少暗部噪点，提高画质。

8) 现场及时检视

虽然数码相机让人们摆脱了"盲拍"，能即时看到拍摄结果，但是，若只靠相机小屏幕查看，实际上很容易漏过很多瑕疵，甚至成像模糊的废片也能蒙混过关。因此，拍摄一组照片后，宜在现场导出数据，在电脑等设备的大屏幕上检视，从取景构图、曝光、灯光布置和对焦等多方面查找瑕疵，排除废片，发现错漏及时补拍。事实上，专业摄影师拍摄静物时，通常用电脑直连相机操作，实时检视拍摄效果，可见检视的重要性。在拍摄装修、壁画、彩画等一些重要建筑细节时，也可以用这种方式操作。另外，经常浏览、检讨自己拍摄的照片，总结经验教训，有利于更快提高摄影水平。

> ▲现场不及时检视照片，导致废片率高，甚至造成关键部位照片缺失。

2. 灵活变通，综合取舍

以上要求大多基于理想条件提出，但是在实践中，摄影记录工作往往面广量大、对象情况复杂，需要综合权衡取舍，灵活变通处理。

比如，景深和光圈、焦距有关，后者又牵扯快门、感光度，影响相机稳定性等，这些要求有时是相互矛盾的，需要综合协调。又如，室外拍摄任务繁多，不能保证都在光线最佳时段拍摄，若光比较大，可采用 RAW 格式拍摄加以解决。但是，RAW 格式的缺点是占用空间较大，后期工作复杂。如果每张照片都不分轻重缓急一律采用 RAW 格式，后期的工作量也十分惊人。因此，可以考虑重要照片和光环境困难复杂的情况采用 RAW 格式；如果存储容量足够，可采用 RAW+JPG 格式拍摄，等等。

总之，与本书对测绘进行分级管理的思想类似，不宜对每张照片无差别提出同样的标准，需要综合考虑项目具体需求、技术经济条件和成本，根据对象内容不同，采用最适宜的处理方式。

11.3 记录的内容与拍摄方法

摄影记录的内容按照目的可分为古建筑本体记录、意象记录、支持测绘、测绘工作记录 4 类。

> ⚠ 摄影时可能因过于专注拍摄对象,而使行动轨迹异于常人,应当时刻保持安全意识,避免碰撞、磕绊、失足等情况发生。
> ⚠ 脚手架与梯上作业时,应保证人员、文物和设备的安全。

11.3.1 本体记录

对古建筑本体的记录是摄影记录的重点,要求清晰、准确、全面、高效并具有存档价值。就拍摄者而言,其对古建筑的认知水平应不亚于对测稿编绘者的要求,而且摄影记录本身与测绘编绘就存在工作交集(参见第 7.1 节)。本体记录的内容分为空间与实体两大部分,尽量用一个画面记录一个内容,每张画面意图明确交代主体与其他部位或环境的关系,从整体到局部,多侧面、多角度呈现对象主体。

1. 空间

空间是建筑最重要的要素,一般分为外部、内部和过渡空间三个部分。

1)外部空间

外部空间分组群外部,即古建筑组群之外的周边环境(图 11-3);第二层级是古建筑组群内的空间,大多是院落空间(图 11-4)。事实上,外部空间往往是中国古建筑的经营重点,是摄影记录关注的侧重点之一。

以蓟州鲁班庙组群为例,组群外部空间反映鲁班庙的四周情况与特殊地标之间的关系;鲁班庙正殿外部空间,包括院落空间轴线的正向逆向角度拍摄,再补充院落的对角线方向;正殿两侧与后墙外部的空间被围墙切割,则每个空间都需要专门记录,才能做到清晰、全面、准确(图 11-5)。

图 11-3 古建筑组群外部空间
(测绘对象:清西陵泰陵;摄影:林佳)

图 11-4 古建筑院落空间
(测绘对象：清西陵泰陵方城明楼院落)

(a)

(b)

图 11-5 天津蓟州鲁班庙正殿外部空间摄影记录
(a) 无人机拍摄的组群鸟瞰，正殿居于主轴正中，坐北朝南；
(b) 院落空间

(c) (d)

(e)

图 11-5 天津蓟州鲁班庙正殿外部空间摄影记录（续）
(c) 正殿东侧院落；
(d) 庙后空间（蓟州一中院内）；
(e) 庙西墙外城市道路

2) 内部空间

内部空间照片一般按采集高度分人视点高度和梁架高度，梁架有时又分天花上、下两个高度（图 11-6、图 11-7）。从人正常视高拍摄记录内部空间必需的，也比较容易。对于大多数古建筑内部空间而言，梁架高度的拍摄才是重点和难点所在，因此，要提前制订拍摄方案，辅以超高三脚架、脚手架、人字梯等器材获得较高的视点，不留遗憾。另外，被合理利用、赋予现代新功能的古建筑，其内部空间也应该正常拍摄，记录其功能利用、空间重塑的效果（图 11-8）。

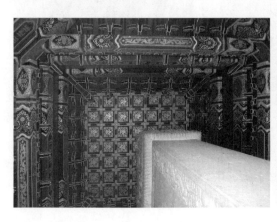 

图 11-6 天花下梁架空间（左图）

图 11-7 天花上梁架空间（右图）

图 11-8 被赋予现代功能的古建筑内部空间
（测绘对象：无锡惠山杨藕芳祠）

以北京景山寿皇门为例，其内部空间由围护间、分槅间和梁架间组成。围护间即外围护结构围合的内部空间。内部空间中往往还有室内装修或家具再分隔的空间层次，即分槅间，每一槅间都应该单独记录（图11-9）。可在空间的对角线两个机位去拍摄，条件允许时可搭脚手架，用立体对角线的机位拍摄。

图 11-9 用对角线机位拍摄内部空间示例
（测绘对象：北京景山寿皇门）

梁架空间仍以鲁班庙正殿为例。该殿由四缝梁架组成，因此要分别记录三个梁架间空间，借助脚手架获得与梁架平视的机位及两个对角线位置（图11-10）。

3）过渡空间

过渡空间一般是指廊下、檐下，是有部分围护结构的室外空间（图 11-11、图 11-12）。因为空间不大，夹在室内室外空间中间，很容易被忽略。然而这部分空间如果不专门作记录，就会被围护结构遮挡导致信息缺失。因此，摄影记录时一定要仔细勘察不遗漏。

过渡空间中的檐下空间，通常非常狭窄，仍然需要每一间分别记录。因为距离狭窄，往往镜单镜收不完整，可采用一张广角记录关系，再加多张局部拼合的方法（图 11-13）。同样，廊下空间也要一间一间分别记录。在狭长的空间里，对角线机位并不理想，选择长向相对的两个机位拍摄即可（图 11-14）。

2．实体

古建筑实体最受关注，却最难记录清楚。概括来说有两大记录要点，即构成空间的要素以及这些要素之间的关系。按尺度大小，可以将实体分为建筑尺度和构件尺度两个层次。

1）建筑尺度

建筑尺度层次，是指一座建筑的整体形象。外立面相当于建筑的标准照，一般用标准镜头和人视高水平视角度拍摄每个立面；条件允许的情况

图 11-10　梁架间空间拍摄示例
（测绘对象：天津蓟州鲁班庙正殿）

图 11-11　廊下空间（左图）
（测绘对象：清西陵泰陵隆恩门）

图 11-12　檐下空间（右图）
（测绘对象：清西陵泰陵隆恩殿）

图 11-13 檐下空间拍摄示例（左图）
（测绘对象：天津蓟州鲁班庙正殿）

图 11-14 廊下空间拍摄示例（右图）
（测绘对象：天津蓟州鲁班庙正殿）

下，宜用标准和长焦镜头远距离拍摄，得到接近正投影的立面记录；在距离不足的条件下，也可以用广角尽量拍摄整体关系，并在同一距离使用长焦端拍摄数个局部，共同记录立面要素和关系。还可再补充中长焦段尽量接近于正投影角度的记录。此外，还需记录两个立面的转折和交接关系，尽量选择 45° 左右的方向机位，条件不允许时也要尽量选择能同时看到两个面的角度（图 11-15）。

2）构件尺度

构件尺度层次，是指各类构部件及其相互关系，最忌讳只见构件不见关系。与第 7.2 节对古建筑基本构成的逻辑相同，构件的摄影记录也分为台基、墙体、大木梁架、屋顶、装修等几个部分。

(1) 台基

台基与地面的记录，包括各个露明表面的材质和组合关系，要求信息完整。例如鲁班庙正殿的室外地面，需要包括素土地面、散水、月台、踏跺等。如果要记录散水的铺装规律，不是光拍一块散水而是要带着地面以及部分月台，作到有头有尾，才是合格的记录（图 11-16）。

(2) 墙体

墙身墙体记录，先宏观地记录墙体交接关系，可以用一些局部的照片，但是要配合交代周边关系，记录墙体砌筑方式和总体的关系，需包括同一墙体的各个角度，不应遗漏（图 11-17）。

图 11-15 天津蓟州鲁班庙正殿建筑外观记录

图 11-15　天津蓟州鲁班庙正殿建筑外观记录（续）

图 11-16　室外地面拍摄示例
（测绘对象：天津蓟州鲁班庙正殿）

图 11-17　山墙（廊心墙）拍摄示例
（测绘对象：天津蓟州鲁班庙正殿）

图 11-17 山墙（廊心墙）拍摄示例（续）
（测绘对象：天津蓟州鲁班庙正殿）

(3) 大木梁架

大木梁架记录，仍应交代总体关系，宏观表现梁架各构件的组合关系，可用横纵剖面方向一致的角度记录，可在脚手架上正直拍摄，记录梁架的交接关系，同一脚手架位置还可以拍摄梁架细部，例如梁架彩画（图 11-18）。

图 11-18 一缝梁架的摄影记录示例
（测绘对象：天津蓟州鲁班庙正殿明间西缝）

（4）屋顶

屋顶记录，不但要在屋面的标高上拍摄，而且需要地面机位的记录。地面机位需要交代清楚屋顶和墙身的交接关系，这个角度是屋顶上标高视角不可获得的；另外像这样山花部分的特写，在距离足够远的情况下，在地面上拍摄就可以记录所需完全信息。有条件的情况下，记录屋面上的信息时，尽量远距离搭设人字梯或者脚手架，把机位垫到与屋顶标高一致的高程，使用长焦端获得尽可能接近正投影的记录成果。另外注意角度不要遗漏，例如戗脊与其他部分的交接关系、垂兽在横剖面方向的正投影特别容易遗漏，需要借助脚手架或长人字梯到达檐口位置拍摄（图11-19）。有条件的，可使用无人机拍摄屋顶，地空协同，效果更佳。

总之，记录的原则是首先交代空间位置，交接关系，再作细部记录。

图11-19 天津蓟州鲁班庙正殿戗脊记录

（5）木装修与其他

同样的原则也适用于木装修与附属文物记录。例如记录匾额，需要拍摄匾额与建筑固定的方式。还需注意拍摄正投影角度，因为一般匾额是倾斜挂放，所以要特别选择平行于匾额方向的机位，拍摄匾额的正投影，并且要拍摄完整，不能仅拍摄中间的字，一定要记录完整的边界以及匾托等附件（图11-20）。

再如记录室内装修，首先拍摄宏观的相对位置关系，再记录细部。一套槅扇的完整记录应该包括正面、背面、内侧面及相应各面的细部与构件交接关系（图11-21）。

彩画的记录对色彩信息要求更高，宜用 RAW 格式，尽量正直拍摄，校准白平衡参数，并且使用标准色卡。彩画绘制位置较高，拍摄时一般需要使用超高三脚架、脚手架或专用升降支架等。

记录遗产本体的层次内容看似琐碎，记录要遵从宏观到微观的顺序，达到纲举目张的效果，才能实现清晰、完整、准确的摄影记录的基本要求。

总而言之，遗产本体记录以遗产本体为表达重点；选择接近正投影的角度和45°角等标准角度拍摄，若有内部空间则不要遗漏各方向内立面及内45°角方向；调整恰当曝光参数；保证相机稳定，尽量使用三脚架，即可得到符合清晰、准确、全面要求的摄影记录成果。

图 11-20 天津蓟州鲁班庙正殿匾额记录

11.3.2 意象记录

意象记录要求较高，只有在针对古建筑开展一定深度的文献实物研究工作后，才能开始。依然要遵循清晰、准确的基本要求，另外特别要注意"述而不作"的原则。

首先梳理文献史料记载，再对实物深入踏勘，才能选择最能体现设计意象的时机与角度拍摄。相应的文献依据附件应与记录成果打包归档。

利用摄影术信息记录的综合性特长，可以反映出日暮晨昏、风霜雨雪和四时变化等参与意象经营的要素；另外，静帧图像综合视频音频技术能够更加全面地记录古建筑的时空体验甚至声景要素。

正常画幅静帧照片适合记录史料

图 11-21 内檐装修摄影记录示例
（测绘对象：故宫养心殿后殿明间西缝栏杆罩）

文献中记载的单景图咏、诗文及古建筑本体中楹联、题额和刻石等所表达的意象。注意选择与文献记载一致或接近一致的视角和方向（图11-22）。

(a)

(b)

图11-22 用摄影记录再现古人设计意象
(a) 寄畅园涵碧亭；
(b) [明]宋懋晋绘《寄畅园五十景》之涵碧亭

视频音频适合记录史料文献中提及的声景、动态游园感受，接近真实的空间体验。拍摄前需要制订详细的拍摄计划确定好路线及视角。

鸟瞰及全景照片是古建筑全貌的体现，中国古代图像史料常用长卷或高视点进行全景式表现。在进行意象记录时宜选择无人机或相机全景功能进行拍摄（图11-23）。

在记录过程中，时刻注意"述而不作"的原则，即尽量以正常人能够看到、体验到的角度和时刻进行记录，避免摄影作品式的意象再创作，杜绝"照骗"式记录。简言之，意象记录就是要如实地记录古建筑自身的艺术特色，是一项发现美、记录美而不是去创造美的工作（图11-24）。

图11-23 无锡惠山古镇全景

(a)

(b)

图11-24 摄影记录中的述而不作
(a) 记录性摄影，清西陵昌陵；
(b) 艺术性摄影，清东陵定陵（董皓月提供）

图 11-25 为简易摄影测量拍摄的雀替
(测绘对象：天津蓟州鲁班庙正殿)

(a)

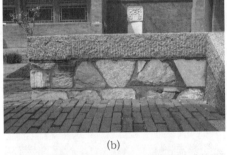

(b)

图 11-26 台基虎皮石台帮拍摄示例
(a) 月台东南角整体关系；
(b) 南侧台帮；
(c) 东侧台帮
(测绘对象：天津蓟州鲁班庙月台)

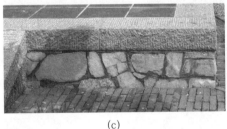

(c)

11.3.3 直接支持测绘的记录

1. 作为测稿的组成部分

在第 7.1 节提到，在编绘测稿过程中，对于带有异形轮廓或装饰纹样的艺术构件（图 11-25、图 8-24、图 8-25），或者纹理特殊、无规律的部位（图 11-26），很难用徒手草图的方式准确、快捷地记录，可借助摄影方式完成任务。这些照片构成了测稿的有机组成部分，相当于用摄影手段绘制特殊构部件的详图。

从内容上看，这与本体记录中的构件尺度层次记录很多是重叠的，多人共同承担时，注意协同，避免重复。例如，可以委派专人承担建筑空间、建筑尺度层级实体以及意象类的记录任务，而把构件尺度的摄影记录任务交给具体测稿编绘者。

为测稿拍摄的要求与本体记录也大同小异，用一组照片，先交代主体与其他构部件或环境的关系，从整体到局部（图 11-27），多侧面、多角度呈现主体对象（图 11-26）。这个逻辑跟测稿或制图中的"详图"是一致，它不是单一视图或者一个局部纹样，而是一个多视图表达的整体。其核心的内容如异形轮廓、纹样、纹理等，应使用标准或长焦镜头，尽量采用正直摄影的方式拍摄，有条件还可在主体旁摆放钢尺、色卡等，增加记录的信息量和精细度。

> 💡 在现场工作时间有限的情况下，可以用一系列从整体到局部的照片，迅速全面地记录构件的大致形状和交接关系（图 11-27）。对有经验的测绘者，有时甚至可以代替草图，直接在照片上注记尺寸。随着智能手机、平板电脑等移动终端普及，已出现可拍照并录入测量数据的应用。

图 11-27 从整体到局部拍摄示例
(测绘对象：天津蓟州独乐寺行宫两卷殿山墙)

配合测稿的拍摄与单纯摄影记录的区别，在于要求所有照片与测稿交叉索引。测稿中一般可使用照片文件名后 4 位数字作为索引号。

2. 支持简易摄影测量

替代草图的照片，往往也就是采用正直或接近正直摄影的照片（图 11-25、图 8-24、图 8-25），最终用于简易摄影测量绘制成图（参见第 8.3 节、第 10.4 节）。正式的摄影测量，包括地面和无人机摄影测量（参见第 3.3 节、第 9.2 节），不包括在摄影记录工作内。

3. 色彩和纹理采集

若项目需求中有三维建模要求，则需要尽可能全面采集所有构部件表面纹理，具体方法与上述类同，不再赘述。

11.3.4 测绘工作记录

古建筑测绘的"可追溯性"原则，要求测绘过程中有完备记录（参第 4.2 节）。对测绘工作的摄影记录就是过程记录的一部分，俗称"工作照"，包括拍摄测绘过程各个环节的工作长面，大致包括准备、出发与到达、踏勘、测稿编绘、测量、合影、撤离、制图等，期间一些特别事项，如专家讲座指导、领导视察慰问、媒体采访报道以及与相关各方的交流访谈等，可使用纪实摄影的方法予以详细记录（图 11-28）。

1. 工作现场记录

测绘工作现场是摄影记录的重点内容。需要理解其测绘各主要环节的作业目标、技术、设备和操作特点，发现并及时捕捉适合用形象表达的典型作业场景。注意记录规范、安全的工作场面，交代清楚工作环境、技术

图 11-28 测绘重要事件纪实（大事记）摄影示例

设备和工作状态下人的动作表情（图 11-29），避免主题和场景含糊不清的镜头（图 11-30）。

图 11-29 工作照示例（左图）

图 11-30 工作照反面示例：主题和场景含糊不清（右图）

2. 合影

按惯例，应组织项目各方参与人员合影，兼具纪实和纪念双重意义。选择被测对象最有代表性的景观作为背景，使用团队旗帜、条幅、标牌等，以增加信息量，营造气氛（图 11-31）。需要注意，合影在时间上尽量避开测绘开始或者结束时段，因为头尾工作繁忙琐碎，容易影响工作或者人员不齐。

图 11-31 测绘项目参与人员合影示例

3. 第三方记录

及时收集、汇编媒体相关报道归档。尤其是网络报道迅速且丰富，应及时截屏保存，并记录网站及栏目名称、访问地址、访问时间等信息，作为第三方的记录档案留存。纸媒报道的电子版和纸质版都应保存归档。

11.4 记录文件的存档

摄影记录工作除了要做到现场及时检视外，在测绘现场应做到一日一整理、一日一汇总，保证归档照片无废片、无缺漏、无重复。

从可追溯原则出发，建议使用相机生成的原始文件名保存，并保留元数据（EXIF[①]数据），便于信息追溯、图像编辑和管理等。另外，通过EXIF 提供的参数，可以直观对照拍摄效果，总结经验教训，改进以后的操作，提高摄影水平。

> ⚠ 采用某些网络传输、管理工具传递照片，造成元数据丢失。

存档最简单易行的方式是设计标准的文件夹结构，将照片文件分门别类保存到相应文件夹中。例如，先按项目、子项目建立文件夹，再在各子项下分照片类型整理影像数据（图11-32）。作为测稿的照片除照常保存外，还应另行复制副本，与测稿文件共同存档。

可以使用图像管理软件进行管理照片，或开发专用的图文数据库进行更加专业、系统、完善的管理。

图 11-32 古建筑摄影记录归档文件夹设置示例

① 可交换图像文件（Exchangeable Image File）的缩写，是拍摄时由相机写入图像文件的数据，包括拍摄器材（机身、镜头、闪光灯等）、拍摄参数（快门速度、光圈F值、感光度ISO值、焦距、测光模式等）、图像处理参数（锐化、对比度、饱和度、白平衡等）、图像描述及版权信息、GPS定位数据等。

第 12 章　古建筑变形测量

古建筑遗存大多经历了成百年上千年的岁月，风振、日照、雷电、地震、战争、城市改造等自然因素和人为因素给这些古建筑遗存造成了不同程度的破坏。必须定期对古建筑变形情况进行测量，为判断古建筑安全程度提供科学依据，为古建筑维修、保护与合理利用提供科学指导。

12.1　古建筑变形测量概述

12.1.1　变形测量的基本概念

物体形态或空间位置发生的变化，称为**变形**。其中，物体形态发生的变化，称为**相对变形**；物体空间位置发生的变化，称为**绝对变形**。广义上来讲，感知、采集物体变形信息的工作，统称为**变形测量**。在测量领域，变形测量是指利用专门的测量仪器和工具，定期感知、采集物体的变形信息，通过比较、分析，获取一定时间段内物体的变形，分析其变形规律，预测其变形趋势，实现变形预警，也被称为**变形监测**。

对于古建筑来讲，利用测量仪器，按照一定的测量方法，测量古建筑特征部位的现状三维位置信息，求其与设计位置或理想位置的差异，称为古建筑现状变形测量（或称为变形检测）；如果定期测量古建筑特征部位的三维位置信息，通过比较、分析，获取一定时间段内古建筑的变形，分析古建筑变形规律，预测变形趋势，实现变形预警，这样的工作称为古建筑变形监测。

通过古建筑现状变形测量，可以准确反映古建筑现状，评估古建筑安全，指导古建筑维修保护方法；定期测量古建筑主体及附属物（如雕像、壁画）在特定自然扰动事件（如：地震、洪水等）及人为扰动事件（如：变形影响范围内的工程施工、周期性振动等）影响过程中的变形情况，可以提前对古建筑变形进行预测、预警，提前采取科学措施减小扰动变形，保证古建筑的健康、安全，延长古建筑的生命周期。

古建筑现状变形调查是伴随着古建筑现状调查、安全评估所进行的静态、单次测量，而古建筑变形监测是古建筑全生命周期过程中的动态、周期性测量。两者内容一致、方法相同，唯一的差别是提取变形信息选用的参照系不同。

12.1.2 变形测量的基本思想

变形测量工作开始前，先根据变形类型、测量目的、任务要求，以及工作条件进行变形测量方案设计。对于重要的变形测绘对象，还要经实地勘选、多方案精度估算后进行变形观测网的优化设计。

变形测量应遵循"从整体到局部、步步检核"的测量基本原则，按照变形测量的要求，分别选定测量点，埋设相应的标志，建立平面和高程控制网，作为变形测量的基准，然后进行变形测量。

变形测量坐标系统可选用假定坐标系统。但假定坐标系的坐标轴应尽量与变形体的主轴线平行或垂直；变形观测点的位置应能确切反映建筑物及其场地的实际变形程度或变形趋势。变形监测的监测周期应综合考虑变形测量目的、地质条件、基础状况、结构形式和变形类型等因素；每次观测结束对观测成果及时处理，并进行严密平差计算和精度评定。然后进行变形分析，对变形趋势作出预报。

进入21世纪，随着遗产保护思想的日臻成熟，预防性保护思想逐步取代了原有的抢救性保护。在预防性保护思想指导下，古建筑变形测量（监测）不是孤立的，它是古建筑预防性保护这一闭环体系中的重要部分。变形监测、评估、预警、响应（干预）、再监测共同构成了一个正反馈系统（图12-1）。其中，变形监测是风险评估、价值评估的重要依据，也为科学干预（响应）提供了基本保障。同时，为找出造成变形的原因，还应同时开展变形影响因子监测。

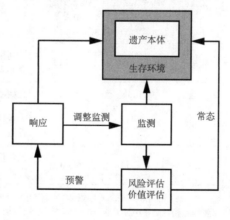

图 12-1 变形监测与预防性保护

12.1.3 变形测量点的选取和布设

在变形测量过程中，选设在变形体上能反映变形体变形特征的点，称为变形点（称为监测点）。埋设在相对稳定的位置、用来测量变形监测点空间位置信息的固定点，称为变形监测基准点（称为基准点）。

基准点应布设在远离变形监测对象的稳定区域，基准点应至少布设3个，以保证能够进行基准点稳定性检验且有足够的多余观测。基准点应埋设在当地冻土线以下，应定期对监测基准点进行测量，以判断监测基准点是否稳定。

变形点的变形代表着被监测对象的变形。因此，变形监测点应与被监测对象牢固结合在一起，其位置和数量应能够完整、准确反映变形体的变形情况。在古建筑变形监测中，应根据古建筑的变形监测类型、结构力学特点、变形现状、变形趋势（预判）等进行变形监测点数量和位置的设计，做到变形监测点数量和位置的最优化。以沉降监测为例，沉降监测点应布设在角金柱、山墙中、台基四角等部位。

12.1.4　变形测量的精度选取和设计

变形测量的目的是提取变形体的变形信息。所以，变形测量的精度确定应以不遗漏变形体关键变形为原则。通常，变形监测的误差应小于一个周期内变形体的最小变形值之一半。

在实际工作中，可参照现行行业标准《建筑变形测量规范》JGJ 8—2016 选择变形测量的精度等级、确定变形测量的精度指标。该文件关于变形测量精度指标的规定参见表 12-1。精度等级及相对应的精度指标确定后，即可据此确定变形监测的仪器、工具和测量方法。

表 12-1　建筑变形测量的等级及精度要求

变形测量等级	沉降观测 观测点测站高差中误差 μ (mm)	位移观测 观测点坐标中误差 μ (mm)	适用范围
特级	≤ 0.05	≤ 0.3	特高精度要求的特种精密工程和重要科研项目变形观测
一级	≤ 0.15	≤ 1.0	高精度要求的大型建筑物和科研项目变形观测
二级	≤ 0.50	≤ 3.0	中等精度要求的建筑物和科研项目变形观测；重要建筑物主体倾斜观测、场地滑坡观测
三级	≤ 1.50	≤ 10.0	低精度要求的建筑物变形观测；一般建筑物主体倾斜观测、场地滑坡观测

注①：观测点测站高差中误差，系指几何水准测量测站高差中误差或静力水准测量相邻观测点相对高差中误差。

注②：观测点坐标中误差，系指观测点相对测站点的坐标中误差、坐标差中误差以及等价的观测点相对基准线的偏差值中误差、建筑物（或构筑物）相对底部点的水平位移分量中误差。

12.1.5　变形测量的周期

变形测量采取周期性监测时，确定变形监测周期，应注意以下几个方面：

1) 变形监测周期应以能系统反映所监测变形体的变化过程且不遗漏重要变化时段为原则，具体数值要根据单位时间内变形量大小及外界影响因素确定。

2) 当监测过程中发现变形异常时，应随之减小监测周期、增加观测次数。

3) 变形监测基准点（网）稳定性检测应根据测量目的和点位的稳定情况确定，一般应每半年复测一次。当测区受到如地震、洪水、台风、爆破等外界因素影响时，应及时进行复测。

4) 变形监测的首次观测应至少进行 2 次，以确保变形初始值的可靠性。

12.1.6 变形测量的成果

为了准确、客观、实事求是地反映古建筑的现状和变形规律，使变形测量能够真正起到指导古建筑维修保护的作用，除了进行现场观测取得第一手资料外，还必须进行观测资料的整理分析，以适宜的表现形式将建筑物的现状和变形规律揭示出来。

1. 古建筑变形检测成果

古建筑变形检测后，需编制《古建筑变形检测报告》，报告中应至少包含如下内容：

1) 检测对象基本情况介绍；
2) 古建筑各部位残损照片及定性文字描述；
3) 检测精度指标及检测实施过程；
4) 古建筑台基标高及相对标高数据、图、表；
5) 柱网标高及相对标高数据、图、表；
6) 柱子倾斜及弯曲状况数据、图、表；
7) 反映主要梁、檩、枋空间状态的数据、图、表，如标高、挠度等；
8) 反映墙体及柱子裂缝形态和大小的数据、图、表；
9) 反映屋面空间位置及状态的数据、图、表，如檐口曲线、屋面曲线、翼角标高等；
10) 变形成因分析；
11) 变形趋势分析和预测；
12) 结构安全性（危险性）评价；
13) 变形干预措施建议。

2. 古建筑周期性变形监测成果

对于古建筑周期性变形监测，每周期变形监测完成后，需及时编制《古建筑变形监测分析报告》，报告中应至少包含如下内容：

1) 监测对象（古建筑）基本情况介绍；
2) 监测内容；
3) 监测等级及精度指标；
4) 采用的平面及高程系统；
5) 监测基点的稳定性检验方法、过程及结果；
6) 监测点位置及完好状态说明；
7) 监测实施过程及数据成果；

8) 变形影响因子监测实施过程及数据成果；
9) 相关性研究及变形成因分析；
10) 变形趋势分析和预测；
11) 结构安全性（危险性）评价；
12) 变形干预措施建议。

12.2 古建筑变形测量的内容与方法

古建筑变形测量的内容通常包括：沉降变形（又称为竖向变形）、水平位移变形（又称为水平变形）、倾斜变形、裂缝及挠度。在这些变形中，沉降变形是最常见、最直接，也是最主要的变形，不均匀沉降变形往往也是导致其他变形发生的原因。

12.2.1 沉降测量

沉降测量通常是通过沉降监测来完成的。根据所选用的仪器设备和测量方法不同，沉降监测可采用水准测量、相对三角高程测量、液体静力水准测量等方法。

1. 水准测量法

水准测量法沉降监测，即采用传统水准测量仪器和工具进行沉降监测的方法。具体做法是：在建筑物变形区域之外、稳固、便于观测的地方，布设一些专用高程点，作为沉降监测基准点。在建筑物沉降变形敏感部位或建筑结构特征部位安设沉降变形监测点。定期测量沉降变形基准点与沉降变形监测点之间的高差，求得各沉降变形监测点的高程，将沉降变形监测点不同时期高程值进行比较分析，计算沉降变形点的沉降值。据此掌握建筑物的沉降变形特点和变形规律。

对于中国传统木构古建筑，由于特殊的结构体系和受力、变形特点，应在每个结构层布设沉降变形监测点。在水准测量实施过程中，对于布设在变形体位置相对较高（如上部结构）或较低（如地下室）部位的沉降监测点，可采用吊钢尺法进行联测以实现高程信息的传递。

水准测量法沉降监测基准点及监测点埋设方法和常用样式如图 12-2、图 12-3 所示。

2. 相对三角高程法

对于许多位于悬空位置的沉降变形监测点（布设在角梁上反映翼角下沉的点及布设在檐口椽望上反映屋面下沉变形的点），如图 12-4 所示，P 点（位于檐口上的待测点），A 点为地面上已知高程点（高程值为 H_A），利用传统三角高程测量方法，由于仪器高测量的误差较大，且测量过程中会将仪器高测量误差直接传递至 P 点高程值 H_P，导致测量结果无法满足变形测量的基本精度要求。

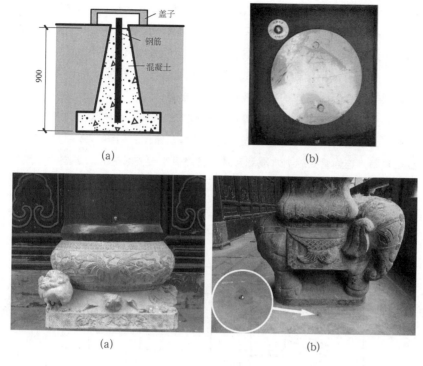

图 12-2 沉降监测基准点埋设方法及常见样式
(a) 基准点埋设图；
(b) 基准点样式

图 12-3 沉降监测点埋设方法及常见样式
(a) 柱身及墙体沉降监测点埋设；
(b) 柱础及地面沉降监测点埋设

此时，可采用相对三角高程法。测量过程如图 12-4 所示：在地面选择适宜位置 B 点，能够同时看到待测点 P 及已知高程点 A 且构成最佳竖直角；在 B 点架设具有免棱镜模式的全站仪，首先瞄准已知高程点 A，仪器高及目标高均设置为 0，测量 A、B 两点间竖直距离 h_{BA}，然后瞄准待测点 P，测量 P、B 两点间竖直距离 h_{PB}，则有：

$$H_P = H_A + h_{PB} + h_{BA}$$

这样，既精确测得了无法到达至悬高点的高程值，又避免了仪器高测量的大误差。

3. 液体静力水准测量法

由连通器原理可知：在一个多分叉敞口容器中加入液体后，容器各敞口分叉内液面处处相等。依据这样的原理，将多分叉敞口容器换为多处开

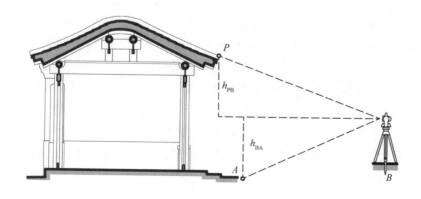

图 12-4 相对三角高程测量原理图

口且联通的软管,在各分叉口植入液面变化传感器、注入液体后安装在变形体的不同部位,然后将各分叉口密封,当某一位置发生沉降变形后,相应各液面的位置会向等高的位置方向发生变化(或具有变化的趋势),各传感器就会感知到液面变化(或变化趋势的强弱),据此即可计算出传感器之间或各点传感器与基准传感器间的高差值。

根据液面变化(或变化趋势)的感知方式不同,目前常用的液体静力水准测量系统分为连通管式和压力式,其基本原理,如图 12-5 所示。受到量程限制,连通管式静力水准测量系统各测点需要安装在大致等高的位置。

液体静力水准测量的方法可实现沉降监测的自动化和实时化,具有良好的应用前景。但使用中应保证填充液体的顺畅流通,同时考虑充液体的热胀冷缩、振动效应等产生的误差,需要做好传感器校准和后期维护。

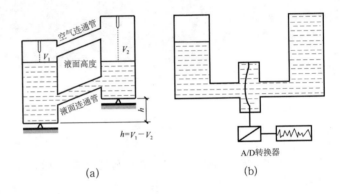

图 12-5 液体静力水准测量原理图
(a) 普通连通管式静力水准系统;
(b) 压力式静力水准系统

12.2.2 位移测量

与沉降测量相对应,变形体在水平面的变化称为水平位移(简称为位移),其实质是监测点在选定监测坐标系中的坐标变化分量。

古建筑一般位于旅游名胜区,考虑到文物保护要求及观览需求,位移监测基准点通常设置为可拆卸式强制对中监测墩(图 12-6),使用时将可拆卸部分套合到埋设在地下的强制对中装置上,不用时取下后保持地面的平整。所有位移监测基准点根据稳定性检测采用的方法形成不同的网形结构,如采用卫星定位技术测量的卫星定位网、采用传统地面测量仪器(全站仪、经纬仪)测量的导线网、测角网、测边网、边角网等。

古建筑位移监测点通常设置成集成式(图 12-7)。常用监测点位移测量方法有前方交会法及全站仪坐标法。

前方交会法的具体做法是:分别在两个基准点上架设经纬仪,瞄准同一个位移变形监测点,测量水平角及竖直角,利用前方交会坐标解析式、根据基准点坐标计算监测点平面坐标值。如果采用坐标法直接测量监测点的坐标,则在选定基准点上架设全站仪,瞄准相邻基准点进行定向,然后瞄准监测点上小棱镜的棱镜中心,通过测量空间距离、夹角直接测算监测点平面坐标值。

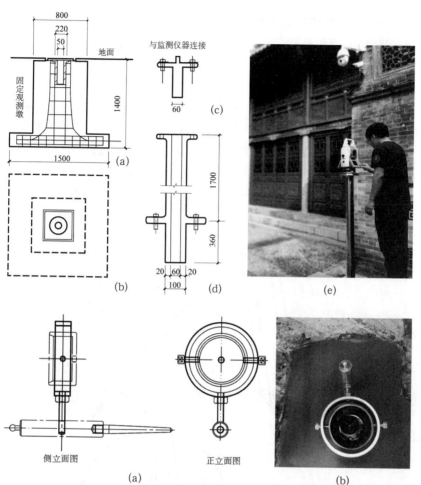

图 12-6 可拆卸式强制对中监测墩
(a) 监测墩剖面；
(b) 监测墩平面；
(c) 连接件二剖面；
(d) 连接件一剖面；
(e) 使用中的强制对中监测墩

图 12-7 集成式水平位移监测点
(a) 设计图；
(b) 安装后的监测点

通过比较不同时间点两次测量的坐标值或测量坐标值与理想坐标值之间的坐标差值，即可得到所测部位监测点在水平面内的位移向量。

12.2.3 倾斜测量

倾斜观测是通过测定建筑物（或柱、山墙等建筑构件）顶部相对于底部的水平位移与高差，分别计算整体或局部的倾斜量、倾斜度和倾斜方向；或测量刚性变形体的顶面或基础的相对沉降计算整体倾斜。

对于一次性倾斜观测项目，观测点标志可采用简易标记或直接利用建筑物特征部位作为观测点；对于重复性多次观测，需要在被测物体上布设永久标志点。

建筑物顶部和墙体上的观测点标志，可采用埋入式照准标志；不便埋设标志的塔形、圆形建筑物以及竖直构件，也可以照准明显自然标志或结构节点作为观测点。

当从建筑物外部观测时，测站点（或工作基点）位置应满足如下要求：测站点应位于所测倾斜分量的垂直方向线上，测站点位于距照准目标

1.5~2.0 倍目标远的固定位置处；当利用建筑物内竖向通道观测时，可将通道底部中心点作为测站点。

根据不同的观测条件与要求，倾斜观测可以选用下列不同方法进行。

1. 经纬仪投点法

从建筑物外部观测建筑物（或构件）倾斜时，可选用经纬仪投点观测法。如图 12-8 所示，观测时，在相对于被测目标呈直角的两个测站上分别安置经纬仪，将高处的点投影到地面，在底部观测点位置利用测量设施（如水平读数尺等）测量上部观测点相对于底部观测点的方向位移值，按矢量相加法求得上部观测点相对于底部观测点的倾斜量和倾斜方向。

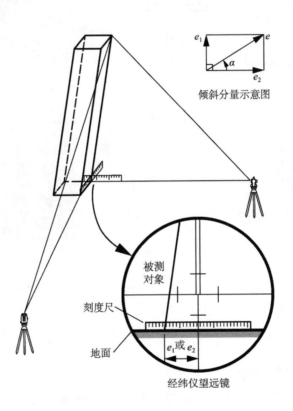

图 12-8 投点法测倾斜

2. 经纬仪测水平角法

从建筑物外部观测建筑物（或构件）倾斜时，也可选用经纬仪测水平角法。

对矩形建筑物，可在每个测站直接观测顶部观测点与底部观测点之间的夹角或上层观测点与下层观测点之间的夹角，以所测角值与距离值计算整体的或分层的水平位移分量和位移方向（图12-9）；对塔形、圆形等对称形建筑物或构件，用经纬仪测量不同高度测点水平角读数取中（求得中线位置），计算不同测点间水平夹角，利用测站点到被测目标底部中心的水平距离，计算顶部中心相对底部中心的水平位移分量（图12-10）。

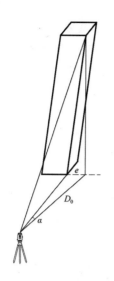
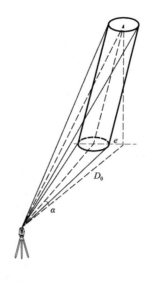

图 12-9 矩形构件倾斜测量（左图）

（图注：$e = D_0 \cdot \dfrac{\alpha}{\rho''}$

其中，$\rho'' = 206265$，为角度换算为弧度的系数）

图 12-10 圆形构件倾斜测量（右图）

（图注：$e = D_0 \cdot \dfrac{\alpha}{\rho''}$

其中，$\rho'' = 206265$，为角度换算为弧度的系数）

3. 经纬仪前方交会法

对于建筑上任意一个点，如图 12-11 所示，在被测目标前选择一条基线，测量基线长度和各夹角，利用解析方法计算观测点坐标值，再以不同高度目标的坐标变化差计算倾斜。所选基线应与观测点组成最佳构形，交会角 γ 宜在 60°~120° 之间。

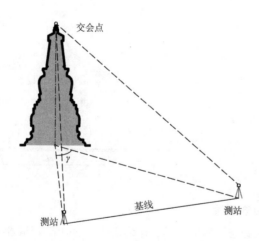

图 12-11 前方交会法

4. 铅垂测量法

当建筑物顶部与底部之间具备竖向通视条件时，可选用如下两种铅垂观测方法。

1）吊垂球法：在建筑或构件顶部或需要观测的高度位置，悬挂适当重量的垂球，在垂线下的底部固定读数设备（如毫米格网读数板），直接读取或量出上部观测点相对底部观测点的水平位移量和位移方向，即倾斜（图 12-12）。

2）铅直仪观测法：在建筑顶部适当位置安置接收靶，在其垂直方向的地面或地板上安置光学铅直仪或激光铅直仪，在接收靶上直接读取或量出顶部相对于底部的水平位移量和位移方向（图12-13）。

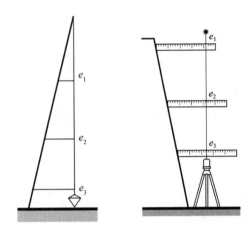

图12-12 吊垂球法测倾斜（左图）

图12-13 铅直仪法测倾斜（右图）

5. 沉降差法

在基础（或监测构件）上选设观测点，采用水准测量方法测量一段时间内变形体不同部位沉降监测点的沉降差，利用沉降差换算求得建筑物（或构件）整体倾斜度及倾斜方向（图12-14）。

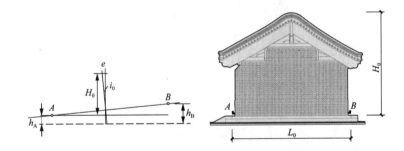

图12-14 测定基础沉降差法
（图注：在某一时间段内 A 点下沉 h_A，B 点下沉 h_B，则建筑整体倾斜 $i_0 = \dfrac{|h_A - h_B|}{L_0}$，最上端位移值 $e = H_0 \cdot i_0$）

6. 倾角仪测量法

倾斜仪测记法：倾斜仪具有连续读数、自动记录和数字传输的功能。常用的倾斜仪有水管式倾斜仪、水平摆倾斜仪、气泡倾斜仪和电子倾斜仪等。倾斜仪通过自动感知自身状态的变化来计算与之相连接的变形体的倾斜变化。例如当需要监测木构建筑中某个梁的倾斜时，可将倾斜仪固定在梁上，就可自动测算出梁的倾斜变形（图12-15）。

图12-15 倾斜仪法测倾斜

12.2.4 裂缝测量

当变形体不同部分变形大小和方向不相同且超过变形体的抗拉极限后，变形体将产生裂缝。裂缝为水和其他腐蚀性物质提供了入侵通道和生存空间，继而进一步加剧裂缝的发展，最终使变形体解体坍塌。

通常，裂缝会出现在建筑的台基、屋面、墙体等外露部分。在中国北方，昼夜温差大，冻胀作用明显，裂缝发展快，建筑裂缝发生普遍。《建筑变形测量规范》JGJ 8—2016 中规定，裂缝测量的内容包括：裂缝**宽度**、**长度**及**深度**。

对于裂缝的深度，通常采用超声波法进行测量，其基本原理是：由于固体和气体对超声波的声阻抗率不同，超声波在传播过程中遇到裂缝时，超声波的波速、频率以及波形等特征将发生，据此来判断裂缝的深度。根据采用的仪器设备和测量方法不同，裂缝长度和宽度测量可分为直接测量法和间接测量法。

1. 直接测量法

直接测量法，指在裂缝长度、宽度方向上做测量标记或安装测量设备，直接测量裂缝的变化。如图 12-16 所示，裂缝长度和宽度直接测量法常用的工具有小钢尺、裂缝计、裂缝测量仪、线位移计等。

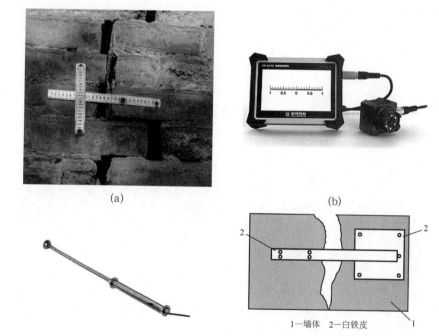

图 12-16 裂缝长、宽直接测量的工具和方法
(a) 小钢尺；
(b) 裂缝测量仪；
(c) 裂缝计；
(d) 线位移计

2. 间接测量法

对于建（构）筑物无法到达的高空部位，裂缝测量需要采用间接测量法。常用的间接测量方法有：全站仪空间距离法（参见第 2 章）、三维激光扫描法（参见第 3.2 节）、摄影测量法（参见第 3.3 节）。

12.2.5 挠度测量

挠度，指构件在弯矩作用下发生弯曲变形时横截面形心沿构件轴线垂直方向的线位移。在木构古建筑中，柱、梁、檩、枋等建筑主要受力构件普遍存在挠度变形。挠度分为竖向挠度及横向挠度。对于水平状态的构件（如梁、檩、枋等），通常测量竖向挠度；对于竖直状态的构件（如柱、墙等），通常测量竖向挠度。

挠度测量点的位置和数量与构件的长度、挠曲程度及测量精细度有关。但每个构件至少应测量 3 点，且在挠度最大位置布设挠度测量点，以全面反映构件的挠度变形。挠度测量点在水平或竖直方向上的位移分量通常采用千分尺直接测量，或利用水准测量提取监测点的高程信息，或利用全站仪提取监测点的坐标信息，然后计算各个点的挠度值（图 12-17）。随着测量技术的发展，利用三维激光扫描、摄影测量等技术，也可基于点云直接提取构件的挠度信息。

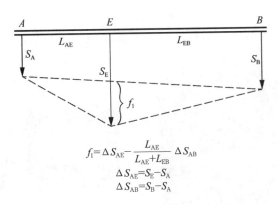

$$f_1 = \Delta S_{AE} - \frac{L_{AE}}{L_{AE}+L_{EB}} \Delta S_{AB}$$
$$\Delta S_{AE} = S_E - S_A$$
$$\Delta S_{AB} = S_B - S_A$$

其中：
S_A、S_B、S_E——分别为 A、B、E 点的沉降量（mm），E 点位于 A、B 两点之间；
L_{AE}、L_{EB}——分别为 A、E 之间及 E、B 之间的距离（mm）

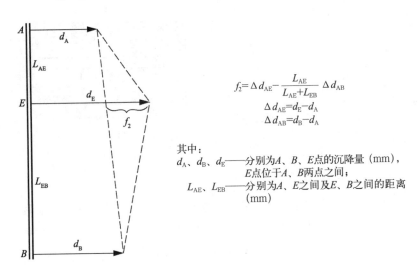

$$f_2 = \Delta d_{AE} - \frac{L_{AE}}{L_{AE}+L_{EB}} \Delta d_{AB}$$
$$\Delta d_{AE} = d_E - d_A$$
$$\Delta d_{AB} = d_B - d_A$$

其中：
d_A、d_B、d_E——分别为 A、B、E 点的沉降量（mm），E 点位于 A、B 两点之间；
L_{AE}、L_{EB}——分别为 A、E 之间及 E、B 之间的距离（mm）

图 12-17 竖向及横向挠度的测量与计算

为便捷测量古建筑梁、柱、檩、枋等构件的挠度，天津大学遗产监测团队研发了非接触式梁柱挠曲测量仪（图12-18），其基本构成、原理及使用方法如下。

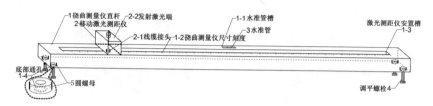

图12-18 非接触式梁柱挠曲测量仪

构成：一根长3m、可折叠、两端带整平螺旋的钢轨，激光测距仪安装在钢轨上部的滑道中，滑道两侧有长度刻划用来读取激光测距在钢轨滑道上的位置，钢轨的两个垂直面上安装有整平用水准器。

使用方法：测量水平构件（如梁、檩）挠曲时，将挠曲测量仪放置在水平构件下方地面上，利用整平螺旋整平仪器，此时激光测距仪的激光轴呈竖直状态，安装事先确定的挠曲测量点间距，滑动钢轨滑道上的激光测距仪至测点位置，测量激光测距仪至水平构件底面的竖直距离并记录长度刻划尺上的记录，然后滑动激光测距仪依次测量并记录直至所有测点完成，依据测量数据可计算各点挠度并绘制挠度曲线；对于竖直构件（如柱）的挠度测量，将挠曲测量仪竖直放置，按照上述方法即可；对于构件长度大于挠曲测量仪钢轨滑道长度时，可按照挠曲测量仪钢轨滑道长度对构件进行分段测量。

非接触式梁柱挠曲测量仪配合水准测量使用，可计算水平构件上各测量点的高程，据此可对所有水平构件的空间位置、状态进行比对分析。

12.2.6 应变测量

物体在受到外力作用下会产生一定的变形，变形的程度称应变。为捕捉偶然事件（强风、振动）作用下某段时间内构件的微小变形以评价构件的力学性能（应力计算），通常需要测量构件的应变。常用电阻应变片或振弦式应变计测量应变。

电阻应变片通常用于测量结构体表面的应变。当金属导线在外力作用下会发生变形（伸长或缩短），其电阻值随之会发生变化。将金属导线按照一定规则排列后形成敏感栅，将其粘贴在构件表面，当结构发生变形时，敏感栅中的金属导线长度被拉长，被拉长的长度值直接反应在电阻值变化上，依据事先传感器标定时得到的应变与电阻变化关系，根据电阻变化值即可反求出应变值（图12-19a）。

对于结构体内部的应变测量，通常采用振弦式应变计。其基本原理是：以拉紧的金属弦作为敏感元件，当结构体发生变形时，金属弦的长度随之发生变化,其在激振器磁场中振动频率会发生变化,依据事先振弦式应变计标定时得到的应变与频率变化关系,根据频率变化值即可反求出应变值(图12-19b)。

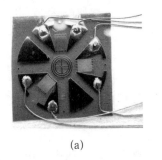

图12-19 应变测量传感器
(a)电阻应变片;
(b)振弦式应变计

(a)　　　　　　　　　　(b)

12.3 变形测量成果表达

12.3.1 沉降监测的成果表达

沉降监测也应遵循"先控制,后碎部"的测量基本原则。每次测量前首先要进行基准点稳定性检测,然后基于基准点测量、计算各工作基点高程,最后依次测量各监测点高程值。

如基础附近地面荷载、土壤含水率等发生较大变化,或发生严重裂缝变形时,应缩短观测周期,增加观测频次。

每次观测结束后,应及时进行数据处理,计算相邻两次观测之间的沉降量和累积沉降量,绘制沉降变形曲线,分析沉降量变形原因,预测后续变形趋势(表12-2、图12-20)。

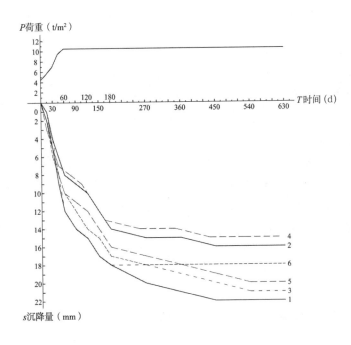

图12-20 某建筑物沉降变形曲线图

表12-2 某建筑物沉降监测结果

观测日期	荷重 (t/m²)	观测点 1 高程 (m)	1 本次下沉 (mm)	1 累计下沉 (mm)	2 高程 (m)	2 本次下沉 (mm)	2 累计下沉 (mm)	3 高程 (m)	3 本次下沉 (mm)	3 累计下沉 (mm)	4 高程 (m)	4 本次下沉 (mm)	4 累计下沉 (mm)	5 高程 (m)	5 本次下沉 (mm)	5 累计下沉 (mm)	6 高程 (m)	6 本次下沉 (mm)	6 累计下沉 (mm)
1997-4-20	4.5	50.157	±0	±0	50.154	±0	±0	50.155	±0	±0	50.155	±0	±0	50.156	±0	±0	50.154	±0	±0
1997-5-5	5.5	50.155	-2	-2	50.153	-1	-1	50.153	-2	-2	50.154	-1	-1	50.155	-1	-1	50.152	-2	-2
1997-5-2	7.0	50.152	-3	-5	50.150	-3	-4	50.151	-2	-4	50.153	-1	-2	50.151	-4	-5	50.148	-4	-6
1997-6-5	9.5	50.148	-4	-9	50.148	-2	-6	50.147	-4	-8	50.150	-3	-5	50.148	-3	-8	50.146	-2	-8
1997-6-2	10.5	50.145	-3	-12	50.146	-2	-8	50.143	-4	-12	50.148	-2	-7	50.146	-2	-10	50.144	-2	-10
1997-7-2	10.5	50.143	-2	-14	50.145	-1	-9	50.141	-2	-14	50.147	-1	-8	50.145	-1	-11	50.142	-2	-12
1997-8-2	10.5	50.142	-1	-15	50.144	-1	-10	50.140	-1	-15	50.145	-2	-10	50.144	-1	-12	50.143	-2	-14
1997-9-2	10.5	50.140	-2	-17	50.142	-2	-12	50.138	-2	-17	50.147	-2	-12	50.142	-2	-14	50.137	-1	-15
1997-10-2	10.5	50.139	-1	-18	50.140	-2	-14	50.137	-1	-18	50.145	-1	-13	50.140	-2	-16	50.137	-2	-17
1997-1-20	10.5	50.137	-2	-20	50.139	-1	-15	50.137	±0	-18	50.142	±0	-13	50.139	-1	-17	50.136	-1	-18
1998-4-2	10.5	50.136	-1	-21	50.138	-1	-16	50.136	-1	-19	50.142	-1	-14	50.138	-1	-18	50.136	±0	-18
1998-7-2	10.5	50.135	-1	-22	50.138	±0	-16	50.135	-1	-20	50.140	±0	-15	50.137	-1	-19	50.136	±0	-18
1998-10-2	10.5	50.135	±0	-22	50.138	±0	-16	50.134	-1	-21	50.140	-1	-15	50.136	±0	-20	50.136	±0	-18
1999-1-20	10.5	50.135	±0	-22	50.138	±0	-16	50.134	±0	-21	50.140	±0	-15	50.136	±0	-20	50.136	±0	-18

12.3.2 水平位移监测的成果表达

参见表 12-3 及图 12-21。

表 12-3 某建筑物水平位移监测结果

(单位：mm)

观测日期	观测点号 1		观测点号 2		观测点号 3		观测点号 4		观测点号 5	
	X变化量	X累计变化量	X变化量	X累计变化量	X变化量	X累计变化量	X变化量	X累计变化量	X变化量	X累计变化量
	Y变化量	Y累计变化量	Y变化量	Y累计变化量	Y变化量	Y累计变化量	Y变化量	Y累计变化量	Y变化量	Y累计变化量
2015-6-24	0	0	0	0	0	0	0	0	0	0
	0	0	0	0	0	0	0	0	0	0
2015-7-24	1.3	1.3	0.9	0.9	0.6	0.6	0.3	0.3	0.3	0.3
	1.8	1.8	1.9	1.9	1.7	1.7	1.1	1.1	1.2	1.2
2015-8-20	0.5	1.8	1.5	2.4	1.5	2.1	1.4	1.7	0.8	1.1
	0.9	2.7	2.1	4	1	2.7	0.8	1.9	0.4	1.6
2015-10-1	1.6	3.4	0.6	3	2.1	4.2	1.6	3.3	1	2.1
	1.1	3.8	0.5	4.5	1.7	4.4	1.4	3.3	0.3	1.9
2016-3-14	2.1	5.5	1.7	4.7	0.8	5	1.3	4.6	1.2	3.3
	1.4	5.2	2.6	7.1	0.6	5	2.3	5.6	1.1	3
2016-5-16	0.6	6.1	1.8	6.5	1.5	6.5	1.8	6.4	0.7	4
	1.3	6.5	0.8	7.9	1.1	6.1	1.5	7.1	0.9	3.9
2016-9-11	0.8	6.9	2.4	8.9	1.7	8.2	0.7	7.1	1.3	5.3
	1	7.5	1.1	9	0.6	6.7	1.3	8.4	1.4	5.3
2016-12-2	1.5	8.4	1.6	10.5	0.5	8.7	1.8	8.9	1.2	6.5
	0.6	8.1	1.8	10.8	1.9	8.6	1	9.4	0.6	5.9

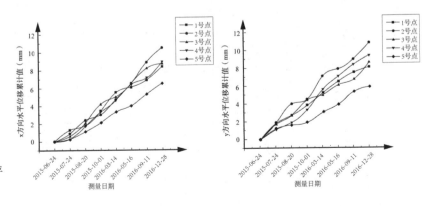

图 12-21 某建筑物水平位移曲线图

12.3.3 倾斜测量的成果表达

参见表 12-4 及图 12-22。

表 12-4 某建筑物倾斜监测结果

(单位：mm)

监测日期	1号点 X 偏移量	1号点 Y 偏移量	2号点 X 偏移量	2号点 Y 偏移量	3号点 X 偏移量	3号点 Y 偏移量	4号点 X 偏移量	4号点 Y 偏移量	5号点 X 偏移量	5号点 Y 偏移量
2015-6-24	0.0	0.0	0.0	0.0	0.0	0.0	0.0	0.0	0.0	0.0
2015-7-26	-0.3	0.2	-0.2	-0.4	0.5	0.1	-0.1	-0.4	-0.1	0.1
2015-8-20	-1.1	0.8	-0.7	-1.1	0.8	0.3	-0.2	-0.8	-0.3	0.2
2015-10-13	-1.7	1.1	-0.9	-1.6	1.5	0.6	-0.6	-1.5	-0.4	0.5
2016-3-14	-2.8	1.8	-1.4	-1.9	1.9	0.8	-0.8	-1.9	-0.5	0.5
2016-5-16	-3.1	2.6	-1.9	-2.5	2.3	1.1	-1.0	-1.9	-0.7	0.7
2016-9-11	-3.6	3.2	-2.1	-2.8	2.5	1.3	-1.4	-2.7	-0.8	0.7
2016-12-28	-3.8	3.6	-2.4	-2.8	2.6	2.0	-1.7	-2.9	-1.0	1.6

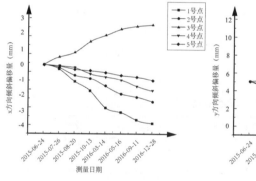 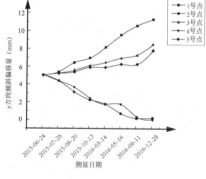

图 12-22 某建筑物倾斜监测曲线图

12.3.4 裂缝测量的成果表达

参见表 12-5 及图 12-23。

表 12-5 某建筑物裂缝监测结果

(单位：mm)

监测日期	2019-12-12		监测日期	2020-04-24		监测日期	2020-06-09		监测日期	2020-09-03		监测日期	2020-11-04	
点号	宽度变化	宽度累计变化	点号	宽度变化	宽度累计变化	点号	宽度变化	宽度累计变化	点号	宽度变化	宽度累计变化	点号	宽度变化	宽度累计变化
1	0	0	1	0.8	0.8	1	1.2	2	1	1.7	3.7	1	1.3	5
2	0	0	2	1.5	1.5	2	3.0	4.5	2	2.1	6.6	2	3.2	9.8
3	0	0	3	1.9	1.9	3	2.0	3.9	3	1.6	5.5	3	2.4	7.9

续表

监测日期	2019-12-12		监测日期	2020-04-24		监测日期	2020-06-09		监测日期	2020-09-03		监测日期	2020-11-04	
点号	宽度变化	宽度累计变化	点号	宽度变化	宽度累计变化	点号	宽度变化	宽度累计变化	点号	宽度变化	宽度累计变化	点号	宽度变化	宽度累计变化
4	0	0	4	1.8	1.8	4	1.8	3.6	4	1.2	4.8	4	2.2	7
5	0	0	5	0.9	0.9	5	1.0	1.9	5	1.3	3.2	5	1.3	4.5

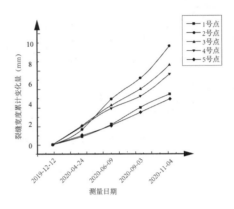

图 12-23 某建筑物裂缝监测曲线图

12.3.5 挠度测量的成果表达

参见表 12-6、表 12-7。

表 12-6 某建筑柱子挠度监测表

点号	x 坐标 (m)	y 坐标 (m)	z 坐标 (m)	挠度值 (mm)
1	−14.375 8	−11.648 2	−0.218 1	0.000 000
2	−14.389 4	−11.602 0	1.004 4	−0.018 023
3	−14.416 3	−11.570 5	2.304 8	−0.019 550
4	−14.452 8	−11.547 9	3.750 8	−0.008 821
5	−14.486 6	−11.519 5	4.922 7	−0.010 210
6	−14.511 2	−11.500 5	6.190 0	0.000 000

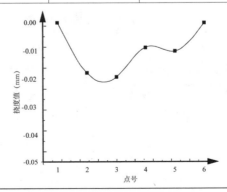

点号位置示意图

表 12-7　某建筑梁挠度监测表

点号	x 坐标 (m)	y 坐标 (m)	z 坐标 (m)	挠度值 (mm)
1	−11.655 0	−13.247 3	6.083 0	0.000 000
2	−11.749 5	−11.708 9	6.042 7	0.035 615
3	−11.750 2	−10.128 9	6.024 9	0.048 581
4	−11.728 1	−8.728 2	6.027 7	0.041 526
5	−11.718 4	−7.451 0	6.036 7	0.028 622
6	−11.708 0	−5.713 9	6.060 0	0.000 000

点号位置示意图

12.3.6　应变测量的成果表达

某建筑基础桩（实验）在不同荷载条件下的应变测量结果，参见表 12-8 和图 12-24。

表 12-8　某构件（实验桩）应变测量结果

(单位：μE)

埋深 (m) \ 加载质量 (kg)	75.05	82.4	89.75	97	104.5	111.4
0.1	−43.362	−35.616	−40.323	−46.474	−49.292	53.582
0.2	103.612	139.106	183.770	221.089	252.594	390.531
0.3	206.655	226.169	259.389	282.000	303.435	319.249
0.4	236.254	255.463	288.690	310.823	332.576	348.541
0.5	349.821	385.820	438.219	483.059	519.859	556.088
0.6	389.344	424.707	474.170	518.262	555.135	590.832
0.7	359.305	385.637	438.345	481.791	513.114	551.788
0.8	308.674	334.051	368.843	400.062	426.841	454.009
0.9	240.959	260.807	287.349	311.680	332.539	355.058
1.0	158.858	171.856	189.223	204.976	218.566	233.499

（数据来源：天津大学杨建民提供）

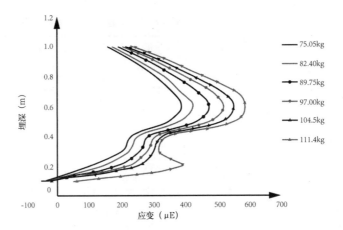

图 12-24 某构件（实验桩）荷载—埋深—应变曲线（数据来源：天津大学杨建民提供）

12.4 古建筑变形监测案例

以下以山东聊城光岳楼变形监测项目为例，简要介绍该项目监测内容、过程和结果，供读者参考。

12.4.1 项目概况

全国重点文物保护单位光岳楼，位于山东省聊城市东昌古城十字街中心，由城台和木构楼阁两部分组成，主体结构建于明洪武七年（1374年）。城台为方形，砖石砌筑，四面券洞。楼阁通高4层，面阔5间，顶层为歇山十字脊屋顶。按天津大学2018年精细扫描测绘成果，总高约38.29m，其中城台高约10.27m，楼高约28.02m（图12-25）。

由于风吹日晒雨淋、地下水位降低、密集车流扰动等多种原因，导致光岳楼楼基及主体建筑各部位均存在不同程度的变形和安全隐患。

按照预防性保护思路，为评估聊城光岳楼这一全国重点文物保护单位的安全状况，并在此基础上采取科学保护措施、延续遗产生命周期，2018年天津大学遗产监测研究团队受聊城市文化局委托，开展了聊城光岳楼变形监测工作，同时构建了聊城市光岳楼变形监测预警系统。

12.4.2 监测内容

在先期变形调查基础上，确定光岳楼变形监测内容包括如下：①城台的沉降变形；②光岳楼各结构层水平位移变形；③光岳楼各结构层竖向位移变形；④光岳楼各结构层竖向构件倾斜变形；⑤地下水位变化。

12.4.3 监测实施过程

1．监测点布设

根据设计方案，如图12-26所示，在光岳楼周边地面上埋设了变形监测墩4套（地下部分+地面可拆卸部分）作为变形监测基准点（K_1、K_2、

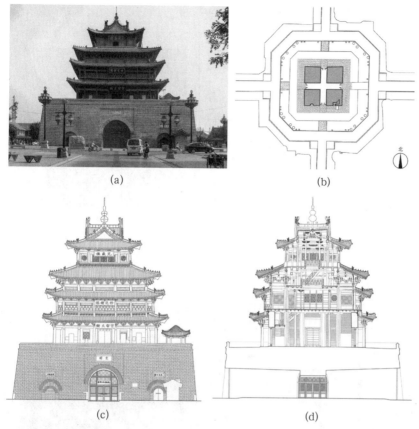

图 12-25 光岳楼照片与测绘图
(a) 从楼南街看光岳楼南面；
(b) 总平面图；
(c) 南立面图；
(d) 明间剖面

K_3、K_4)，4 个基准点组成一闭合导线（兼作闭合水准路线）；在光岳楼大木结构上共安装了集成式水平位移监测点 48 个（每层 12 个），集成式水平位移监测点安装在柱头朝楼外侧位置（图 12-27）；在城台及各层柱子上共安装沉降监测点 76 个，其中城台及一层柱子沉降监测点 16 个，二层柱子沉降监测点 28 个，三层柱子沉降监测点 16 个（图 12-28）；在各层柱子柱头部位共安装双向倾斜测量传感器 16 只，实时测量柱子倾斜（图 12-29）。此外，为探讨光岳楼变形与地下水位的相关性，在光岳楼城台东侧安装了地下水位测量传感器 1 套（图 12-30），实时监测光岳楼地下水位变化情况。

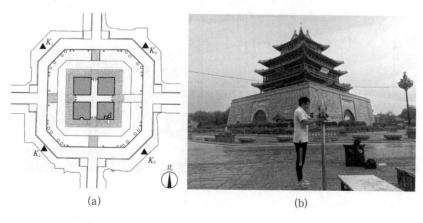

图 12-26 主控制网及可拆卸式变形监测墩
(a) 主控制网（监测基准点位置）；
(b) 使用中的变形监测墩

图 12-27 位移监测点布设
(a) 一层水平位移监测点布置图；
(b) 水平位移监测点安装

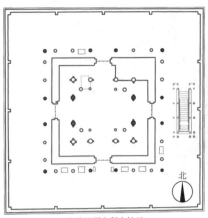

● 位移监测点所在柱子
(a)

(b)

图 12-28 沉降监测点布设
(a) 二层沉降监测点布置图；
(b) 安装后的沉降监测点

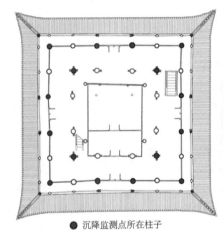

● 沉降监测点所在柱子
(a)

(b)

图 12-29 倾斜监测传感器布设
(a) 一层倾斜监测传感器布置图；
(b) 安装后的倾斜监测传感器

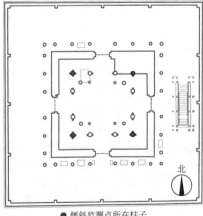

● 倾斜监测点所在柱子
(a)

(b)

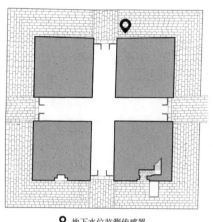

图 12-30 地下水位监测传感器布设
(a) 布设位置图；
(b) 安装后的传感器

2. 周期性变形测量

按照精度设计，4 个监测基准点组成监测基准控制网，分别形成闭合导线和闭合水准路线。每次周期性变形测量前，对基准控制网各监测基准点进行稳定性检测，然后以基准控制网为控制骨架，布设由监测工作基点组成的监测工作控制网，监测工作控制网的基本构成形式是附合导线和附合水准路线。在变形测量总精度要求下，监测平面控制测量按照《工程测量规范》GB 50026—2007[①]中三等导线的基本要求施测，监测高程控制测量按照《工程测量规范》GB 50026—2007 中二等水准测量的基本要求施测，其主要指标参见表 12-9、表 12-10。

① 《工程测量规范》GB 50026—2007 目前已被《工程测量标准》GB 50026—2020 代替。项目实施年份是 2018 年，故采用了旧标；新标准关于导线和水准测量的技术指标无变动，不影响项目成果质量。

表 12-9 平面控制测量（导线测量）精度控制指标

等级	导线长度 (km)	平均边长 (km)	测角中误差 (s)	测距中误差 (mm)	测距相对中误差	测回数			方位角闭合差 (s)	导线全长相对闭合差
						1秒级仪器	2秒级仪器	6秒级仪器		
三等	14	3	1.8	20	1/150 000	6	10	—	$3.6\sqrt{n}$	≤1/55 000

表 12-10 高程控制测量（水准测量）精度控制指标

等级	每千米高差全中误差 (mm)	路线长度 (km)	水准仪型号	水准尺	观测次数		往返较差、附合或环线闭合差	
					与已知点联测	附合或环线	平地 (mm)	山地 (mm)
二等	2	—	DS1	因瓦尺	往返各1次	往返各1次	$4\sqrt{L}$	—
三等	6	≤50	DS1	因瓦尺	往返各1次	往1次	$12\sqrt{L}$	$4\sqrt{n}$

监测工作控制网施测完成后，利用得到的监测工作基点依此测量城台及楼阁各监测点的平面坐标和高程。在测量过程中，同一变形监测点至少从 3 个不同的监测工作基点作为测站点或数据起算点，得到至少 3 个测量值，3 个测量值满足各位移风量测量误差小于 3mm 时取平均值作为最终变形测量观测值。通过比较不同时点（周期）的变形测量观测值即可得到每个变形监测点的周期变形量。本项目所用测量仪器为徕卡 TS30 精密全站仪及天宝 DiNi03 数字水准仪。

3．实时监测

利用光岳楼主体结构上安设的倾斜测量传感器实时测量光岳楼各部位倾斜变形，同时，利用安设在光岳楼东侧地下的水位监测传感器实时采集地下水位数据，实时监测数据通过数据采集器（图 12-31）收集后实时传送至云端管理器。

图 12-31　数据采集与传送

4．数据管理与安全预警

所有监测数据存储在云端服务器，利用天津大学遗产监测研究团队研发的基于云端的遗产监测管理预警平台进行处理。该平台实现了监测数据的录入、查询、对比分析、图表生成输出、超阈值预警等功能（图 12-32）。

12.4.4　监测结果及效果

山东聊城光岳楼变形监测自 2018 年传感器安装、监测系统架构完成以来，已经采集到大量变形数据，根据变形数据已初步掌握了聊城光岳楼的变形规律（图 12-33～图 12-35）。随着变形监测数据的积累和变形监测

图 12-32　数据管理与安全预警

工作的进一步深入进行,针对聊城光岳楼遗产预防性保护的工作也必将进入到一个更深的层次。

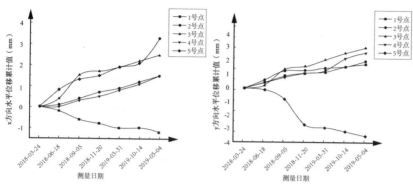

图 12-33 水平位移变形曲线

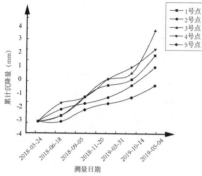

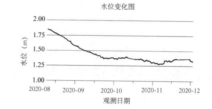

图 12-34 沉降变形曲线（左图）

图 12-35 地下水位变化曲线（右图）

附录 A 与文化遗产记录档案相关的国内法规与国际文件摘录

A.1 《中华人民共和国文物保护法》

《中华人民共和国文物保护法》(2017 年 11 月第十二届全国人民代表大会常务委员会第三十次会议第五次修正本)：

第十五条 各级文物保护单位，分别由省、自治区、直辖市人民政府和市、县级人民政府划定必要的保护范围，作出标志说明，建立记录档案，并区别情况分别设置专门机构或者专人负责管理。全国重点文物保护单位的保护范围和记录档案，由省、自治区、直辖市人民政府文物行政部门报国务院文物行政部门备案。

A.2 《记录古迹、建筑组群和遗址的准则》

《记录古迹、建筑组群和遗址的准则》(Principles for the Recording of Monuments, Groups of Buildings and Sites)，1996 年 10 月保加利亚索菲亚第 11 届国际古迹遗址理事会 (ICOMOS) 大会通过，以下为全文。

因为文化遗产是人类成就的独特表现；因为文化遗产时刻面临危险；因为记录是解释、理解、确定、认识文化遗产价值的重要途径；因为保护文化遗产不仅是所有者的责任，而且还是保护专家和专业人员、各级政府的管理人员、政治家和行政人员以及广大公众的责任；因为《威尼斯宪章》第 16 条的要求，故而由专门的组织或个人对文化遗产的特征进行记录是非常重要的。

因此，本文件旨在提出记录文化遗产的主要意义、责任、规划、内容、管理和共享。

1. 本文词语定义

文化遗产指具有遗产价值的古迹、建筑组群和遗址，包括其历史环境或已建成环境。

记录指适时采集关于古迹、建筑组群和遗址本体组成、条件和使用情况的信息。记录是保护程序中的重要组成部分。

对古迹、建筑组群和遗址的记录可以包含有形和无形的证据，包括能够帮助了解遗产及其相关价值的部分文件。

2. 记录的意义

1）对文化遗产的记录对以下几点非常重要：

（1）获取知识以加深对文化遗产及其价值和沿革的理解；

（2）通过发布记录信息以引起人民对遗产保护的兴趣并促进其参与；

（3）许可合理的管理以及对建设工程的控制和对所有文化遗产变动的控制；

（4）保证遗产维护和保护行为对其本体、材料、构造及历史和文化意义是及时的。

2）记录应当达到适当的深度以便：

（1）为鉴定、理解、阐释和展示遗产提供信息，促进公众参与；

（2）为所有将遭破坏或改动的，或者面临自然因素和人为活动危害的古迹、建筑组群和遗址提供永久记录；

（3）为国家、区域或地方各级主管部门和规划人员提供信息，以便及时制订规划、控制开发政策和决策；

（4）为鉴别何为合理、永续利用，为有效研究、管理、日常维护和建设工程的规划提供基础资料。

3）下列情况下，对文化遗产的记录应当优先考虑并实施：

（1）当编制国家、区域或地方记录档案时；

（2）作为研究和保护活动中不可分割的组成部分时；

（3）任何修缮、改动或其他扰动之前、当中或之后，以及在这些活动中发现有关历史证据时；

（4）当预见到遗产的整体或局部将要毁灭、破坏、弃置或搬迁时，或者遗产面临人为或自然外力的危害时；

（5）在文化遗产因偶发事件或不可预见的袭扰而遭受破坏之时或之后；

（6）当用途改变或者管理或控制权变更时。

3. 记录的责任

1）国家级遗产保护的实施要求记录过程具有同等水平。

2）记录和阐释过程的复杂性要求从事相关业务的个人在技能、知识和意识各方面能够胜任。

3）通常情况下记录过程需各专业人员分工协作，如专业遗产记录人员、测量人员、保护工作者、建筑师、工程师、研究人员、建筑历史学家、地面和地下考古人员以及其他专业顾问。

4）所有文化遗产的管理者都有责任保证记录工作是充分的、有质量的，并对记录的更新负责。

4. 记录的规划

1）在准备新的记录工作前，应当查询已有信息来源并检查其适用性：

（1）包含这些信息的记录类型应当在勘测资料、图纸、照片、出版和未出版的记录和描述以及与建筑、建筑组群或遗址的历史相关的文献中查找；

（2）已有记录应当从诸如国家和地方公共档案馆中，从专业的、社会公益性的或私人的档案、目录和藏品中，从图书馆或博物馆中查找；

（3）应当问询曾经拥有、占用、记录、建设、保护、研究或知道该建筑、建筑组群或遗址的个人或组织，借此查找记录。

2）从以上分析可知，对记录的恰当范围、级别和方法的选择要求：

（1）记录的方法和类型应当适合于遗产的特性、记录的目的、文化背景，以及资金或其他可用资源。上述资源受到限制时可进行阶段性的记录；这些方法包括文字描述和分析、照片（航拍或地面拍摄）、单片摄影纠正、摄影测量、地球物理调查、地图、测绘图和草图、复制品或其他传统及现代技术；

（2）记录的方法应当尽可能采用非侵扰的技术，不能破坏所要记录的对象；

（3）应当清楚地表达选择拟定范围和记录方法的理由；

（4）用于最终记录成果的介质必须可长久存档。

5．记录的内容

1）任何记录应当标识清楚：

（1）建筑、建筑组群或遗址的名称；

（2）唯一的引用编号；

（3）编制记录的日期；

（4）从事记录的组织的名称；

（5）互相参阅的相关建筑记录、报告、照片、图像、文字资料、参考书目，以及考古和环境记录。

2）古迹、建筑组群或遗址的地点及其延伸范围应当准确给定，可通过描述、地图、平面图或航拍照片实现。在野外区域只能采用地图参照或引向测量标志的三角测量网，市区内则采用地址或街道参照即可。

3）新的记录应当注明所有非直接从古迹、建筑组群或遗址本身获得的信息来源。

4）记录中必须包括以下部分或全部信息：

（1）建筑、古迹或遗址的类型、形式和尺寸；

（2）恰当反映古迹、建筑组群或遗址的室内和室外特征；

（3）遗产及其构成部分的特点、品质、文化、艺术和科学意义，以及下列各部分的文化、艺术和科学意义：

——材质、构件和构造、装饰或碑刻题记；

——服务设施、装备和机械装置；

——附属结构、园林、景观和基址的文化特征、地形及自然特征；

（4）建造及维护的传统和现代技术工艺；

（5）有关其年代考证、作者、所有权、原初设计、占地、使用和装饰的证据；

（6）有关其后期使用、相关事件、结构或装饰改动，以及人为或自然外力影响的证据；

（7）管理、维护和修缮的历史；

（8）有代表性的构部件或者建筑的或基址上的材料；

（9）对遗产现状的评估；

（10）对遗产及其环境间视觉关系和功能关系的评估；

（11）对因人为或自然原因、环境污染或相邻土地使用而引起的冲突和风险的评估。

5）记录因目的不同（参见第1.2节）而有不同的级别要求。上述所有信息即使表述简略，对地区规划及建筑的控制和管理也能提供重要数据。遗址或建筑的所有者、管理者或使用者出于保护、维护和使用的目的一般要求更为详尽的信息。

6. 记录的管理、发布和共享

1）记录正本应当安全存档，存档环境必须保证信息的耐久性，确保不会劣化，符合公认的国际标准。

2）完整的记录副本应当独立存放在另一安全地点。

3）法定管理部门、相关专业人员和公众应当能够查阅记录的副本，以便用于研究、建设开发控制以及其他行政和法律程序。

4）如果可能，在遗产地应当能够容易查阅到最新的记录，以便用于遗产的研究、管理、维护和救灾。

5）记录的格式应当标准化，应尽可能建立索引，以利于地区、国内和国际交流和检索。

6）对记录信息的有效汇编、管理和发布要求尽可能了解并恰当应用最新的信息技术。

7）记录的存放地点应当公开。

8）记录的主要成果报告应当适时发布并出版。

A.3 《国际古迹保护与修复宪章》

《国际古迹保护与修复宪章》（International Charter for the Conservation and Restoration of Monuments and Sites），即《威尼斯宪章》（第二届历史古迹建筑师及技师国际会议于1964年5月在威尼斯通过）：

第十六条 一切保护、修复或发掘工作永远应有用配以插图和照片的分析及评论报告这一形式所作的准确的记录。

清理、加固、重新整理与组合的每一阶段，以及工作过程中所确认的技术及形态特征均应包括在内。这一记录应存放于一公共机构的档案馆中，使研究人员都能查到。该记录应建议出版。

附录 B 测绘现场安全评估表示例

×××测绘现场安全评估表

项目：　　　　　　　评估／填表人：　　　　　日期：

建筑名称	
管理单位	
建筑概况：	
可能存在的不安全因素	针对性的安全措施和注意事项
高处/高空作业：□楼梯／坡道陡峻；□高台基无栏杆；□栏杆低矮；□使用脚手架；□使用梯子；□天花内作业；□屋面作业；□高空坠落物□其他＿＿＿＿＿＿＿＿＿＿＿＿＿＿＿ **行动障碍：**□光线昏暗；□门净高不足；□楼梯净高不足；□廊道狭窄；□刺状物；□横拉绳索／线缆；□地面障碍（如坑洼不平、湿滑，门槛过高，存在坑洞、单步台阶等）□其他＿＿＿＿＿＿＿＿＿＿＿＿＿＿＿ **用电安全：**□明线；□其他＿＿＿＿＿＿＿＿ **附属文物及防护设施：**□塑像、壁画、陈设固定设施；□安防、消防、防雷、监测设施、设备；□其他＿＿＿＿＿＿＿＿＿＿＿＿＿＿ **有碍健康：**□激光设备；□灰尘；□粪便；□异味；□威胁安全的动物（如狗、马蜂、蛇等）；□其他＿＿＿＿＿＿＿＿＿＿＿＿＿＿＿	

附录 C 古建筑测绘前期调查表示例

×××测绘前期调查表

填表人：　　　　　　　　　日期：

组群名称		建筑名称		编号	
建筑所在地					
年代	始建年代：		现存主要建筑年代：		
保护级别	□全国重点文物保护单位　　□省级文物保护单位 □市县级文物保护单位　　　□未定级别的不可移动文物 □其他 _____				
所有权	□国家所有　　□集体所有　　□私人所有　　□其他				
使用情况	使用者		隶属		
	用途	□办公场所　□开放参观　□宗教活动　□军事设施　□工农业生产 □商业用途　□居住场所　□教育场所　□无人使用 □其他用途 _____			
测绘单体建筑情况	柱网形式		面阔间数		进深间／檩／椽架数	
	外观层数		实际层数		屋顶形式	
	有无斗栱		建筑面积			
	其他说明：					

测区简图（可另附页）

×××测绘前期调查表（续）

被测对象可达性、需防护部位和拟解决方法	测量位置	问题或需求	拟解决方法
	备注：		

管理方式作息时间	

其他事项	

注①：建筑名称与组群名称以文物行政主管单位公布的名称为准。
注②：年代应区分始建年代、重建年代、现存建筑主体年代分别填写。

附录 D 测稿示例

本附录以天津蓟州鲁班庙为例,给出完整测稿作为示例。

扫描右侧二维码,下载电子文件,使用时按 A3 幅面打印使用,可感受测稿真实尺度。

D.1 蓟州鲁班庙简介

清光绪元年(1875 年),同治皇帝惠陵在东陵开工,承建商之一恒河局在蓟州设木厂,参拜行业祖师鲁班庙时发现年久失修,遂发起重建,并于光绪三年(1877 年)完工。现存鲁班庙位于天津市蓟州区,古蓟州城北部,天津市文物保护单位。蓟州鲁班庙见证了传统社会中建筑行业崇拜和祭祀活动,以及建筑行业组织状况及从业者的社会关系,佐证了清代皇家陵寝工程的制度和事项,体现了清晚期官式建筑的一些特色,具有一定稀缺性。近代,鲁班庙还是抗战前后革命活动的纪念地。

鲁班庙正殿面阔三间,单檐歇山顶,檐下一斗二升交麻叶斗栱,外观简洁,但大木结构复杂、彩画和瓦作具有特色,可以说麻雀虽小,五脏俱全。其实物照片参见第 7 章和第 11 章。

D.2 测稿目录及图纸

1. 平面图、踏跺与柱础详图
2. 踏跺、墙体详图
3. 明间剖、纵剖一
4. 次间剖、纵剖二
5. 南立面、北立面
6. 东立面
7. 梁架仰视、角梁详图
8. 屋顶平面、脊、吻兽、山花详图
9. 斗栱详图
10. 槛窗详图
11. 槅扇详图

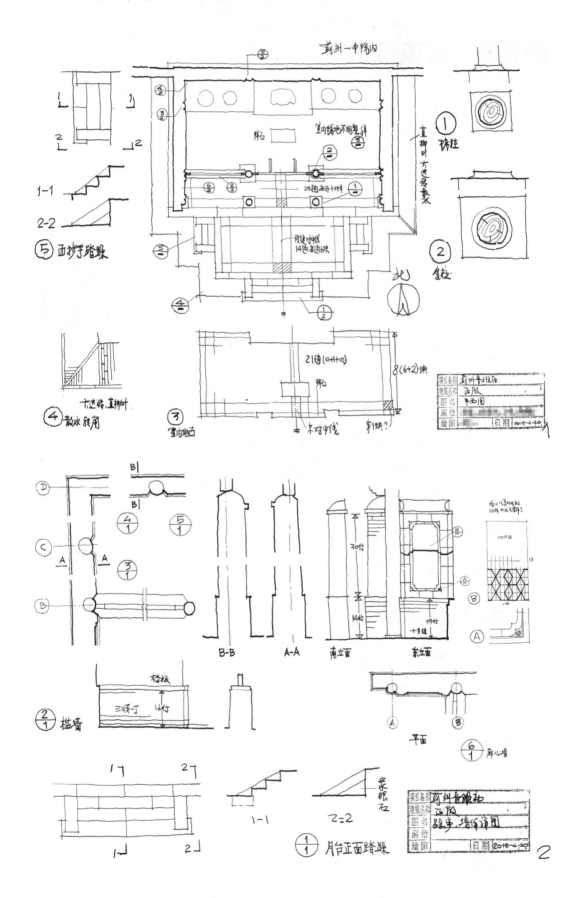

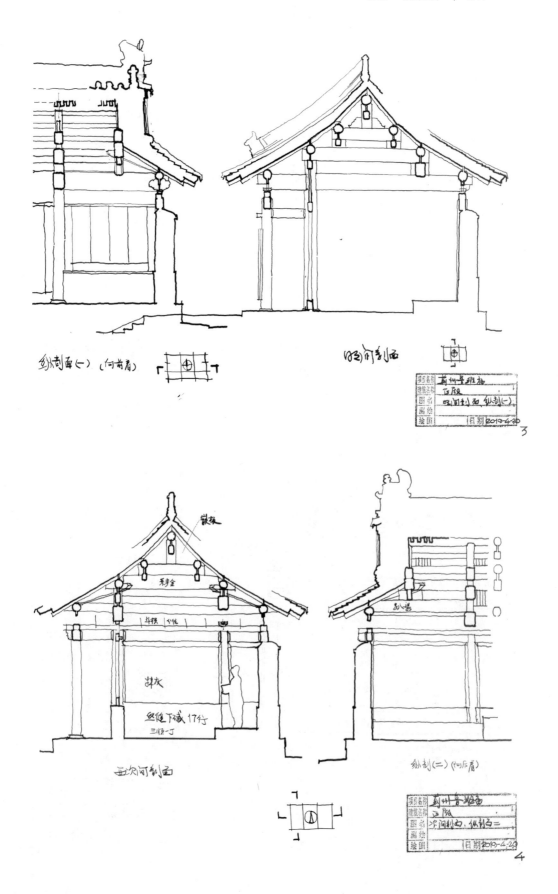

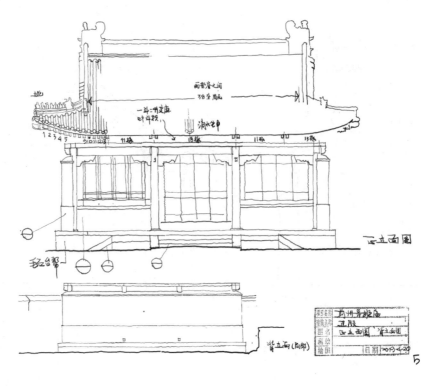

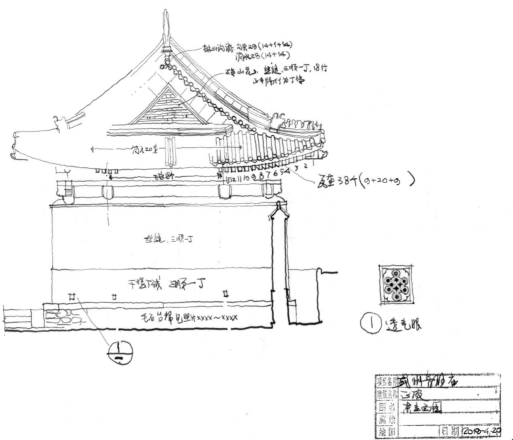

附录D 测稿示例 | 313

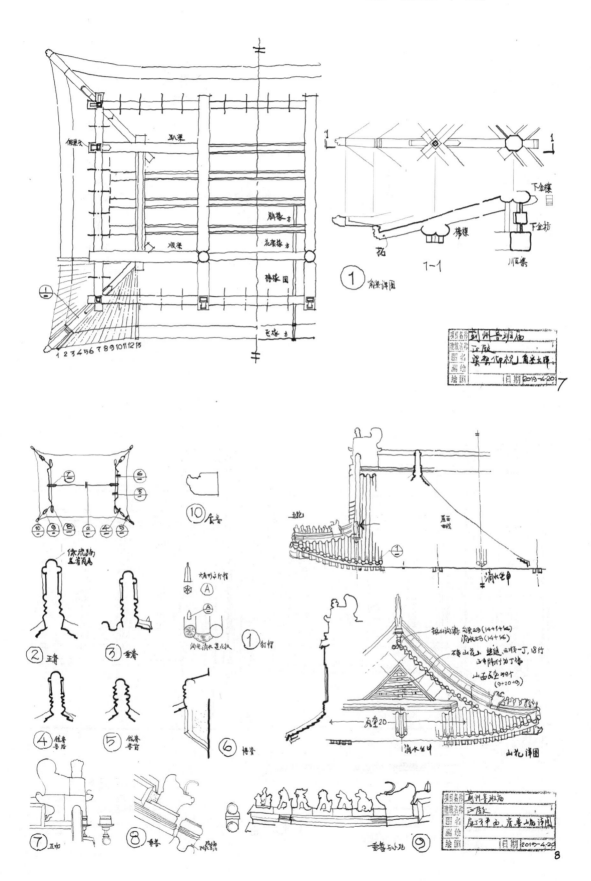

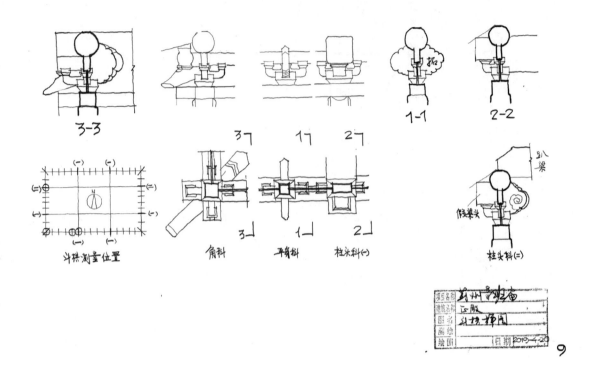

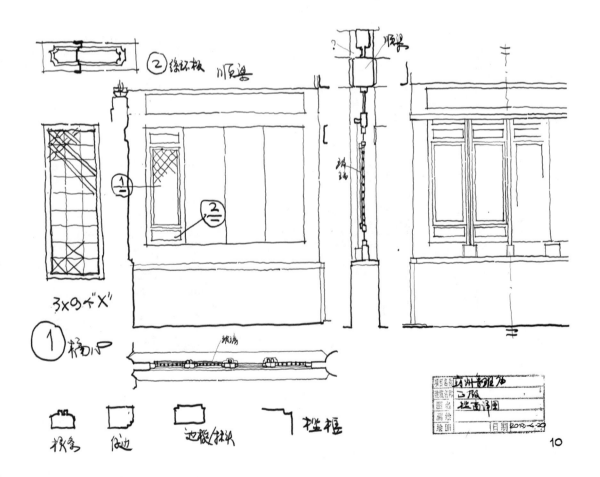

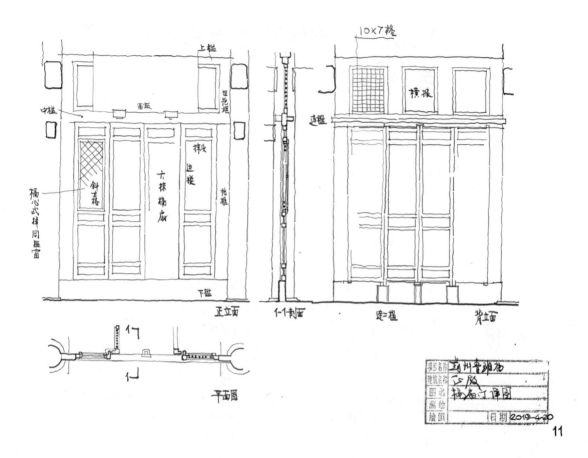

附录 E 测绘基本技能虚拟仿真实验简介

视频 00　如何登录、注册实验系统

视频 01　建筑遗产测绘基本技能虚拟仿真实验

视频 02　系统主页介绍

视频 03　原型简介·蓟州鲁班庙

视频 04　原型简介·惠山祠堂

视频 05　原型简介·北海静心斋枕峦亭

　　为积极融入建筑教育变革和测绘信息化的演进，天津大学古建筑测绘（建筑遗产测绘）教学团队联合北京华创同行科技有限公司研发了"建筑遗产测绘基本技能虚拟仿真系统"（以下简称"虚仿实验"），旨在强化建筑遗产测绘在测稿编绘和手工测量两个方面的基本技能培训，2020 年被教育部认定为首批"国家级一流本科课程"。

　　虚仿实验基于 BIM 和参数化设计的技术和思想，强化建造逻辑分析和认知训练，充分调动并拓展 70 多年的测绘教学资源，形成开放式、可扩展的实验系统。化口传心授为自主学习，培养学生探索发现的创新能力。

　　实验包括两个阶段："建筑观察分析和测稿编绘"和"建筑虚拟测量"，分别对应本书第 7 章、第 8 章内容而设计。

图 E-1　虚仿实验主界面（局部）

E.1 访问方法

通过"实验空间"国家虚拟仿真实验教学课程共享平台访问。新用户需注册，登录后，在"实验中心"栏目找到工学建筑类"建筑遗产测绘基本技能虚拟仿真实验"，进入实验引导界面后，点击"我要做实验"跳转到本实验的主页。如图 E-1 所示，主页有两个实验的入口。

系统提供了详细的视频教程，帮助用户迅速上手。

E.2 实验一：建筑观察分析和测稿编绘

实验目的：训练考查学生对建筑学基础知识技能综合运用和观察分析的能力，包括空间认知、建筑历史、建筑构造、制图表达、徒手绘图等，让学生进一步理解测稿编绘的一般方法和要求。

任务概述：在若干虚拟场景中选择合适的实验对象，在规定时间按系统要求完成测稿编绘，包括草图、虚拟摄影和构件表填写（图 E-2~图 E-4）。

实验课时：4 课时。

视频 06　实验 1：场景选择篇

视频 07　实验 1：任务与导航篇

视频 08　实验 1：填表篇

视频 09　实验 1：摄影篇

视频 10　实验 1：完结篇

图 E-2　实验一：场景漫游、观察、勾画草图界面

图 E-3　实验一：填写构件表界面

图 E-4 实验一：虚拟摄影界面

E.3 实验二：建筑虚拟测量

视频 11 实验 2 的操作

实验目的：加深对测量学原理的认识，并训练考察对测量基本方法的灵活运用，加深对测量方法和技术要求的理解。

任务概述：按界面提示完成所有节点测量任务，每个节点需要正确选择工具且恰当组合才能完成（图 E-5）。

实验课时：2 小时。

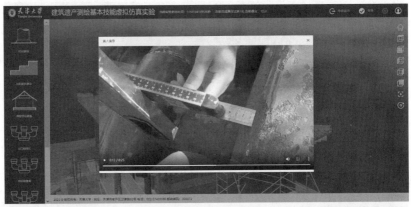

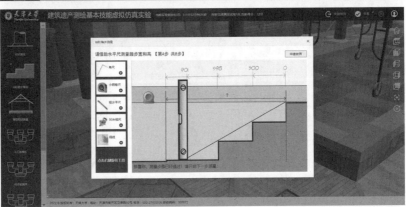

图 E-5 实验二：建筑节点虚拟测量界面（局部）

附录 F 计算机制图图层、图纸编号

F.1 计算机制图图层设置示例

表 F-1、表 F-2 分别提供了计算机制图中总图测绘和建筑测绘的图层设置示例，依据《房屋建筑制图统一标准》GB/T 50001—2017 相关要求制定。

表 F-1 总图测绘图层示例

英文名称	图层含义	应用对象	备注
G-SURV-HEIP	总图－测量－高程点	地形与建筑的高程点	—
G-SURV-CTRL	总图－测量－控制	地形控制点	—
G-SURV-DETL	总图－测量－碎部点	测量碎步点	—
G-SURV-COOR	总图－测量－坐标	坐标点	—
G-SITE-INSC	总图－平面－碑刻	碑刻	—
G-SITE-LAWN	总图－平面－草坪	草坪	—
G-SITE-ROAD	总图－平面－道路	道路	—
G-SITE-PAVE	总图－平面－道路－铺装	铺装	—
G-SITE-STRE	总图－平面－构筑	构筑物	—
G-SITE-BUSH	总图－平面－灌木	灌木	—
G-SITE-FBED	总图－平面－花木池	花木池	—
G-SITE-BLDG	总图－平面－建筑	建筑	—
G-SITE-WALL	总图－平面－墙线	墙线	—
G-SITE-TREE	总图－平面－树木	树木	—
G-ANOT-NOTE	总图－注释－注记	注记	—
G-ANOT-AUXL	总图－注释－辅助	辅助	—
G-ANOT-FRAM	总图－注释－图框	图框	—
G-ANOT-LGND	总图－注释－图例	图例	—
G-ANOT-TEXT	总图－注释－文字	文字	—
G-ANOT-NORT	总图－注释－指北针	指北针	—

表 F-2　建筑测绘图层表

英文名称	图层含义	应用对象	备注
A-BMPL	建筑-梁檩	梁、角梁、枋、檩、垫板	斗栱中的小枋入斗栱层
A-BOAD	建筑-板类	板类杂项，包括山花板（含歇山附件）、博缝板、楼板、滴珠板等	垫板入梁檩层；望板入椽望层
A-CLNG	建筑-天花	天花、藻井	—
A-COLS	建筑-柱类	柱、瓜柱、驼墩、角背、叉手等	—
A-COLS-PLIN	建筑-柱础	柱础	—
A-DOUG	建筑-斗栱	斗栱	—
A-FLOR-PATT	建筑-铺地	铺地	—
A-HRAL	建筑-栏杆	栏杆、栏板	—
A-PODM	建筑-台基	台基、散水、台阶等	—
A-QUET	建筑-雀替	雀替、楣子等各类花饰	—
A-RFTR	建筑-椽望	椽、望板、连檐、瓦口	—
A-ROOF	建筑-屋面	屋面	—
A-ROOF-RIDG	建筑-屋面-屋脊	屋脊	—
A-ROOF-WSHO	建筑-屋面-吻兽	吻兽	—
A-STRS	建筑-楼梯	楼梯	—
A-TABL	建筑-碑刻	各类碑刻，包括碑座、碑身、碑头等	—
A-WALL	建筑-墙体	墙体	—
A-WNDR	建筑-门窗	门窗	—

注①：本图层的制定是为方便图形信息交换而制定，绘图时可根据实际需要进行调整。

注②：某些图层中若需画纹样线，则应另建新层，命名为 [原图层名]- 图案（[原图层名]-PATT）。例如：龙柱上的纹样入"建筑-柱类-图案"（A-COLS-PATT），雀替上的纹样入"建筑-雀替-图案"（A-QUET-PATT）。

F.2　工程图纸编号的专业代码和类型代码

表 F-3、表 F-4 提供了图纸编号和文件命名所用的专业代码列表和类型代码列表，摘录于《房屋建筑制图统一标准》GB/T 50001—2017 附录 A。

表 F-3　常用专业代码表

专业	专业代码名称	英文专业代码名称	备注
通用	—	C	—
总图	总	G	含总图、景观、测量／地图、土建
建筑	建	A	—

续表

专业	专业代码名称	英文专业代码名称	备注
结构	结	S	—
给水排水	给水排水	P	—
暖通空调	暖通	H	含采暖、通风、空调、机械
	动力	D	—
电气	电气	E	—
	电讯	T	—
室内设计	室内	I	—
园林景观	景观	L	园林、景观、绿化
消防	消防	R	—

表F-4 常用类型代码表

工程图纸文件类型	类型代码名称	数字类型代码
图纸目录	目录	0
设计总说明	说明	0
平面图	平面	1
立面图	立面	2
剖面图	剖面	3
大样图（大比例详图）	大样	4
详图	详图	5
清单	清单	6
简图	简图	6
用户定义类型一	—	7
用户定义类型二	—	8
三维视图	三维	9

附录 G 总图制图常用图例

表 G-1、表 G-2 的图例符号分别选自《总图制图标准》GB/T 50103—2010 的表 3.0.1、表 3.0.4，是除正文已经介绍的图例以外、古建筑测绘总图中的常用图例。

表 G-1 总平面图常用图例

名称	图例	备注	名称	图例	备注
铺砌场地	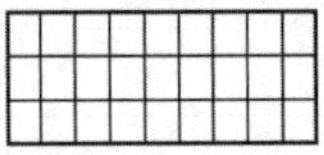	—	排水明沟	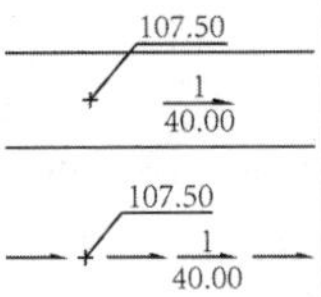	上图用于比例较大的图面，下图用于比例较小的图面"1"表示1%的沟底纵向坡度，"40.00"表示变坡点间距离，箭头表示水流方向"107.50"表示沟底标高（变坡点以"+"表示）
敞棚或敞廊	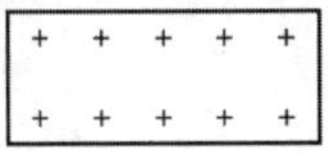	—			
围墙及大门	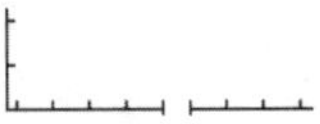	—	有盖的排水沟	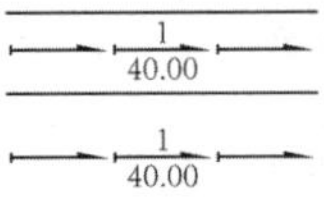	
挡土墙	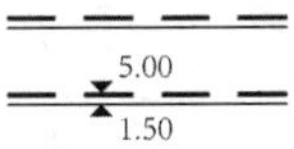	—			
挡土墙上设围墙		—	消防栓井		—
台阶	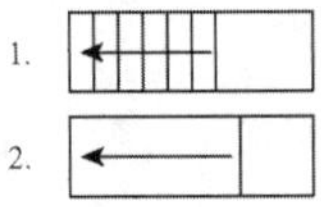	1.表示台阶（级数仅为示意）2.表示无障碍坡道	雨水口	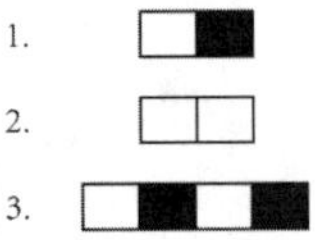	1.雨水口 2.原有雨水口 3.双落式雨水口
分水脊线与谷线		上图表示脊线 下图表示谷线	水池坑槽		也可以不涂黑
地表排水方向		—			

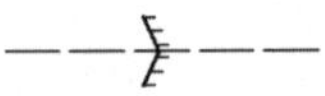

表 G-2　园林景观绿化常用图例

名称	图例	备注	名称	图例	备注
常绿针叶乔木		—	针阔混交林		—
落叶针叶乔木		—	落叶灌木林		—
常绿阔叶乔木		—	草坪	1. 2. 3.	1. 草坪 2. 表示自然草坪 3. 表示人工草坪
落叶阔叶乔木		—			
常绿阔叶灌木		—			
落叶阔叶灌木		—	花卉		—
常绿阔叶乔木林		—	竹丛		—
落叶阔叶乔木林		—			
常绿针叶乔木林		—	棕榈植物		—
落叶针叶乔木林		—	—	—	—

附录 H 测绘图示例

本附录以山东曲阜孔林享殿为例，提供主要测绘图纸作为示例。

扫描左侧二维码，下载电子文件，使用时按 A3 幅面打印使用，可感受测稿真实尺度。

H.1 孔林享殿简介

享殿，是世界文化遗产"三孔"之一的孔林中最高级别的建筑，位于神道末端，重建于清雍正十年（1732 年）。五间九檩，单檐歇山顶，出前后廊，施五踩斗栱。前廊以及殿内设天花，后辟屏门。覆盖黄琉璃瓦屋面（图 H-1）。

图 H-1 孔林享殿
(a) 从神道看享殿南立面；
(b) 室内空间

(a)　　　　　　　　　　(b)

H.2 图纸目录与图纸

以下是享殿部分测绘图目录及图纸（表 H-1）。

表 H-1 享殿部分测绘图目录

图纸编号	图名	幅面	版式
A-101	平面图	A1	横式
A-102	梁架／天花平面图	A1	横式

续表

图纸编号	图名	幅面	版式
A-103	屋顶平面图	A1	横式
A-201	①~⑥南立面图	A1	横式
A-202	⑥~①东立面图	A1	横式
A-203	Ⓐ~Ⓓ北立面图	A1	横式
A-301	1-1 明间剖面 2-2 稍间剖面	A1	立式
A-302	3-3 纵剖面图	A1	横式
A-401	平身科斗栱大样	A1	横式
A-402	前檐槅扇详图	A1	横式

附录I 各类古建筑测绘图集锦

　　中国古代建筑源远流长、类型多样，地域、时代差异也很大。本书在讲解中未免局限于某些特定风格和类型的建筑，可能会给并不熟悉这些建筑的读者带来某种困扰，也不利于读者开阔眼界。为此，附录I尽可能收录了多种类型的古建筑测绘图实例，以便初学者参考。这些实例包括不同地区、不同年代的重檐庑殿、歇山、攒尖及悬山等不同屋顶形式的建筑，还包括了楼阁、塔、牌楼、桥、石窟寺乃至近代西式建筑等特殊的类型。

　　大规模组群的外部空间处理，以及建筑与自然景观和环境的有机结合，是中国古代建筑的一大特色。测绘图理应反映这一特点，因此这里还附录了一部分古代建筑组群的测绘图，涵盖园林、寺院、坛庙等建筑，表现形式也更丰富多彩。如果厌烦了单体建筑，感受建筑组群的场面，则是另一番不同的体验：气势恢宏、豁然开朗、意境深远。

　　另一方面，深入细节，测绘图又应当像传统建筑本身一样，细腻纤巧，耐人回味。因此，这里还专门附录了一部分建筑的细部详图，亦有部分穿插于其他部分之中。希望能给初学者提供借鉴，把握好细节的绘制。

　　以上实例还尽量考虑了表现形式和风格的多样性。除一般正投影图外，还有鸟瞰透视图、轴测图及室内透视图等，并包括了从钢笔墨线、水彩渲染到计算机制图、渲染等多种媒介。

　　这些实例绝大多数选自建筑学、城乡规划（原城市规划）专业本科生古建筑/建筑遗产测绘实习的作业。除天津大学提供的测绘图、北京建筑工程学院（现更名北京建筑大学）应县佛宫寺塔测绘图外，其余均选自《上栋下宇：历史建筑测绘五校联展》一书，最早曾于2004年先后在清华大学、北京大学、天津大学、东南大学和同济大学巡回展出。承蒙清华大学、北京大学、东南大学、同济大学及北京建筑工程学院相关院系惠允发表。

　　图中未注明测绘单位的，均为天津大学建筑学院测绘。

1.1

图 I-2 北

颐和园万寿山组群立面图

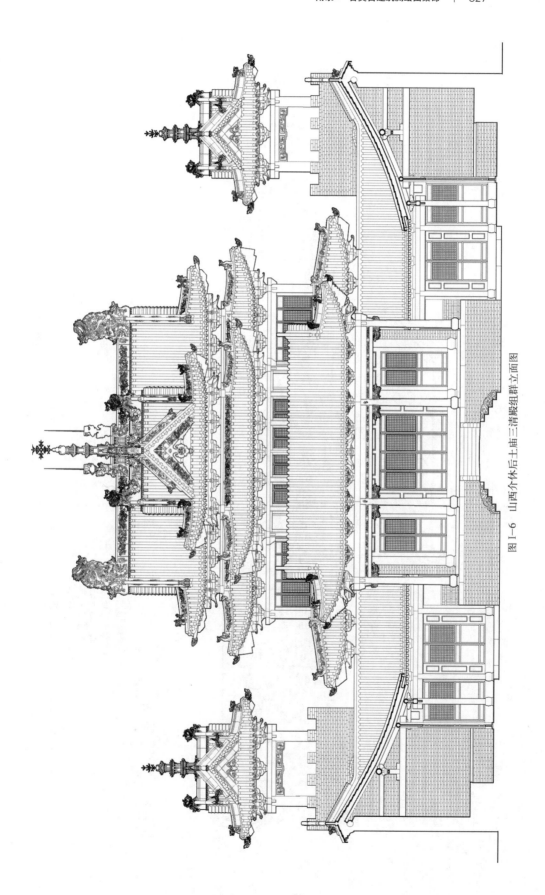

图 I-6 山西介休后土庙三清殿组群立面图

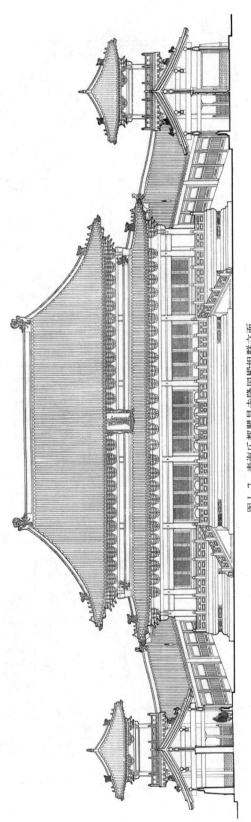

图 I-7 青海乐都瞿昙寺隆国殿组群立面

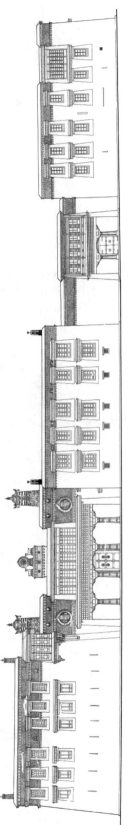

图 I-8 西藏大昭寺组群立面图(东南大学建筑学院测绘)

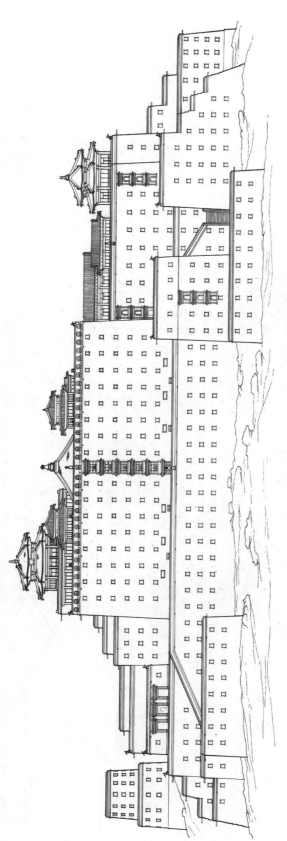

图 I-9 河北承德普陀宗乘之庙大红台组群立面图

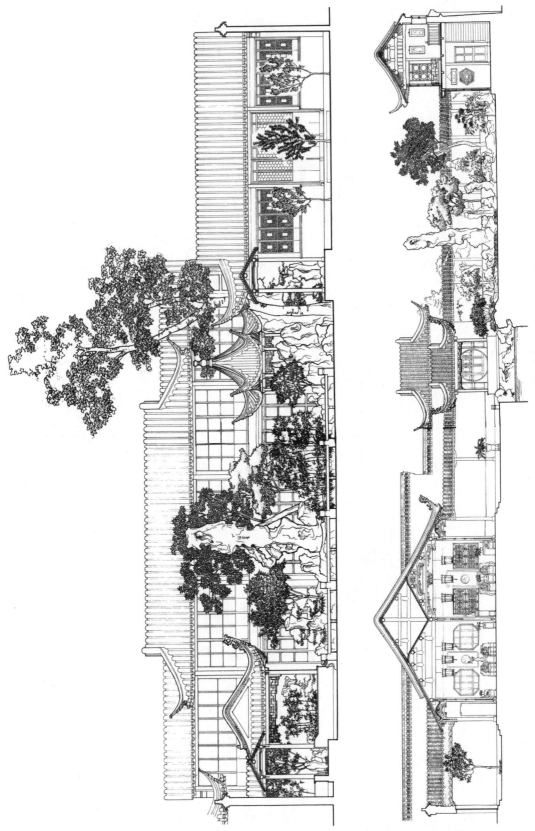

图 I-10 苏州留园冠云峰庭院组群剖面图（东南大学建筑学院测绘）

图 I-11 苏州留园冠云峰庭院鸟瞰图
(东南大学建筑学院测绘)

图 I-12　山西浑源悬空寺组群立面图

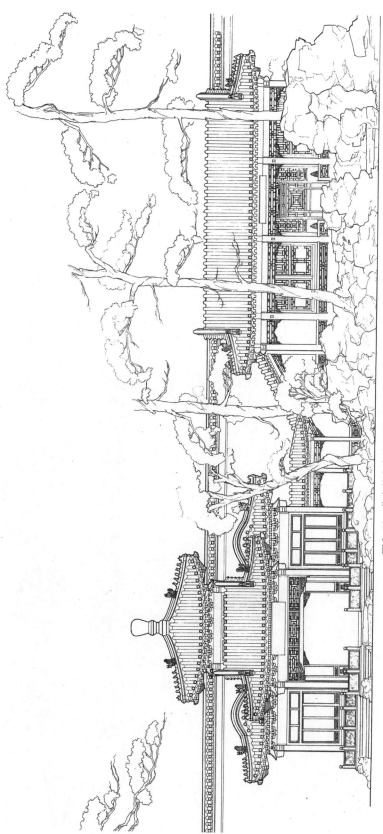

图 I-13 北京故宫宁寿宫花园楔赏亭、旭辉亭正立面图

1.2 重檐庑殿建筑

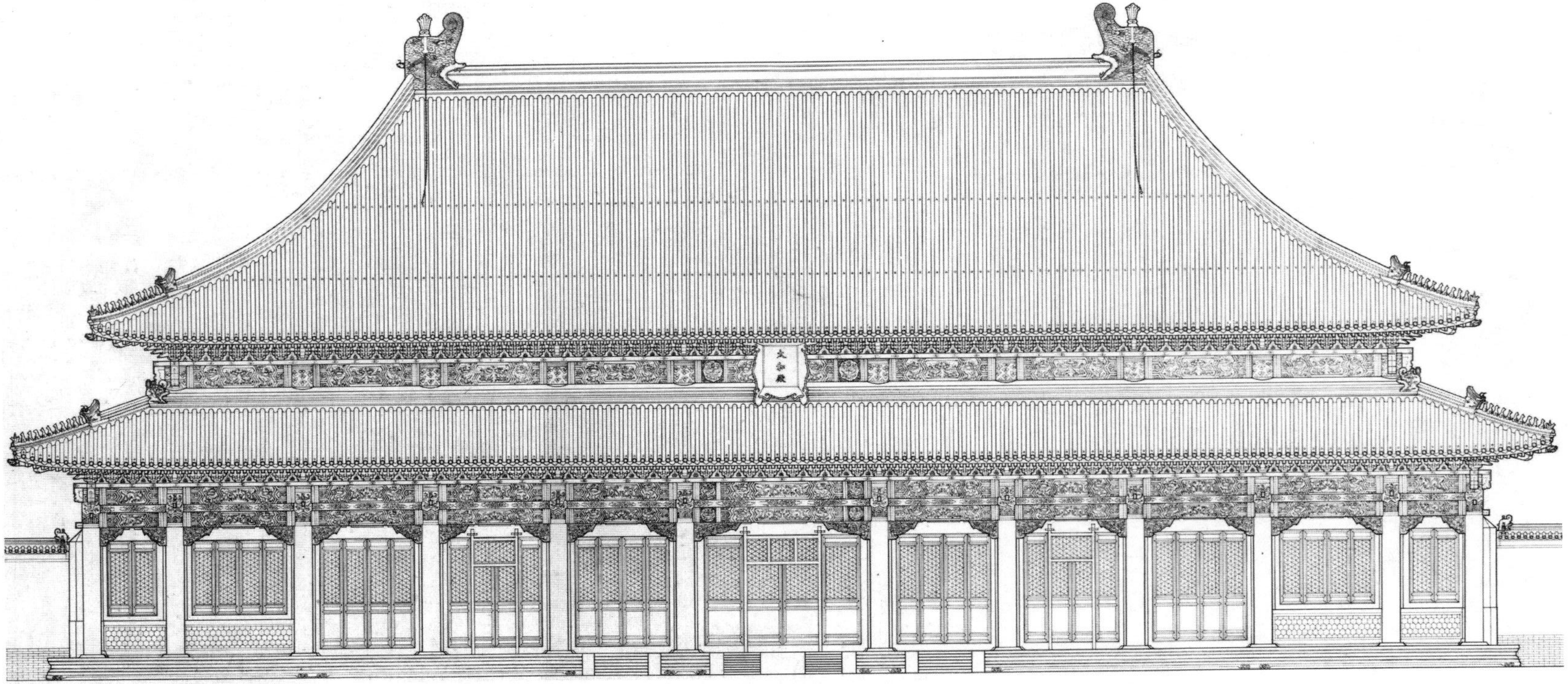

图1-14 北京故宫太和殿正立面图（基泰工程司测绘）

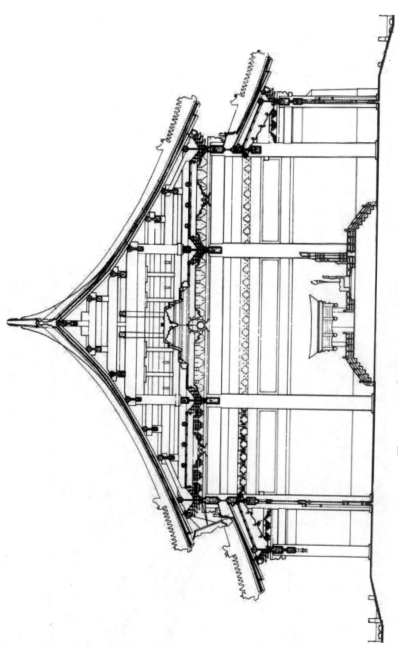

图 I-15 北京故宫太和殿横剖面图（基泰工程司测绘）

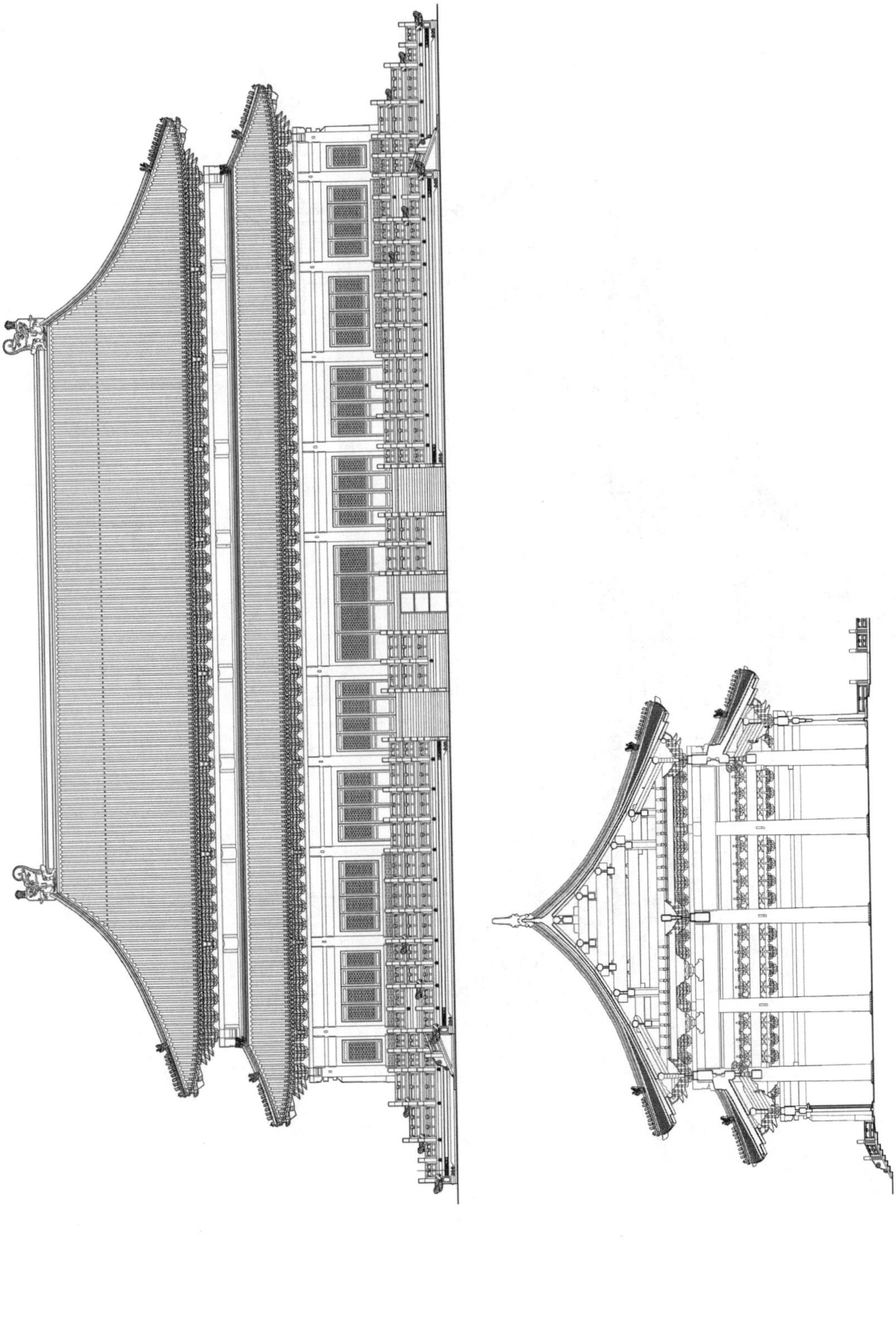

图1-16 北京太庙享殿正立面、明间剖面图

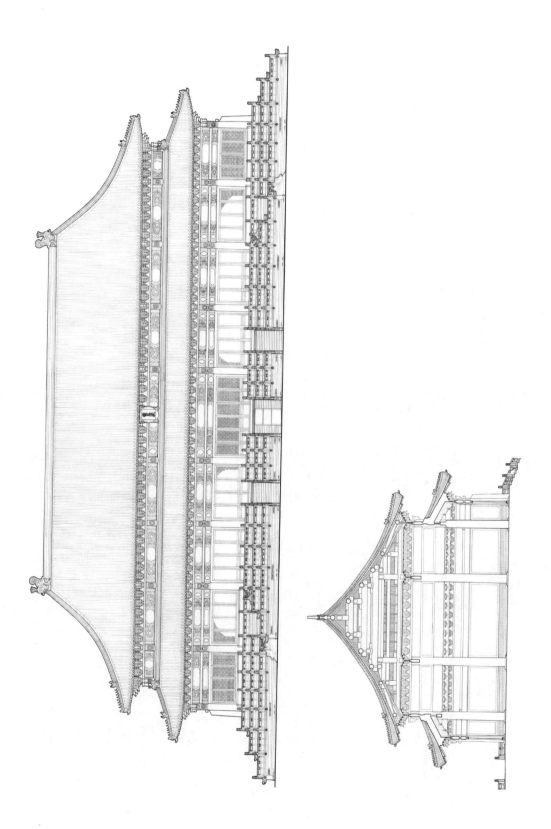

图 I-17 北京长陵棱恩殿正立面、明间剖面图

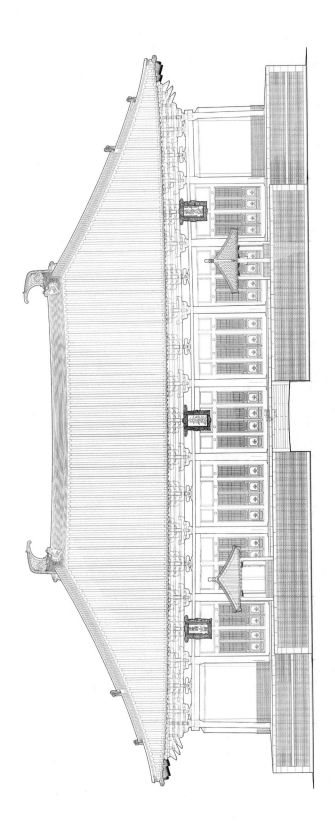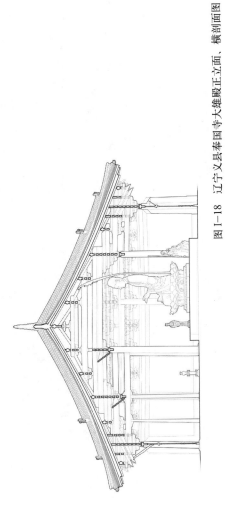

图 I-18 辽宁义县奉国寺大雄殿正立面、横剖面图

I.3 歇山顶建筑

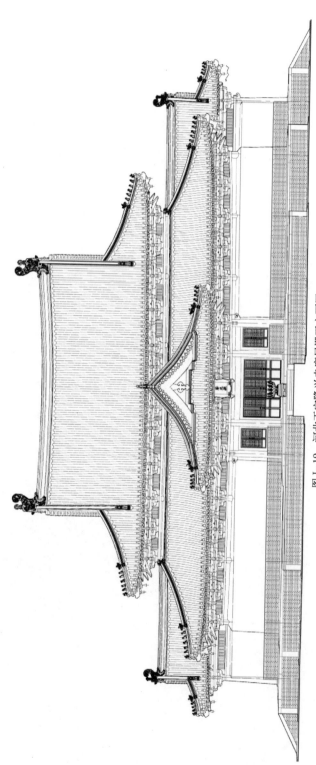

图 I-19 河北正定隆兴寺摩尼殿正立面图

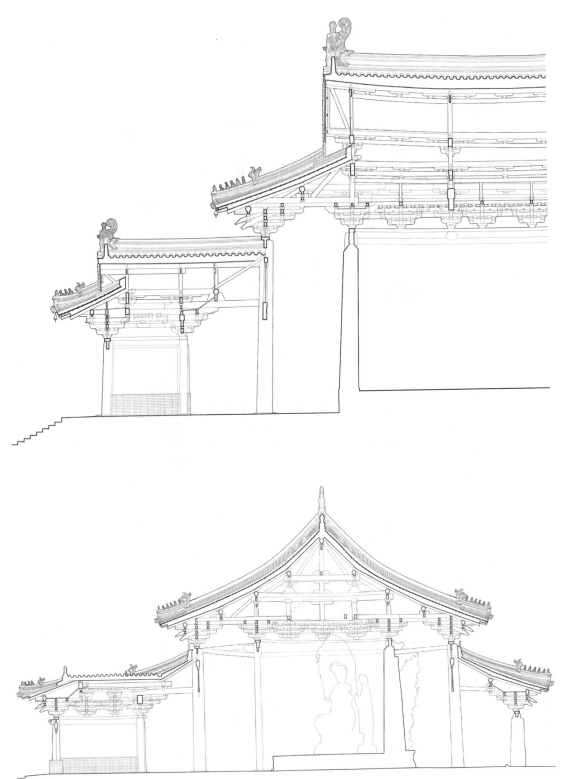

图 I-20 河北正定隆兴寺摩尼殿纵剖面图（局部）、横剖面图

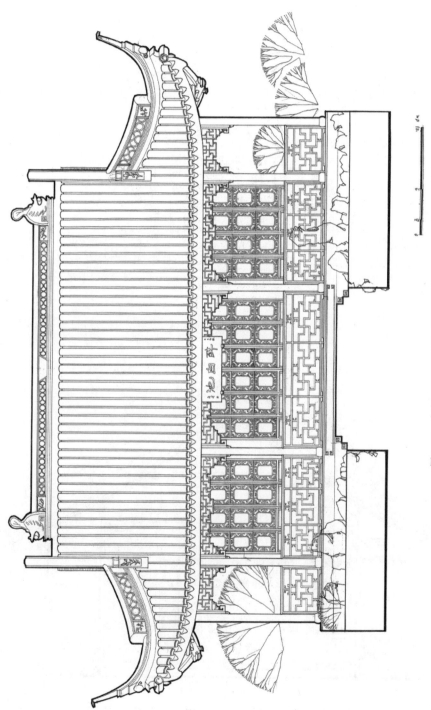

图 I-21　上海松江醉白池池上草堂正立面图
(同济大学建筑与城市规划学院测绘)

立面图 2

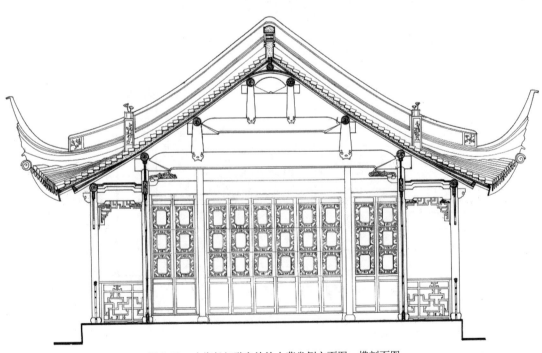

图 I-22　上海松江醉白池池上草堂侧立面图、横剖面图
（同济大学建筑与城市规划学院测绘）

I.4 攒尖顶建筑

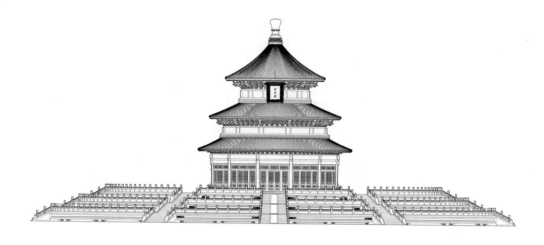

图 I-23　北京天坛祈年殿正立面图

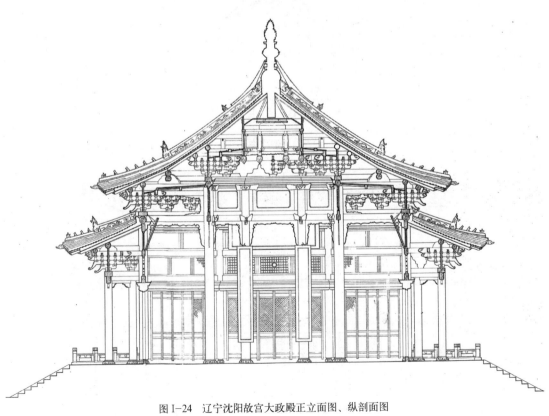

图 I-24 辽宁沈阳故宫大政殿正立面图、纵剖面图

附录 I 各类古建筑测绘图集锦 | 345

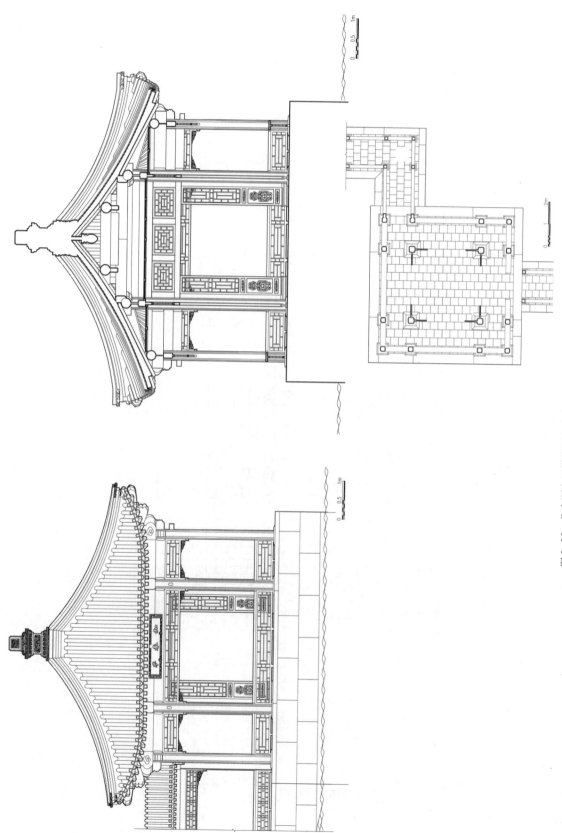

图 I-25 北京颐和园谐趣园知春亭平面图、立面图、剖面图

1.5 悬山顶建筑

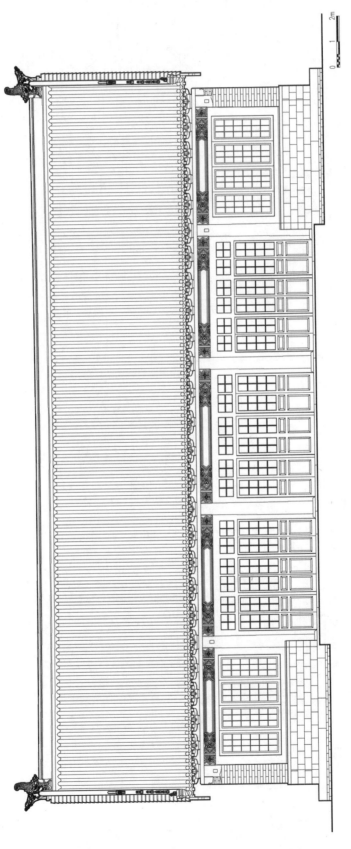

图1-26 山东曲阜孔府大堂正立面图

附录 I 各类古建筑测绘图集锦 | 347

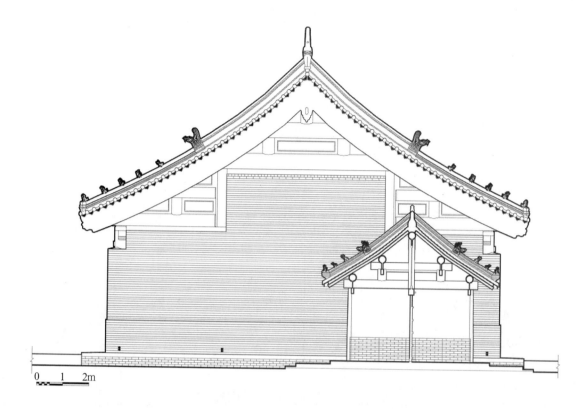

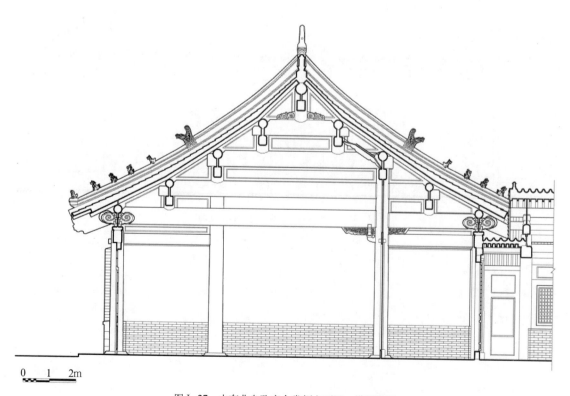

图 I-27 山东曲阜孔府大堂侧立面图、横剖面图

I.6 楼阁

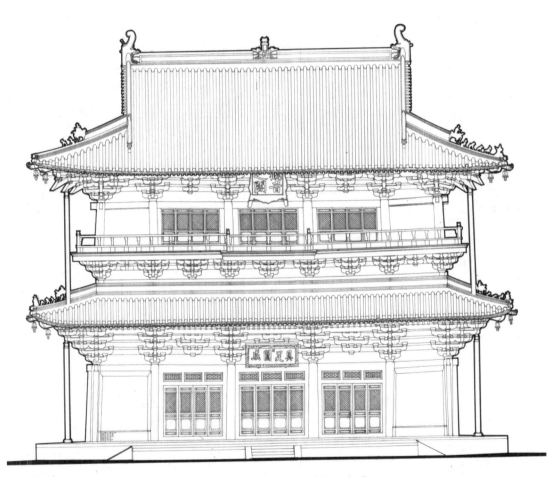

图 I-28　天津蓟县独乐寺观音阁正立面

图 I-29　天津蓟县独乐寺观音阁横剖面

图 I-30　河北普宁寺大乘之阁正立面图

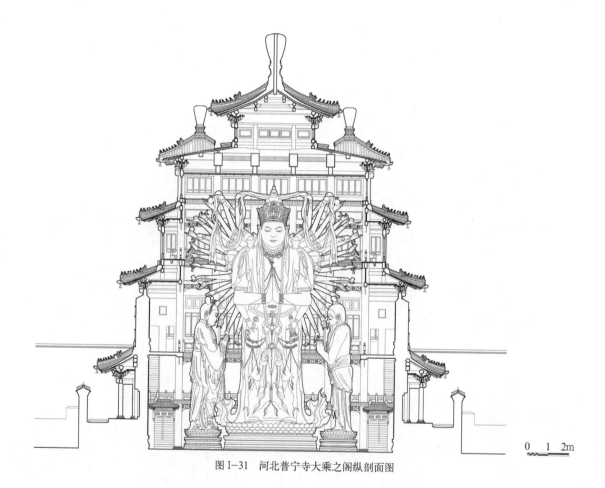

图 I-31　河北普宁寺大乘之阁纵剖面图

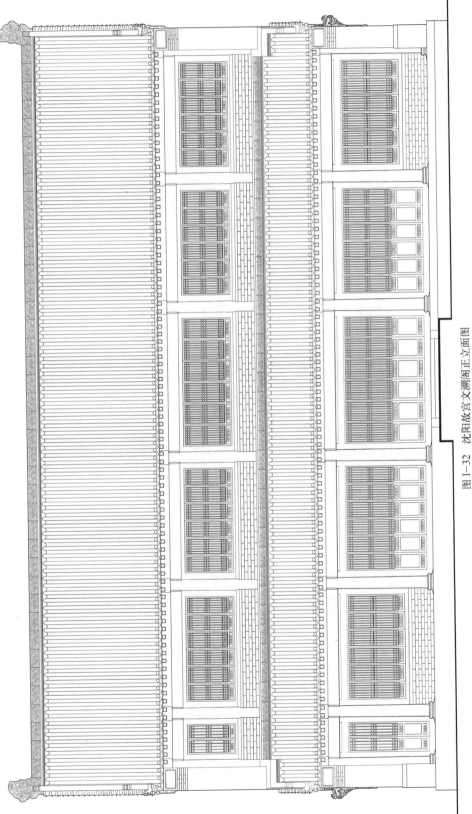

图 1-32 沈阳故宫文溯阁正立面图

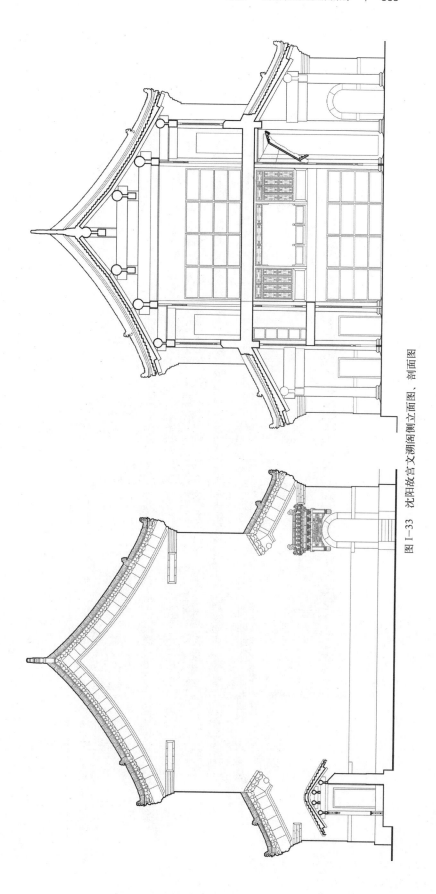

图 I-33 沈阳故宫文溯阁侧立面图、剖面图

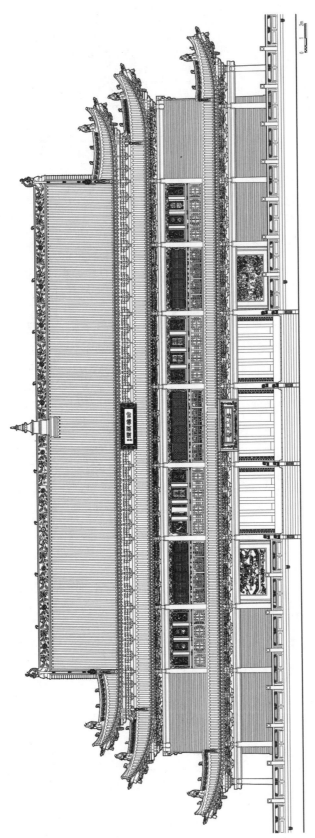

图1-34 甘肃张掖大佛寺大佛殿正立面

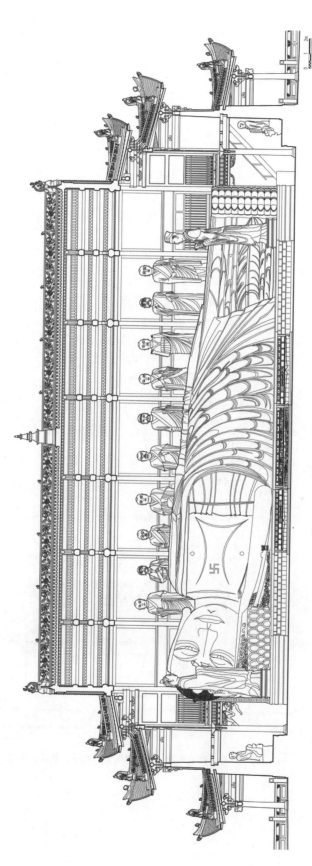

图 I-35　甘肃张掖大佛寺大佛殿纵剖面图

1.7 塔

图 I-36　山西应县佛宫寺塔南立面图（北京建筑工程学院[①] 建筑系测绘）

---

① 现为北京建筑大学。

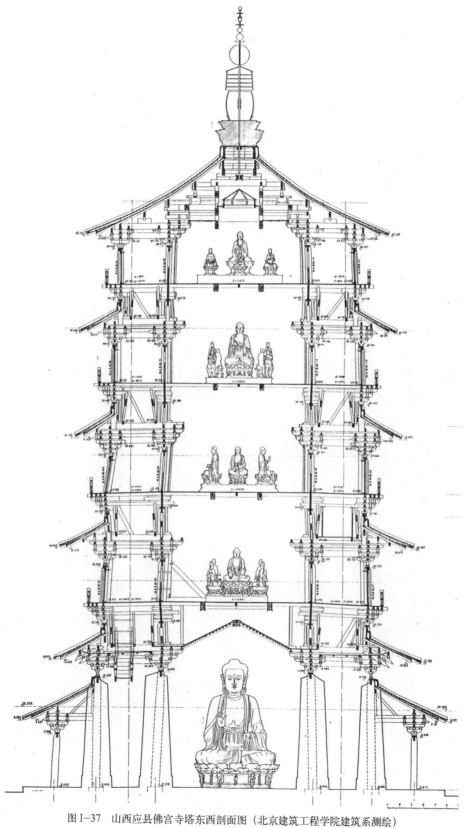

图 I-37　山西应县佛宫寺塔东西剖面图（北京建筑工程学院建筑系测绘）

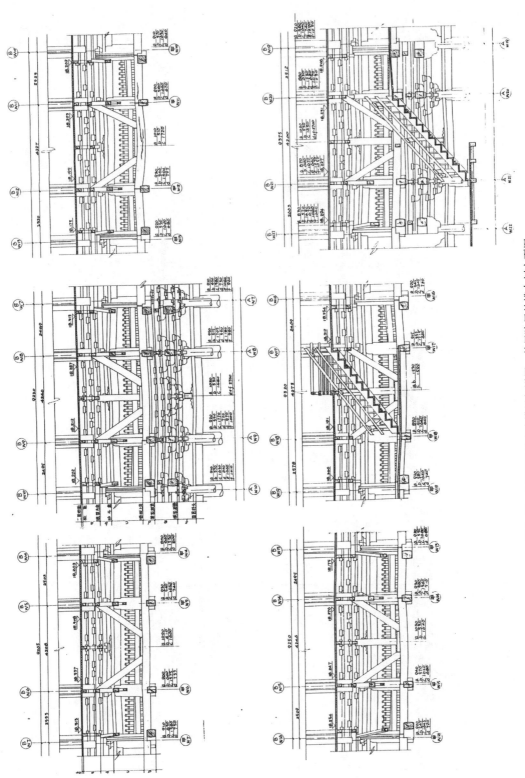

图 I-38　山西应县佛宫寺塔梁架详图：首层暗层外槽内剖立面图
（北京建筑工程学院建筑系测绘）

塔刹

须弥座

图 I-39 北京颐和园多宝塔立面图及细部

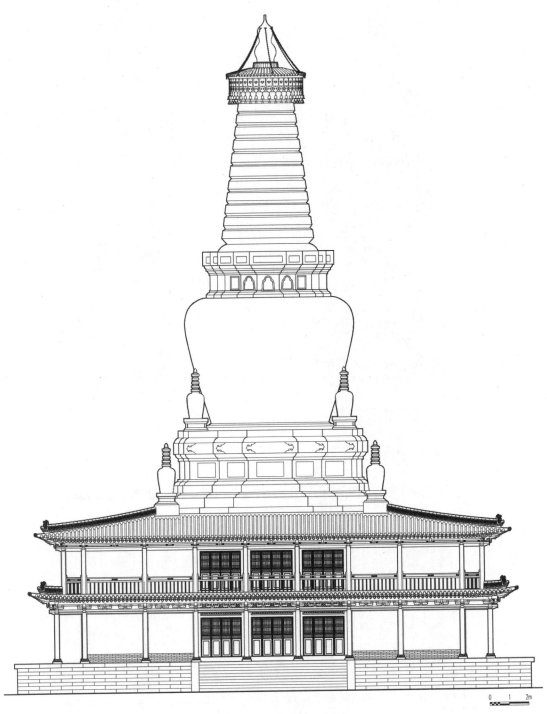

图 I-40　甘肃张掖大佛寺弥陀千佛塔立面图

I.8 牌楼

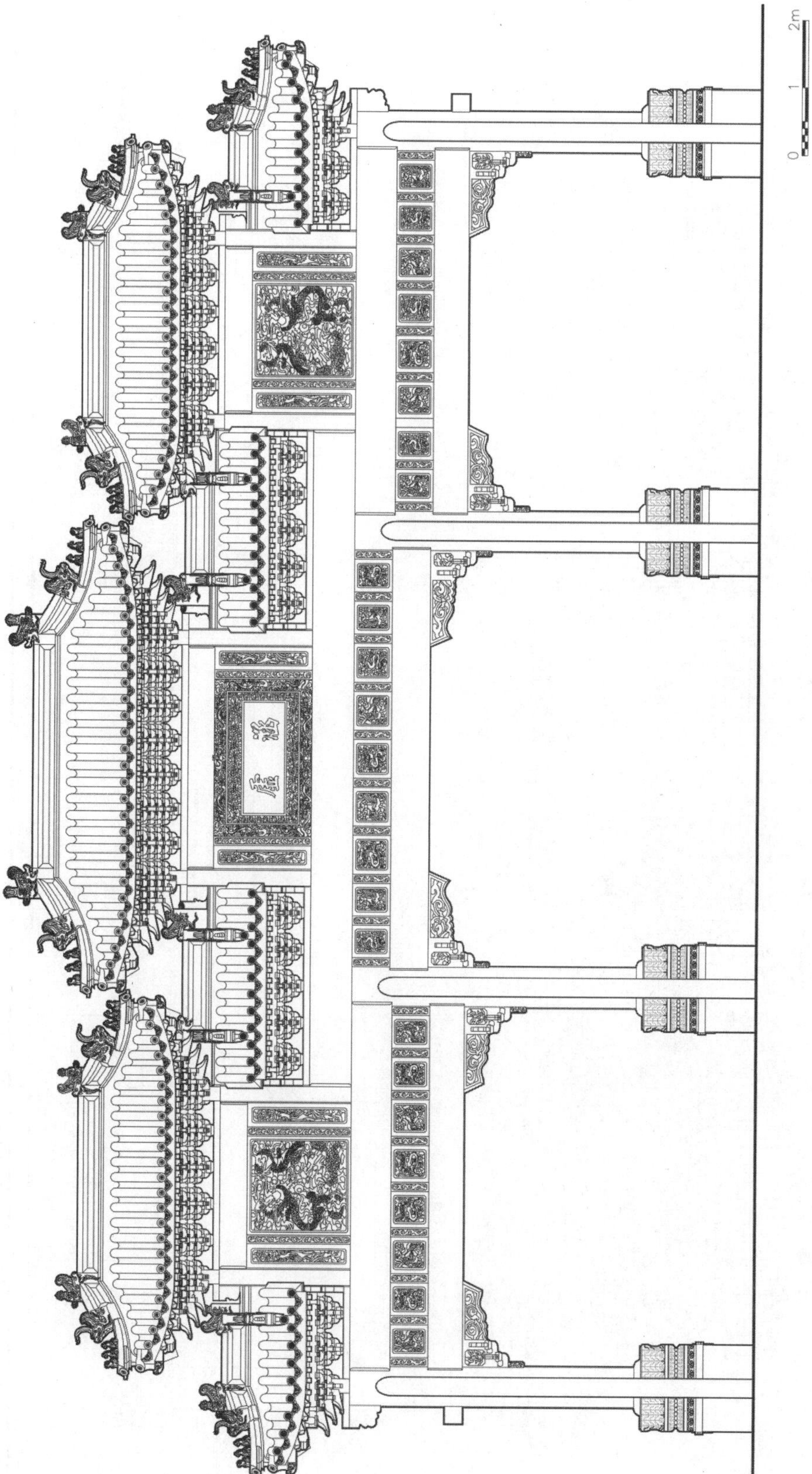

图 I-41 北京颐和园涵虚牌楼正立面图

图 I-42 北京颐和园众香界琉璃牌坊正立面图

I.9 石桥

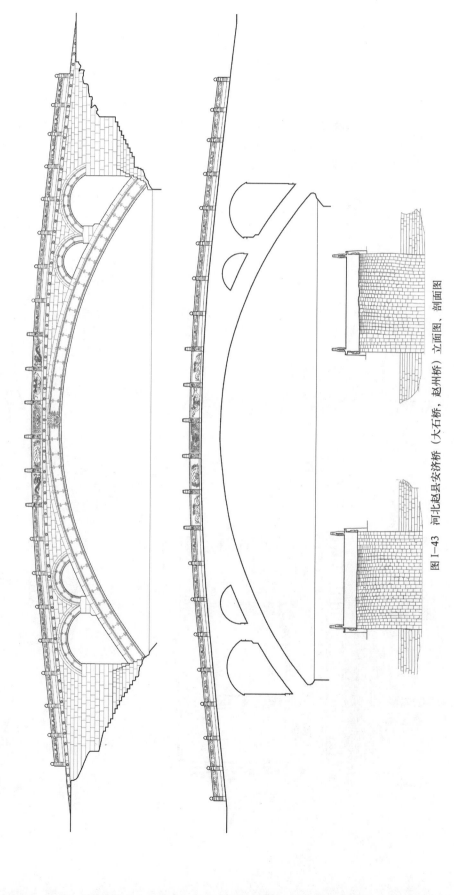

图I-43 河北赵县安济桥(大石桥、赵州桥)立面图、剖面图

1.10 石窟寺

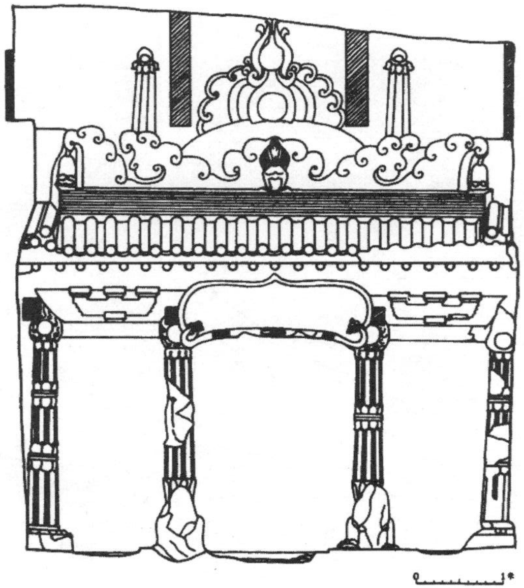

图 1-44 河北响堂石窟寺测绘图之一
(北京大学考古文博学院测绘)
(a) 河北南响堂第七窟立面图;
(b) 河北南响堂第一、二窟平面图;
(c) 河北南响堂石窟寺洞窟分布图

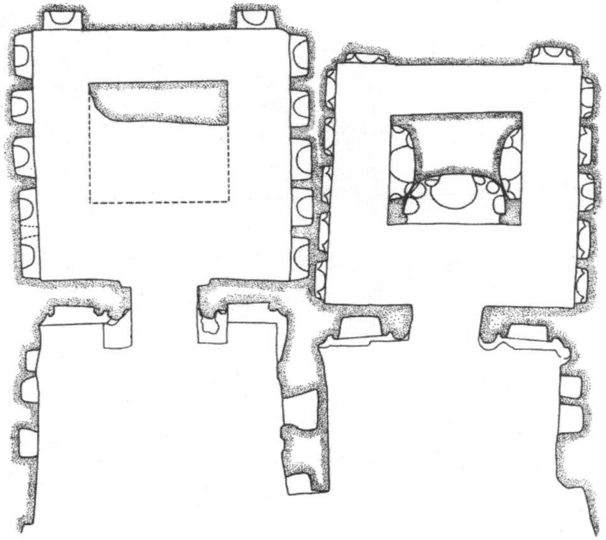

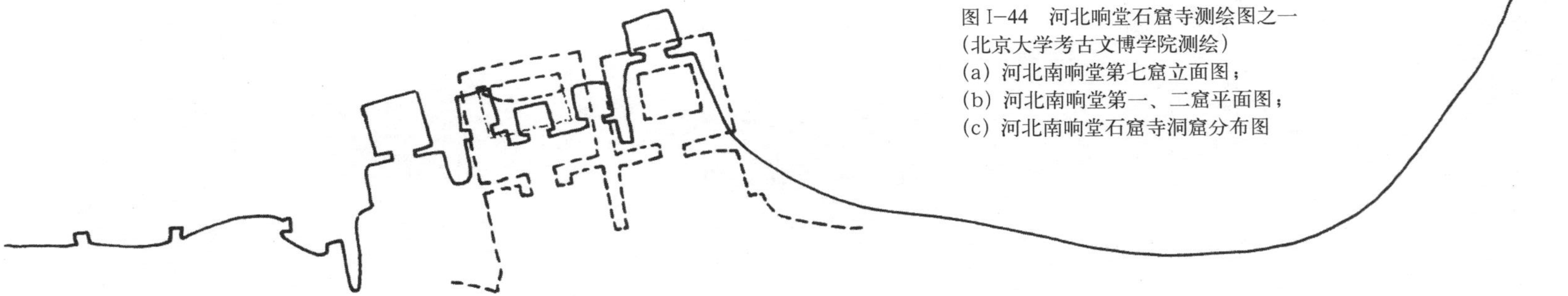

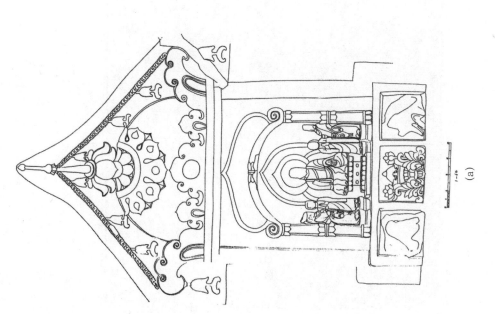

图 1-45　河北响堂寺测绘图之二（北京大学考古文博学院测绘）
(a) 河北南响堂第一窟第 64 号小龛立面图；
(b) 河北南响堂第七窟飞天藻井

1.11 建筑细部

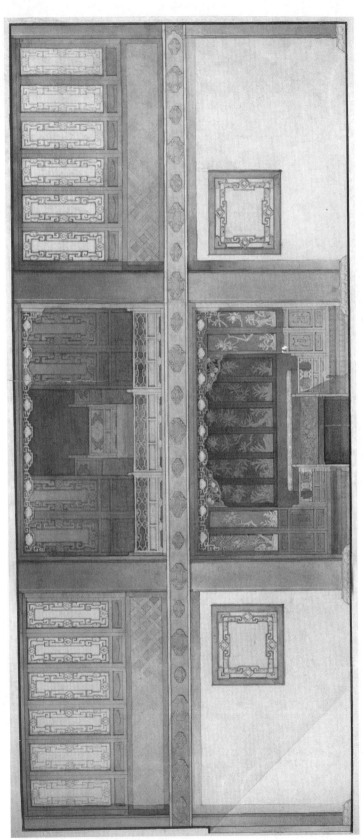

图 I-46 北京故宫倦勤斋内檐装修水彩渲染图

图 I-48　北京太庙后殿丹陛大样图

图 I-47　北京太庙享殿望柱头俯视及立面展开图

图 I-49 北京北海九龙壁立面图局部

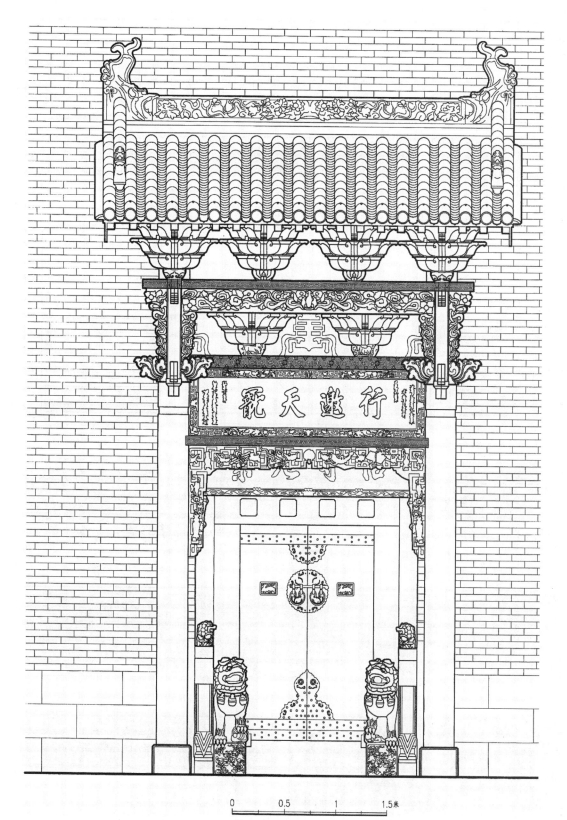

图 I-50　山西西文兴村住宅门（清华大学建筑学院测绘）

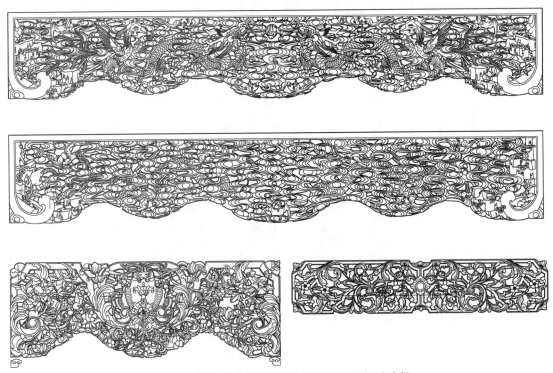

图 I-51 北京故宫养心殿后殿明间西缝栏杆罩详图和大样

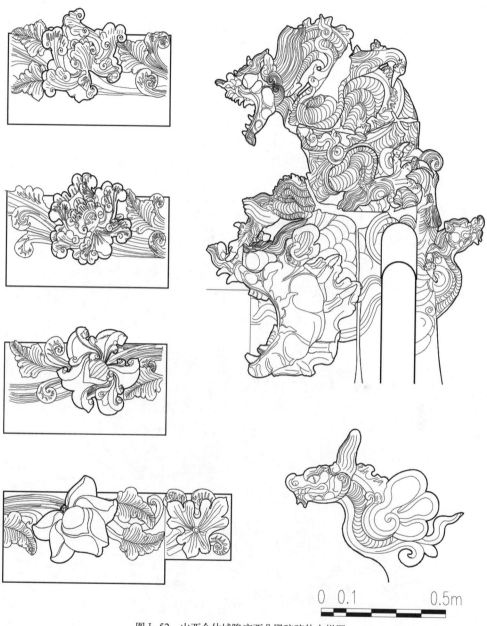

图 I-52 山西介休城隍庙西朵殿琉璃件大样图

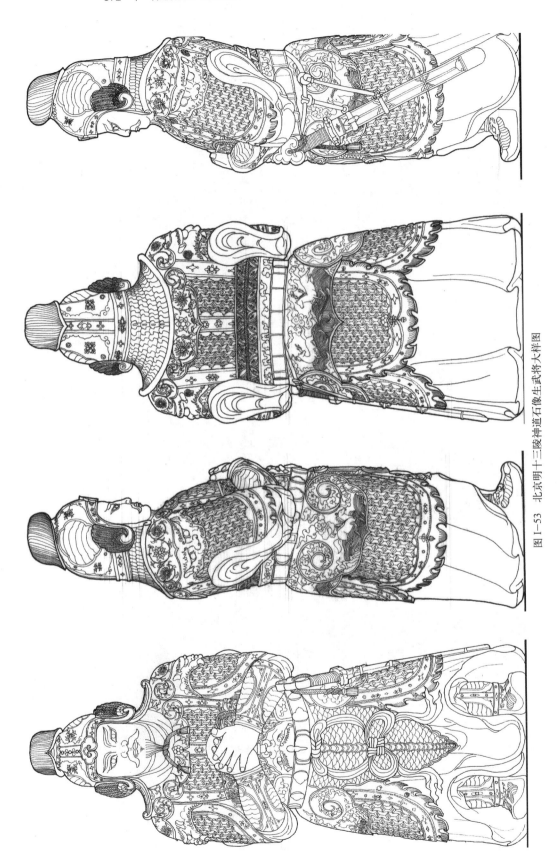

图 1-53 北京明十三陵神道石像生武将大样图

I.12 近代建筑

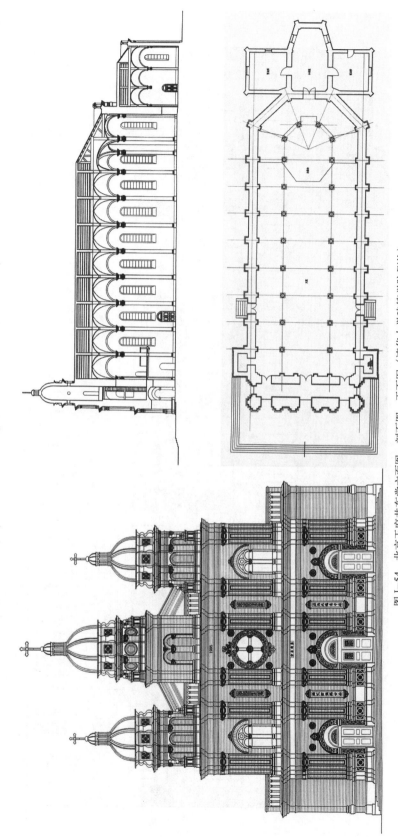

图 I-54 北京王府井东堂立面图、剖面图、平面图（清华大学建筑学院测绘）

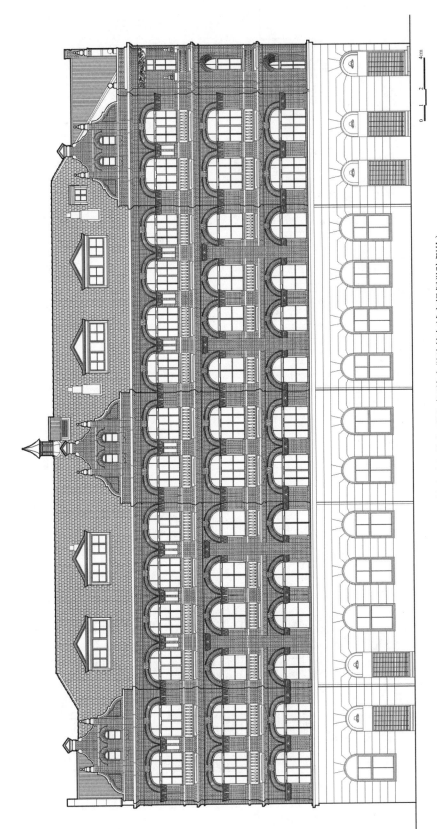

图 I-55　上海外滩礼和洋行沿九江路立面图（同济大学建筑与城市规划学院测绘）

附录 I 各类古建筑测绘图集锦 | 375

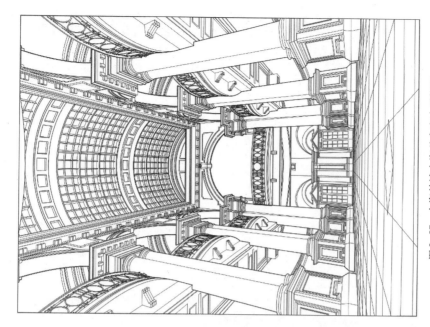

图 I-57 上海外滩 上海总会室内透视图
（同济大学建筑与城市规划学院测绘）

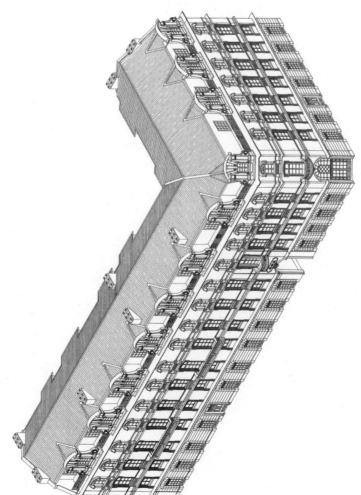

图 I-56 上海慈安里轴测图
（同济大学建筑与城市规划学院测绘）

附录 J 古建筑测绘数据表示例

以下各表分别给出了平面、竖向控制性尺寸表和构件表的示例，供参考（表 J-1～表 J-3）。

表 J-1 平面控制性尺寸数据表示例

建筑编号： 　　建筑名称： 　　填表人： 　　日期：

平面简图					
面阔（mm）			进深（mm）		
轴号	位置	尺寸	轴号	位置	尺寸
1~2	廊		A~B	廊	
2~3	稍间		B~C		
3~4	次间		C~D	廊	
4~5	明间				
5~6	次间				
6~7	稍间				
7~8	廊				
	通面阔			通进深	
	台明宽			台明深	

备注：

表 J-2 重要标高数据表示例

建筑编号：　　　　建筑名称：　　　　填表人：　　　　日期：

位置	标高（m）
屋脊最高点	
正脊上皮	
脊檩下皮	
…	
…	
柱头	
台明	±0.000
室外地坪	

剖面简图

备注

表 J-3 建筑构件表示例

序号	构件组合	构件名称	单位	数量	类别	式样	规格	主要尺寸	照片索引
1	正间廊桁构架	夹堂板	块	1	垫板	矩形板	中		
2	正间廊桁构架	廊川	根	2	梁川	近似圆形，一端出头	较小断面		
3	正间廊桁构架	廊川夹底	根	2	枋	矩形，不出头	无明显差别		
…	…	…	…	…	…	…	…	…	…
10	正间廊桁构架	山垫板	组	2	垫板	三角形板	无明显差别		
11	正间廊桁构架	梓桁	根	1	桁	梯形	无明显差别		

附录 K 测绘实习教学组织概要

K.1 教学流程

目前高校中历史建筑保护、建筑学、城乡规划、风景园林等专业因培养方向不同，对测绘课程在课时和要求上有较大差异。表 K-1 以 2~4 周为教学周期为例，给出教学流程，仅供参考。

表 K-1 2~4 周教学流程安排

阶段	天数	事项
前期准备	—	· 需求收集、文献收集与分析； · 现场踏勘； · 制订技术方案和计划； · 学生知识技能和安全培训； · 管理、后勤、设备、财务准备
测稿编绘	2~3	· 入场前的安全评估和教育； · 观察、分析建筑； · 开始测稿编绘，填写建筑信息和构件表； · 摄影记录； · 细化手工测量方案
手工测量	3~5	· 手工测量、仪器测量； · 初步完成测稿； · 继续摄影记录； · 专家、故老访谈
数据处理初稿制作	2~3	· 整理测稿； · 全面分析和处理数据； · 电脑制作初稿，完成结构性内容
现场校核修改	1~2	· 现场对照实物校核数据； · 修正错误
正式成果制作	7~10	· 离开现场后，在初稿基础上完善细节，完成正式图纸或模型及其他成果
检查验收	3~5	· 校对、审核、审定三级校核； · 修正错误完成终稿
提交存档	—	· 成果编目整理； · 提交存档

K.2 安全守则

参与测绘的全体师生都应牢固树立安全意识，保证人员安全、文物安全和设备安全。测绘实践教学的安全守则和注意事项包括但不限于：

1) 一切行动听从指导教师的统一指挥和调度；
2) 一切高空作业必须系牢保险绳，合理支架梯子，上下时必须有人保护；
3) 工作现场严禁吸烟或使用明火；
4) 衣着得体，不穿拖鞋、凉鞋、高跟鞋爬高作业，不穿裙子进行外业作业；
5) 钻天花等作业时，应保证照明良好，充分注意各种危险因素，严禁踩踏天花板或支条；
6) 上下交叉作业时，下方人员必须戴安全帽，注意避开上空坠物；
7) 注意用电安全，现场有明线时必须停电或采取必要安全措施方可作业；
8) 严禁雨天时室外爬高作业；
9) 严禁酒后作业；
10) 未经允许不得私自登高观景、拍照或进行其他与测绘无关的活动；
11) 现场应设置护栏、警告标志等，随时提醒游客注意安全；
12) 测量所采用的技术措施不应对文物本体及周边环境造成损害，有可能损坏的文物，应在采取可靠保护措施后实施测量；
13) 禁止故意破坏或偷盗文物，严格保护技术机密，确保文物安全。

除工作中的安全问题外，在旅行途中和外地住宿期间，也要充分注意人身安全，遵守实习纪律和作息制度，避免意外事故和治安、刑事案件的发生。

K.3 分工协作

K.3.1 分组

一般分组按以下原则：

1) 每小组一般以 2~3 人为宜，负责 1~2 个单体建筑，规模较大的建筑人数可增至 5~6 人；
2) 就制图工作量来说，欲在教学周期内完成任务，一般硬山或悬山建筑无斗栱者需 1~2 人，有斗栱需 2~3 人；歇山、庑殿建筑无斗栱需 2~3 人，有斗栱需 3~4 人。可以此为参照，依建筑复杂程度增减人数；
3) 分组尽量形成优势互补、男女生合作的形式；
4) 总图单独设组，如工作量不大，可分派简单建筑单体交总图组测绘。

K.3.2 组内分工

组内分工协作的原则和方法是:

1) 按所绘视图分工并负责到底;

2) 保证工作量大体平均,原则上尽量使小组成员对建筑全面了解;

3) 在测量、数据整理和制图阶段,成员必须通力合作,保证数据一致性。

参考文献

[1] Burns, Jonh A. Recording Historic Structure[M]. 2nd ed. Hoboken: John Wiley & Sons, 2004.

[2] Jokilehto J. A history of Architectural Conservation [D]. England: The University of York, , 1986.

[3] Swallow P, et al. Measurement and Recording of Historic Buildings[M]. 2nd ed. Shaftesbury: Donhead Publishing, 2004.

[4] Terry Buchanan. Photographing Historic Buildings [M]. London: The Stationery Office/Tso, 1984.

[5] 陈明达. 中国古代木结构建筑技术（战国——北宋）[M]. 北京: 文物出版社, 1990.

[6] 陈志华. 外国建筑史 (19世纪末叶以前) [M]. 4版. 北京: 中国建筑工业出版社, 2010.

[7] 冯建逵, 杨令仪. 中国建筑设计参考资料图说 [M]. 天津: 天津大学出版社, 2002.

[8] 冯立升. 中国古代测量学史 [M]. 呼和浩特: 内蒙古大学出版社, 1995.

[9] 傅熹年. 关于唐宋时期建筑物平面尺度用"分"还是用尺来表示的问题 [J]. 古建园林技术, 2004 (3): 34-38.

[10] 傅熹年. 中国古代城市规划、建筑群布局及建筑设计方法研究 [M]. 2版. 北京: 中国建筑工业出版社, 2015.

[11] 国际古迹遗址理事会中国国家委员会. 2015中国文物古迹保护准则 [Z], 2015.

[12] 海野一隆. 地图的文化史 [M]. 王妙发, 译. 北京: 新星出版社, 2005.

[13] 李婧. 中国建筑遗产测绘史研究 [M]. 北京: 中国建筑工业出版社, 2017.

[14] 《历史建筑测绘五校联展》编委会. 上栋下宇: 历史建筑测绘五校联展 [M]. 天津: 天津大学出版社, 2006.

[15] 林洙. 叩开鲁班的大门: 中国营造学社史略——中国营造学社史略 [M]. 北京: 中国建筑工业出版社, 1995.

[16] 刘大可. 中国古建筑瓦石营法 [M]. 北京：中国建筑工业出版社，1993.

[17] 刘潞. 清宫西洋仪器 [M]. 上海：上海科学技术出版社，1999.

[18] 罗哲文. 中国古代建筑：修订本 [M]. 上海：上海古籍出版社，2001.

[19] 马炳坚. 中国古建筑木作营造技术 [M]. 北京：科学出版社，2003.

[20] 马德. 敦煌工匠史料 [M]. 兰州：甘肃人民出版社出版，1997.

[21] 宁津生，陈俊勇，李德仁，等. 测绘学概论 [M]. 2版. 武汉：武汉大学出版社，2008.

[22] 唐锡仁，杨文衡. 中国科学技术史：地学卷 [M]. 北京：科学出版社，2000.

[23] 温玉清. 二十世纪中国建筑史学研究的历史、观念与方法——中国建筑史学史初探 [D]. 天津：天津大学，2006.